EB技術を利用した材料創製と応用展開

EB Irradiation Technology for Material Creation and its Application

監修：鷲尾方一，前川康成
Supervisor : Masakazu Washio, Yasunari Maekawa

シーエムシー出版

刊行にあたって

　X線，γ線などの電磁放射線，電子，イオン，中性子などの高エネルギー粒子線など多くの放射線・量子ビームについて，ビーム発生，ビーム形成技術など加速器に関するハード面から，高機能材料創製やナノレベルでの分析・解析技術などの利用に至るまで，その研究・開発領域が急速に拡張している。その中で，産業に直結した高機能材料創製に関しては，電子加速器が公的研究機関から民間企業まで多く普及していることや基礎科学研究から実用技術開発まで幅広い研究開発実績があることから，EB（電子線）が最も有力な照射手段となっている。しかしながら，監修者（鷲尾）がシーエムシー出版から『低エネルギー電子線照射の応用技術』として1999年に出版して以来，EBの材料創製を目的にした基礎科学から実際の応用展開まで全体を把握できる成書が存在しない状況であった。

　そこで，本書においては，材料創製におけるEB技術の高い潜在価値を解説することを目的に，大学等で量子ビームの研究に従事している研究者や企業における製品開発に携わる技術者の方々にお願いしてご執筆いただいた。前半の「EB利用の基礎 編」では，「EB反応の基礎」としてEBの加速方法や照射によって材料にどのような物理現象がおこり，その後化学現象に進展していくのかを平易に解説した。その後，材料創製分野でのEB技術の中心である「重合・グラフト重合」と「架橋反応」について，その基礎現象と応用展開に不可欠な諸特性について説明した。

　「最近の装置の動向と計測技術 編」として，電子加速器を製造・販売する民間企業4社の開発担当者に，それぞれの装置開発の最新の状況をご紹介いただいた。また最新の電子発生技術として，半導体カソードを用いた電子銃の技術開発についてご執筆をいただいた。最後の「EB照射技術の産業利用 編」では，材料創製分野における最近のEB利用技術の目覚ましい発展と拡張をなるべく広範にカバーするため，グラフト重合技術の応用研究を7例，架橋技術の展開例を3例（高分子2例，セラミック材料1例）取り上げた。更に，新たな応用展開として，滅菌，ガス浄化やナノインプリント技術についても紹介した。本書によって，EB技術の基礎科学，応用技術としての優れた特徴から，今回紹介した開発が必然として発展していることを理解していただくことで，多くの読者にとって新たな分野でのEB利用展開の一助になれば幸いである。

　最後に，本出版にご尽力頂いた第一線で活躍されている執筆者および関係者の皆様に深く感謝いたします。

2016年7月

鷲尾方一
前川康成

執筆者一覧（執筆順）

鷲尾 方一	早稲田大学　理工学術院　総合研究所　教授
前川 康成	（国研）量子科学技術研究開発機構　量子ビーム科学研究部門　高崎量子応用研究所　先端機能材料研究部　部長
田口 光正	（国研）量子科学技術研究開発機構　量子ビーム科学研究部門　高崎量子応用研究所　先端機能材料研究部　プロジェクト「生体適合性材料研究」リーダー
木下 忍	㈱アイ・エレクトロンビーム　代表取締役社長
坂井 一郎	日立造船㈱　機械事業本部　システム機械ビジネスユニット　第3設計部
馬場 隆	㈱NHVコーポレーション　加速器事業部
石川 昌義	浜松ホトニクス㈱　電子管事業部　第5製造部　第25部門　主任部員
西谷 智博	名古屋大学　高等研究院　新分野創成若手研究ユニット　特任講師；㈱Photo electron Soul　取締役兼研究開発責任者
小嶋 拓治	（国研）量子科学技術研究開発機構　量子ビーム科学研究部門　高崎量子応用研究所　客員研究員
青木 昭二	㈱イー・シー・イー　管理部　技術・特許管理課　課長
中野 正憲	倉敷繊維加工㈱　企画開発部　主任部員
見上 隆志	倉敷繊維加工㈱　東京支店　常務取締役
柴田 卓弥	（国研）日本原子力研究開発機構　福島研究開発部門　楢葉遠隔技術開発センター　研究員
笠井 昇	（国研）量子科学技術研究開発機構　量子ビーム科学研究部門　高崎量子応用研究所　先端機能材料研究部　専門業務員
瀬古 典明	（国研）量子科学技術研究開発機構　量子ビーム科学研究部門　高崎量子応用研究所　先端機能材料研究部　プロジェクトリーダー

藤原　邦夫	㈱環境浄化研究所　研究開発部　部長	
大島　邦裕	倉敷紡績㈱　技術研究所　主席研究員	
須郷　高信	㈱環境浄化研究所　代表取締役社長	
植木　悠二	（国研）量子科学技術研究開発機構　量子ビーム科学研究部門　高崎量子応用研究所　先端機能材料研究部　主幹研究員	
廣木　章博	（国研）量子科学技術研究開発機構　量子ビーム科学研究部門　高崎量子応用研究所　先端機能材料研究部　主幹研究員	
吉村　公男	（国研）量子科学技術研究開発機構　量子ビーム科学研究部門　高崎量子応用研究所　先端機能材料研究部　主任研究員	
岡村　光恭	NGSアドバンストファイバー㈱　技術部　技術部長	
齋藤　信雄	大日本印刷㈱　住空間マテリアル事業部　開発本部　開発第3部　第2グループ	
大山　智子	（国研）量子科学技術研究開発機構　量子ビーム科学研究部門　高崎量子応用研究所　先端機能材料研究部	
長澤　尚胤	（国研）量子科学技術研究開発機構　量子ビーム科学研究部門　高崎量子応用研究所　先端機能材料研究部　主幹研究員	
箱田　照幸	（国研）量子科学技術研究開発機構　量子ビーム科学研究部門　高崎量子応用研究所　研究企画室　研究企画室長代理	
中　　俊明	澁谷工業㈱　プラント生産統轄本部　統轄本部長　専務取締役	
西納　幸伸	澁谷工業㈱　プラント生産統轄本部　本部長　常務取締役	
山瀬　　豊	日本電子照射サービス㈱　関西センター　技術課長	

目 次

【EB 利用の基礎 編】

第 1 章　EB 反応の基礎　　鷲尾方一

1　はじめに ……………………………… 3
2　EB とは何か ………………………… 3
3　EB 利用の歴史概観 ………………… 4
4　加速電子の物理 ……………………… 5
5　加速電子と物質の相互作用 ………… 7
6　ストッピングパワー（あるいは LET：Linear Energy Transfer）………… 8
7　EB 誘起反応の制御因子（誘電率や粘度，温度効果）……………………… 10
   7.1　ハイドロカーボン系 …………… 11
   7.2　ハロカーボン系 ………………… 11
8　EB により誘起される反応中間体の量の見積もり ……………………………… 12
9　文献について ………………………… 14

第 2 章　重合・グラフト重合　　前川康成

1　EB（放射線）による重合反応 ……… 15
   1.1　総論 ……………………………… 15
   1.2　溶液重合 ………………………… 16
   1.3　固相重合 ………………………… 17
2　EB（放射線）によるグラフト重合 … 17
   2.1　総論 ……………………………… 17
   2.2　グラフト重合の特徴 …………… 19
   2.3　機能性膜への応用 ……………… 22
   2.4　機能性繊維への応用 …………… 22

第 3 章　架橋反応について　　田口光正

1　はじめに ……………………………… 24
2　放射線架橋反応 ……………………… 24
3　架橋反応への物理的・化学的アプローチ ……………………………………… 26
4　材料の特性改善 ……………………… 28
5　実用化の例 …………………………… 30
   5.1　耐熱性材料 ……………………… 30
   5.2　熱収縮材料 ……………………… 30
   5.3　発泡体材料 ……………………… 31
   5.4　超耐熱性セラミック繊維 ……… 31
   5.5　フッ素系高分子材料 …………… 32
   5.6　ハイドロゲル材料 ……………… 32
6　おわりに ……………………………… 32

【最近の装置の動向と計測技術 編】

第4章　岩崎電気㈱グループの低エネルギー電子線（EB）装置の動向
木下　忍

1　EBとは……………………………… 37
2　岩崎電気グループのEB装置の歴史… 38
3　低エネルギー型EB装置の変遷（詳細）
　　　　　　　　　　　　　　……… 38
4　EB技術を実用化するまでの流れと装置
　　　　　　　　　　　　　　……… 40
　4.1　ラボ（実験）機 ………………… 40
　4.2　パイロット試験 ……………… 41
　4.3　生産機 ………………………… 43
5　おわりに ………………………… 44

第5章　日立造船㈱の低エネルギー電子線エミッタ
坂井一郎

1　はじめに ………………………… 46
2　電子線エミッタと電子線滅菌装置 … 47
3　低エネルギー電子線照射の特色 …… 49
4　おわりに ―表層処理プロセスへの応用―
　　　　　　　　　　　　　　……… 52

第6章　㈱NHVコーポレーションの電子線照射装置
馬場　隆

1　はじめに ………………………… 58
2　EPSの概要 ……………………… 59
　2.1　EPSのしくみ ………………… 59
　2.2　走査型EPS …………………… 60
　2.3　エリアビーム型EPS ………… 61
3　EPSの特徴 ……………………… 63
　3.1　高い処理能力 ………………… 63
　3.2　自己シールド ………………… 63
　3.3　搬送装置 ……………………… 64
　3.4　制御装置 ……………………… 64
4　今後の展望 ……………………… 64
　4.1　遠隔監視・予防保全 ………… 64
　4.2　装置の小型化 ………………… 64
5　おわりに ………………………… 65

第7章　浜松ホトニクス㈱の低エネルギー電子線照射源
石川昌義

1　はじめに ………………………… 66
2　電子線の低エネルギー化 ………… 66
　2.1　電子線の低エネルギー化市場要求背景 …………………………………… 66
　2.2　低エネルギー電子線加工プロセスの特徴 ………………………………… 68
3　低エネルギー電子線照射装置の紹介：浜松ホトニクス㈱製EB-ENGINE …… 70
　3.1　低エネルギー電子線照射源に求められる技術課題 ……………………… 70
　3.2　EB-ENGINEの特徴 …………… 71
　3.3　EB-ENGINEの応用分野 ……… 73

4　課題と今後の展望 …………………… 74

第8章　多彩な電子ビームを発生する半導体フォトカソード電子銃の開発
西谷智博

1　はじめに …………………………… 75
2　半導体フォトカソードの電子放出と機能性表面 …………………………… 76
3　高度かつ多彩な電子ビームの生成 …… 78
　3.1　パルス構造の電子ビーム ………… 79
　3.2　大電流と電子の単色性で実現する高輝度化 ……………………………… 79
　3.3　高いスピン偏極度を持つ電子生成 …………………………… 80
　3.4　面電子ビーム生成 ………………… 80
4　材料特性を生かした半導体フォトカソードのNEA状態の長寿命化 ………… 81
5　半導体フォトカソードを搭載した電子銃 ……………………………………… 82
6　おわりに …………………………… 86

第9章　電子線の計測技術
小嶋拓治

1　はじめに …………………………… 88
2　電子線照射の概要とその特徴 ………… 88
3　電子線計測の重要性 ………………… 89
4　線量計測システム …………………… 91
5　線量計測の実際 ……………………… 92
　5.1　照射効果研究とスケールアップへの橋渡し …………………………… 92
　5.2　加速器・発生装置及び照射場に係る線量計測 ……………………… 92
　5.3　線量の近似計算 ………………… 94
6　電子線の線量計測に関連する国際規格等 ……………………………………… 95

【EB照射技術の産業利用 編】

＜(1) グラフト重合＞

［フィルタ］

第10章　放射線グラフト重合法による不織布への機能性付与とフィルタメディアへの応用
青木昭二

1　はじめに …………………………… 101
2　連続式放射線グラフト重合装置 …… 102
3　ケミカルフィルタ …………………… 104
4　薬液浄化用金属除去フィルタ ……… 106
5　ヨウ素抗菌フィルタ ………………… 108

[金属捕集]

第11章　放射線グラフト重合によるセシウム捕集材の開発

中野正憲，見上隆志，柴田卓弥，笠井　昇，瀬古典明

1　はじめに……………………………109
2　放射線グラフト重合技術の適用………109
　2.1　電子線照射による「前照射法」…110
　2.2　バッチ式グラフト重合……………110
3　基材の選定…………………………111
4　セシウム捕集材の開発………………112
　4.1　技術内容………………………112
　4.2　セシウム捕集材の量産化…………113
5　セシウム吸着性能の評価……………114
6　セシウム捕集材の特徴と具体的用途について……………………………………114
7　スケールアップ……………………116
8　放射線グラフト重合の環境対策及び工業上の応用………………………………117
9　今後の展望…………………………118

第12章　希少金属回収のための高機能分離材料の開発

藤原邦夫

1　はじめに……………………………120
2　放射線グラフト重合法を用いた固相抽出材料……………………………………120
　2.1　HDEHP担持繊維の作製…………121
　2.2　グラフト鎖上に担持したHDEHPと溶液HDEHPの抽出特性の類似性……………………………………121
　2.3　HDEHP繊維充填カラムを用いた溶出クロマトグラフィーによるネオジムとジスプロシウムの分離………123
3　HDEHP繊維を用いたネオジム磁石金属成分分離回収プロセス………………126
4　まとめ………………………………127

[機能性繊維]

第13章　電子線グラフトによる繊維機能化技術の開発

大島邦裕

1　はじめに……………………………129
2　地域新生コンソーシアム研究開発事業について～産官学連携～………………131
3　EBRIQ®について…………………132
4　EBRIQ®のメカニズムと特長………132
5　EBRIQ®シリーズのラインアップ……134
6　EBRIQ®の各機能について…………134
　6.1　EBRIQ®消臭……………………134
　6.2　EBRIQ®抗菌……………………134
　6.3　EBRIQ®湿潤発熱………………135
　6.4　EBRIQ®防炎……………………136
　6.5　EBRIQ®接触冷感………………137
　6.6　EBRIQ®保湿……………………137
　6.7　EBRIQ®機能複合………………137
7　今後について………………………139

第14章　機能性衣料品，介護用品および衛生材料への応用　　須郷高信

1　はじめに……………………………140
2　消臭機能材料の合成………………141
3　機能性衣料品および生活介護用品の実用化事例……………………………144
4　衛生材料への応用…………………147
5　おわりに……………………………149

第15章　電子線エマルショングラフト重合及びこれを利用したバイオディーゼル燃料転換用触媒の開発　　瀬古典明，植木悠二

1　はじめに……………………………150
2　電子線エマルショングラフト重合……151
3　バイオディーゼル燃料……………154
　3.1　BDF転換用塩基型グラフト触媒……………………………………155
　3.2　BDF転換用酸型グラフト触媒……157
　3.3　酸型・塩基型グラフト触媒による廃食油のBDF化……………………158
　3.4　塩基型グラフト触媒の再生処理……158
4　おわりに……………………………159

［膜］

第16章　燃料電池用高分子電解質膜の開発　　廣木章博，吉村公男

1　はじめに……………………………161
2　固体高分子型燃料電池……………162
　2.1　作動原理………………………162
　2.2　プロトン伝導性高分子電解質膜……………………………………162
　2.3　放射線グラフト重合技術によるPEMの作製………………………163
　2.4　電子線照射技術の活用………166
3　アルカリ形燃料電池………………167
　3.1　PEM形燃料電池との違い………167
　3.2　AEMの作製とその性能………168
4　おわりに……………………………168

<(2)　架橋>

第17章　電子線(EB)架橋による超耐熱性炭化ケイ素連続繊維の開発と航空機エンジン部品への応用　　岡村光恭

1　はじめに……………………………171
2　SiC繊維の特性……………………171
3　セラミックス複合材（CMC）への検討……………………………………173
4　電子線不融化による低酸素含有率SiC繊維の開発………………………174
5　高弾性率SiC繊維の開発…………178
6　航空機エンジンへの展開…………179

第18章　床材への利用　齋藤信雄

1 はじめに……………………………………182
2 EBコーティング技術……………………183
　2.1 従来の塗膜形成技術に対する優位性
　　　………………………………………183
　2.2 EB硬化塗膜の特徴……………………183
　2.3 EB硬化型樹脂の分類…………………184
　2.4 EB硬化塗膜の製造方法………………185
3 EB硬化技術を用いた床用化粧シートの開発………………………………………186
4 結論…………………………………………188

第19章　「量子ビームナノインプリント」による高分子の改質と微細加工　大山智子

1 はじめに……………………………………189
2 ナノインプリント技術……………………189
3 量子ビームを用いた微細加工技術………190
4 量子ビームナノインプリントリソグラフィ………………………………………191
　4.1 ポリテトラフルオロエチレンの微細加工……………………………………191
　4.2 耐熱性を向上させたポリ乳酸の微細加工……………………………………193
　4.3 ハイドロゲルの微細加工……………195
5 おわりに……………………………………196

第20章　電子線照射による生分解性・生体適合性ヒドロゲルの創製とその応用　長澤尚胤

1 はじめに……………………………………199
2 放射線照射による架橋反応を利用したゲルの創製と物性………………………200
3 放射線架橋生分解性ゲルの応用例………207
4 おわりに……………………………………209

＜(3) 分解（菌・無害化）＞

第21章　電子線を用いた排ガス処理技術　箱田照幸

1 はじめに……………………………………213
2 排ガス中のSO_2, NOx処理技術………215
3 ゴミ燃焼排ガス中のダイオキシン類分解処理………………………………………216
4 排ガス中の揮発性有機化合物（VOC）分解処理………………………………………217
5 おわりに……………………………………219

第22章　飲料用PETボトルの電子線滅菌技術の紹介　　中　俊明，西納幸伸

1　はじめに……………………………221
2　電子線殺菌のボトリングラインへの応用展開……………………………221
3　ボトリングラインと無菌充填システム……………………………222
4　EB滅菌方式無菌充填システムの紹介……………………………223
5　実用化における課題と開発した技術……………………………223
　5.1　EB照射環境の制御……………223
　5.2　EB照射と環境滅菌……………224
　5.3　ボトル全面へのEB照射と安定した搬送機構……………………………225
　5.4　EB滅菌の殺菌効果と検証………225
　5.5　EB照射効率向上のための偏向技術……………………………226
　5.6　静電・帯電現象と緩和技術……228
　5.7　製品への安全性評価……………228
　5.8　作業環境の安全性評価…………228
　5.9　耐久性能の向上技術……………229
6　これまでの実績と評価……………230
7　今後の展開，課題…………………231
8　おわりに……………………………232

第23章　医療機器・医薬品等の電子線滅菌について　　山瀬　豊

1　はじめに……………………………233
2　電子線滅菌の概要…………………234
　2.1　電子線照射施設と電子線発生原理……………………………234
　2.2　医療用品の電子線滅菌施設の特徴……………………………236
　2.3　電子線滅菌の殺菌原理…………236
　2.4　滅菌と無菌性保証等の用語について……………………………237
　2.5　電子線滅菌の特徴………………239
3　医療機器の電子線滅菌実用化と電子線滅菌法の誕生の経緯……………………………243
4　滅菌バリデーションの導入と医療機器のドジメトリックリリース…………244
5　EOG滅菌から電子線滅菌切替えの動向……………………………244
6　無菌医薬品の電子線滅菌の実用化……245
7　おわりに／今後の医療用品の電子線の利用展望……………………………246

EB 利用の基礎 編

第1章　EB反応の基礎

鷲尾方一*

1　はじめに

　電子線（EB）の工業的な利用は1950年代に始まり，その後極めて多岐にわたる用途開発が行われてきた。その中でEB反応を利用することで多くのメリットがあることが示されてきている。具体的に認知されているメリットとして，すべてを網羅できていないが特筆できるものとして，以下のようなものを挙げることができる。

- ・エネルギー消費が非常に少ない（高効率）
- ・プロセス時間が非常に短い（秒単位）
- ・公害対策がほとんどいらない
- ・重合反応，架橋反応など反応の自由度が高い
- ・エネルギー付与の際に素材の色を全く問題にしない
- ・イオン化を経由する反応を利用できる
- ・反応環境を種々選択できる（高温反応，低温反応など）

　このようなメリットを利用して，現在では，熱収縮チューブ，自動車用の耐熱電線，タイヤ製造，電池隔膜，吸水性ポリマー，難燃性繊維，繊維等への脱臭機能付与，食品照射（Pot-life延長），医療用具滅菌（毒ガス不使用），半導体への格子欠陥導入，PTFEの架橋や分解，発泡プラスチック，PETボトルのインライン滅菌等に活用されている。

2　EBとは何か

　表1に示すようにEBというのは，放射線の中でも，粒子線に分類される。実際には，家庭などで使用されている電気の源である，電子が高いエネルギーを得て，物質中から自由空間に飛び出したものと考えてよい。従って電子自身は無限の量があると考えられるので，枯渇することはない。電子以外の放射線で，電子と同じような働きを持つものがある。それは電磁波の中でも非常に波長の短いX線やγ線である。これらは，基本的には物質に入った後，電子による反応とほぼ同じようなふるまいをする。電子とこれらの電磁波で違う点は進行方向に対するエネルギー付与の分布と飛程等を挙げることができる。

---

*　Masakazu Washio　早稲田大学　理工学術院　総合研究所　教授

表 1 放射線の種類と特徴

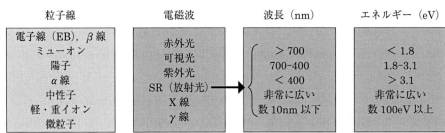

　一方同じ粒子線の仲間でもその間には大きな違いがある。例えば β 線の本質は EB と同じ電子であるが，β 線は原子核の壊変に伴って生成されるもので，EB と違いそのエネルギーは広い範囲（最大エネルギーとゼロエネルギーの間にほぼ均一に分布）にあり，工業的なプロセスに用いるには，場合によるが強度が弱くせいぜい膜厚計測などにその用途が限られている。

　また他の粒子線は基本的に非常に重い粒子（陽子ですら電子の質量の 1,840 倍もある）で，これらの粒子線によって誘起される反応は電子のそれと大きく異なることが知られている。特に異なる点を挙げると，例えば陽子線などでは，エネルギーの付与がその飛程に沿って非常に密に引き起こされ，反応の活性点が狭い範囲に連続的に存在するとともに，深さ方向へのエネルギー付与について，特異的（止まる寸前に非常に大きなエネルギー付与—ブラッグピークの存在—を起こす）な描像となることが知られている（この現象を逆手にとって，人間の体の深部にある癌にエネルギーを集中して集める粒子線がん治療が昨今話題になっている）。

3　EB 利用の歴史概観

　電子線利用の歴史を紐解くと，先ずは 1895 年のレントゲンによる X 線の発見に行き当たることになる。レントゲンは X 線を発見しているが，その X 線を発生させるもとは結局電子ビーム（EB）に他ならない。本人はトムソンによる電子の発見により自身が使っていたものが EB であることを認識したということになる。

　その後，種々の原子核に関連する研究が行われる中で，1930 年代に加速器が発明された。当初はこれらの加速器は原子核物理実験の装置という位置づけしかなかったが，20 世紀半ばに M. Dole（*Chemical and Engineering News*, 1948, **26**, 2289）と A. Charlesby（*Proc. R. Soc., Ser. A*, 1952, **215**, 187）という偉大な学者らによって，放射線による高分子の架橋現象を現実のものとし，それに引き続く，加速器からの電子ビーム（EB）利用に大きな道を拓いた。

　以来，特に 1970 年代は EB 利用の開拓がアメリカを中心に進められ，多くの新しい技術が生まれた。

　以下，関連するトピックスを年代順に並べた。

第1章 EB反応の基礎

1895	レントゲン	X線の発見
1897	トムソン (J.J. Thomson)	電子の発見
1898	ラザフォード	α線の発見
1898	キュリー	Ra, Poの発見
1911	ラザフォード	原子核の構造推定
1931	ローレンス, スローン	線型加速器発明
1932	コッククロフト, ウォルトン	静電型加速器発明
1948	ドール	放射線架橋の論文発表
1952	チャールズビー	ポリエチレンの放射線架橋発見
1957	レイケム社 (現 TE Connectivity 社)	ポリエチレン熱収縮チューブ開発
1960	GE社	架橋ポリエチレンテープ実用化
1961	住友電工	電子照射ポリエチレン電線 製造開始 電子照射熱収縮チューブ 製造開始
1963		日本原子力研究所（現量子科学技術研究開発機構）高崎研究所設立
1967〜		ヨーロッパで電子滅菌実用化
1970〜		電子照射技術を適用した，タイヤ，発泡プラスチックの生産開始 各種（架橋フィルム，リリースコート等）の電子硬化プロセス実用化
1980〜		FAO/IAEA/WHO 食品照射の健全性宣言（＜10 kGy以下）
1986〜		フランスで電子線を用いた食品照射実用化 TDKがEBフロッピーディスクの生産開始
1991〜		日本で医療用具のEB滅菌実用化（初の厚生省認可）
1990〜		各種電子線プロセスの実用化 自動車用電線，トンネル内装鋼板，半導体への欠陥導入，PTFE分解，電池隔膜，高機能グラフト膜，生分解プラスチック
1997		WHO食品照射の上限値（10 kGy）を撤廃（＜75 kGy）
2000〜		VOC，ダイオキシン除去テスト開始 電子線装置の超低エネルギー化
2006		日本で医薬品（点眼薬）の電子滅菌認可
2007		超低エネルギーEB装置実用装置市場投入
2010		日本でPETボトルのインライン滅菌開始

4 加速電子の物理

　電子を加速し，実際に利用を行う場合，幾つかの問題を乗り越えなければならない。電子は物質中に非常に多く存在している。例えば金属中では電子は軌道電子と自由電子という形で存在している。金属中では，電位差があれば基本的に電流が大きな抵抗を受けずに流れることは良く知られているが，この自由電子を空間中に取り出すためには周到に準備された方法によって取り出さねばならない。

　具体的には物質（材料）表面には仕事関数があり，電子はその障壁を乗り越えることができないため，安定に物質中に存在している。この物質表面の仕事関数の値は，物質ごとにまた結晶の面によって異なってくるため，一概にその数値を示すことはできないが，概略 4 eV を超える様な値の物質が多い。（化合物半導体，特に Cs 処理をされているような物質ではこの仕事関数がほぼゼロに近いものもある）

ここでは，金属カソード（電子を発生する部分）から電子を自由空間に取り出すことを考えてみよう。

まず，通常の電子加速器で行われている電子発生は熱電子発生という方法である。この方法は図に示すように，比較的融点が高く抵抗値が高い金属（例えばW）を用いて実施するもので，カソード面積を大きくするなどの工夫をすることで比較的大きな電流を得ることができる。具体的にはWなどの金属に通電を行い加熱し，金属表面に電子を湧き出させ，対抗するアノード電極との間の電位差を用いて，最終的に電子を自由空間に引き出すというものである。

次に少し特殊な方法であるが，最近では実用的なものも現れ始めた，光電子発生である（図2）。この方法は，物質表面の仕事関数を超えるエネルギーを持つ光子を材料に直接照射し，光電効果によって電子を引き出すというものである。上でも述べたが，乗り越えなければならない仕事関数は4 eVを超えるので，最低でも，UV光が必要になる（表1を使って換算してみると，4 eVは310 nmのUV光に相当する）。

この方法では，実際にカソードとしてCuやMgなどの金属材料が使われてきたが，これらの光から電子への転換効率（量子効率）は高々10^{-4}程度でしかなく，高い電流値を得ることは比較的困難であった。しかし最近では，UV光として高繰り返しのレーザーなどを用意して，比較的大電流を得る場合，あるいは高強度のUV-LEDを用いて大電流を取り出す試みも行われている。この方法のメリットとしては，電子発生量を外部から照射しているUV光の量で決定できるので，カソード上に制御回路がない点である。

更に住友重機械工業のWIPLにおいて用いられている電子発生方法である，イオンプラズマ電子源について簡単に説明する。図3に示すようにヘリウムプラズマを発生させて，その中に存在するHe^+を電場で金属カソードに衝突させ，その時の衝撃で電子を発生させるという方法である。簡単に言うと，イオンビームによる電子発生ということになる。

この方式のメリットは，電子の発生量をプラズマ密度で制御できるので，高電圧電極上に制御回路を設置する必要がないため，システムが極めて簡略化できる点にある。

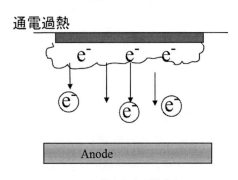

図1　熱電子発生の模式図

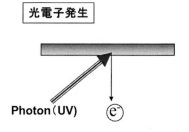

図2　光電子発生の模式図

第 1 章 EB 反応の基礎

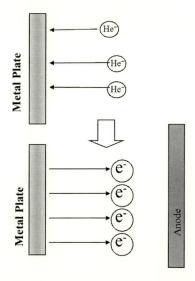

図3　He イオンプラズマによる電子発生の模式図

　さて，電子を自由空間に取り出した後，実際に電子を加速するためには，電場が必要になる。実装置では，比較的低エネルギーの場合には，コッククロフト－ウォルトン型の回路でマイナスの高電圧を作り，それをカソード側に設置し，ビームの取出し側を電位ゼロ（アース電位）にして加速を行う。この方式では，そのまま電子を取り出すと，電子電流は直流として取り出される。一方比較的高エネルギーの加速器では，適切な空洞を用いてその中にマイクロ波を導入して交番電界を誘起し，加速の電場が立っているタイミングで電子を打ち込んで加速している。このためこの方法で得られる電子電流は必ずパルス状のものとなっている。

5　加速電子と物質の相互作用

　さて，実際に電子が加速され物質中に飛び込んだあと，どのような現象が起こるのかを具体的に説明する。ただし，この現象を具体的に理解するにはいくつかの事前考察が有用である。特に重要な考察は，電子から見て，物質がどのようなものとしてとらえられるかである。

　一般に物質は原子核とその周りを回る電子から構成されている。電子が原子のサイズ領域を通過するのに必要な時間は，例えばそれがボーア半径 5.3×10^{-11} m の距離を電子が光速で通り過ぎるという描像を考えれば，それがほぼ最短時間になる。光速は 3×10^8 m/s であるので，経過時間は 5.3×10^{-11} m × 2（直径を計算）÷ 3×10^8 m/s　で計算され，その答えは約 3.6×10^{-19} sec（0.36 アト秒）ということになる。従って，電子が物質に入射した後の現象とは，アト秒以降の現象を考察すればよいと考えられる。また通常電子が全くランダムに物資中を通過するという状

況では，電子が相互作用する相手は殆ど原子核外を回る軌道電子となることは想像に難くない。

ちなみに，大きな速度を持って電子雲を突き抜けて原子核付近に迫る電子がある場合には，電子は原子核の電荷との間のクーロン相互作用を受けて，非常に大きな制動（軌道の曲がりを生じさせる）を受けて，電子の進行方向にエネルギー放射を行うことになる。この現象は制動放射X線の生成を意味し，医療現場などで使われるX線診断などに利用されている。また，電子線加速器の施設において，コンクリートや鉛などで遮蔽を行う必要性があるのも，この過程で生成される制動X線の発生に由来する。このため，電子のエネルギーが高い場合，更に相手物質の原子番号が大きい（原子核の持つ電荷量が大きい）とよりエネルギーの高いX線を大量に生成することになるので，遮蔽に対する要請が大きくなってしまうことになる。またここで放出されるX線のエネルギーは基本的には電子線の持つエネルギーを最大として，低エネルギー側に広い分布になるのだが，原子核に高エネルギーのX線が飛び込むことによって核反応（光核反応と呼ばれている）が起こり，放射化という現象を生じさせる。Ag原子やAu原子などでは，この光核反応の閾値が比較的低く，10 MeV程度の電子によっても放射化が引き起こされ，同時に中性子遮蔽も必要となることが知られている。

さて，話題を元に戻そう。上記のように原子核に近づいて制動放射を起こすことより，大きな確率的現象として，電子が物質中の原子核の周りを回る軌道電子との相互作用を通じてエネルギーを物質に付与して行く。基本的には当初非弾性衝突現象により，軌道電子にエネルギーを与え，それに伴って最初に入射した電子はエネルギーを徐々に失っていく。この間の現象を物理過程と呼ぶ。この時点では物質に化学反応らしいことは未だ起こっていない。ただ単に，イオン化や励起という現象が起こっているのみである。ではこれらの反応中間体，およびエネルギーを失ってきた電子はどのようなことになるのだろうか。これについても，電子のエネルギー減衰に関する考察から考えると，フェムト秒からピコ秒の時間領域（10^{-15}〜10^{-12}秒）の時間領域で，電子が入射した物質系（以下これを凝縮相―液体及び固体―であると仮定して話を進める）の電子エネルギーがほぼある一定のエネルギー領域に収束し始めることになる。そのエネルギーは平均値として約100 eV程度であると言われている。この時間帯になると，電子は速度が相当遅くなり，物質との相互作用が次第に強くなるとともに束縛も強くなりはじめ，電子の止まりかけの領域にスパー（Spur）と呼ばれる，活性種の集まった領域が生成する。具体的な化学反応はこの領域からスタートするので，実は，電子誘起反応はこの時間帯（数100フェムト秒からピコ秒領域）では不均質な反応場を提供していることになる。以下この後に起こる反応について，第7項以降で詳しく解説する。

6　ストッピングパワー（あるいはLET：Linear Energy Transfer）

上で述べた，時間とともに進行する種々の反応（物理的相互作用から物理化学過程を通じて化学反応への展開）の他に，もう一つ重要なポイントとして，エネルギー付与の量に関する考察が

第1章 EB反応の基礎

必要となる。電子線が物質に入った際にエネルギー付与を行う際には，原子や分子の周りを回る軌道電子との相互作用がその主なプロセスとなる。そのため原子や分子の持つ電子の密度の大小が直接電子エネルギー付与の量にかかわってくる。

このような表現では極めて分かりにくいので，この事情を具体的な例を挙げて説明しよう。例にとる物質として，水素分子（H_2）と炭素原子（C）について，電子の密度はどのように考えられるかについて説明する。水素は原子番号が1で質量数が1の原子であるので，H_2では電子数が2個で質量数が2となる。一方Cでは原子番号が6（ということは電子数が6）で質量数は12である。

単純にこの2つの分子と原子について質量数12に規格化した時に電子数がいくつあるかを計算すると・・・

H_2が6分子集まると質量数が12になる。このときの電子数は$2×6=12$である。一方Cではもともと質量数が12で電子数が6であるので，結局$6H_2$では電子数12，Cでは電子数6となり，同じ質量の水素分子と炭素原子を比べると，電子の密度は水素の方が2倍も多い。つまり，同一質量の水素と炭素では少なくとも相互作用する電子の数は水素の方が2倍も多い。ということになる。そのため，下図に示すようにポリエチレンやポリスチレンでのストッピングパワーの値が広い電子線のエネルギー範囲でCより大きくなっている。また更に電子密度が小さくなっている金属などはCよりさらにストッピングパワーの値が小さくなっている。

更に，電子線のエネルギーが500 keVを下回る低い値になって行くと，今度はエネルギー吸収が急激に大きくなってくる。これは，入射した電子のエネルギー（速度）が原子・分子の周りを回っている軌道電子の速度に近づいていくことで，弾性衝突による散乱に近い描像が現れ，エネルギー移行が大きくなるためであると考えられる。

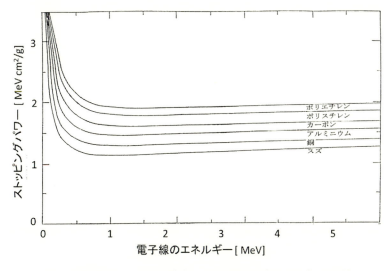

図4 電子線のストッピングパワーの物質およびエネルギー依存性

7 EB誘起反応の制御因子（誘電率や粘度，温度効果）

さて，第5項で述べたように凝縮相における電子線誘起反応は先ずSpur領域から始まることになるのだが，このときに考慮すべき問題がある。それはこのSpurの中で起こっている反応の中身に関するもので，具体的にはイオン化した分子のカチオンラジカルと飛び出した電子の「ペア」に関する考察である。この過程の中で飛び出した電子は一般に運動エネルギーをほぼ失い，熱振動のエネルギーしかもたない状態になる。これを熱電子（Thermal Electron）と呼ぶ。この状態の電子が持つエネルギーE_{th}は系の熱エネルギーkT（kはボルツマン定数，Tは絶対温度）にほぼ等しく，これを計算すると，

$$1.38 \times 10^{-23} (J/K) \times 293 (K) \div (1.6 \times 10^{-19} (J/eV)) = 0.025 (eV)$$

（注：$1\,eV = 1.6 \times 10^{-19}\,J$）

である。

このエネルギーと上記の「ペア」の間に働くクーロンポテンシャルの値（$V(r)$）を媒質の比誘電率（ε_r）と真空中の誘電率（ε_0），ペアの距離rを用いて表すと以下のようになる。

$$V(r) = e^2 / (4\pi\varepsilon_r\varepsilon_0 r)$$

この$V(r)$とE_{th}が等しくなる距離をオンサーガ距離（r_c）と呼んでおり，一般の非極性媒質（比誘電率が2程度）のときにはr_cはおよそ28 nmになる。普通の凝縮相においては電子の熱化距離は6 nm程度とされており，非極性媒質においては，十分にクーロン力の届く範囲に熱電子が分布していることが分かる。そのため，非極性媒質の場合には生成した「ペア」は特段の事情がない限り，元のカチオンラジカルである親分子に戻ることになる。この現象を対イオン再結合（Geminate Ion Recombination）と呼ぶ。従って非極性媒質の場合，いったんはイオン化が起こるがその結末としてイオン再結合を経由した励起状態生成が化学反応の開始点となることになる。この励起状態はシングレット（励起一重項）で有り，その寿命は一般にピコ秒からナノ秒領域のものである。一方，ここで考えている「ペア」がSpurの中に一つしかないと考えるのも不自然で，複数の「ペア」があると考えると，もう一つ考慮しなければならないことがある。それは再結合の際に元のカチオンラジカルに戻るのではなく，別のカチオンラジカルに戻る可能性があるということである。もしこのようなことが起こると，その再結合によりもたらされる励起状態は必ずしもシングレットとなるわけではなくある一定の割合でトリプレット（励起三重項）を含むことになり，中間体生成反応のエンハンスが起こると考えられる（トリプレット励起状態と中性分子が相互作用して，例えば水素引抜が引き起こされる過程などを考えると分かり易い）。

一方比誘電率が非常に大きい媒質，例えば水のようなケースでは上記の場合とまったく違った現象が誘起される。具体的には，水の常温での比誘電率が約80あり，r_cとしては1 nm以下となると推定される。このような場合には，スパー内で生成したイオンペアのうち，電子はかなり

第1章 EB反応の基礎

の確率で親カチオンとの束縛を離れて，自由な電子としてふるまう。この結果，自由になった電子は，スパーの外で水和という形で安定化する。この水和した電子を水和電子と呼び，光の吸収として720 nmに極大のある反応中間体として知られている。

上記のイオン再結合反応に係る現象については，系の粘度あるいは温度でその速度は大きく変わることが知られている。例えばシクロヘキサンのように比較的分子量の小さなハイドロカーボンでは，対イオン再結合過程はサブピコ秒の時間で完了することが知られているが，大阪大学のグループが長く検討してきているように，n-ドデカンのように分子量が比較的大きく粘度の高いハイドロカーボンでは，その過程はピコ秒領域までかかるようになる。従って反応の素過程を解明するためには，粘度の比較的高い系中で反応を遅くして，パルスラジオリシスのような測定法を駆使することで，種々新しい知見が得られてきている（例えば，*Radiat. Phys. Chem.*, Vol. 80, 2011, pp286-290, doi: 10.1016/j.radphyschem. 2010.07.049, 及び *Radiat. Phys. Chem.*, Vol. 84, 2013, pp30-34, doi: 10.1016/j.radphyschem. 2012.06.051, T. Kondoh *et al.*, を参照）。

また，温度効果については，粘度に関する考察とは別に，反応の活性化エネルギーの値に係ること，また高分子などでは，転移に係る温度の上か下かで反応挙動が大きく変わることが考えられるので，対象とする高分子の種々の転移温度（融点，ガラス転移，結晶転移，液晶転移等）についての知見を確認してその反応に関する解析を行う必要がある。

次に使用している物質による反応の違いについて少し考察してみよう。

7. 1 ハイドロカーボン系

物質が基本的に炭素と水素からのみ成る物質の場合，考慮すべき点はその電子系についての考察である。もっと別の言い方をすると，脂肪族系の物質か芳香族系の物質かということが反応過程を理解するうえで重要な点となる。ポリエチレンのような脂肪族系の物質においては，非常に短い時間でアルキルラジカルが主鎖上に生成する。この過程に際して，H･が離脱しており，良く知られている主鎖間における架橋構造を誘起することになる。同時にH_2分子も相当量生成される。一方，芳香族系の物質においては，電子によって与えられたエネルギーは主にπ電子系の電子励起に用いられ，その後比較的大きな確率で蛍光を発して，系外にエネルギーを放出する。そのため例えばポリスチレンなどでは電子線照射による水素の生成量は非常に小さいことが知られている。

7. 2 ハロカーボン系

このような系，特に系中にClやFが含まれている場合には放射線誘起反応は他の化学反応系や光化学系の反応と大きく異なる反応機構が誘起されるので注意が必要である。電子線が物質に照射されると，既に述べたように系内に多数の2次電子が生成される。重要なポイントはハロゲン原子はもともと電子親和力が非常に高く，共有結合をしている分子内においても，電子を吸引しいわゆる解離的電子付加反応（Dissociative Electron Attachment）を引き起こす。（模式

的には，R-Cl（F）+ e⁻ → R・ + Cl⁻（F⁻））このため，ハロカーボン系ではラジカルの生成量が比較的多くなると同時に，系外にHCl（HF）などが放出される。このような系においては，上記のような芳香族炭化水素系のハロゲン原子が含まれているような場合においても分解の確率が大きくなることが知られている（例えば T. Gowa *et al.*, *Applied Physics Express* 2012; **5**(3) 036501 1-3, Y. Hosaka, *et al.*, *Journal of Photopolymer Science and Technology*, Vol. 26, No. 6（2013）745-750）。

但し，ハロゲン原子の導入位置によっては，架橋がエンハンスされる場合もある（クロロメチル化ポリスチレンのケース等）ので注意が必要である。

8 EBにより誘起される反応中間体の量の見積もり

電子線のエネルギーが物質に与えられた際に，どの程度の濃度の反応中間体が生成するかについて，ここで見積もっておこう。電子線などの電離放射線がどの程度のエネルギー量を系に与えるかについては，計測量（吸収線量）としてグレイ（Gy）という単位が用いられる。このGyという単位はJ/kgに等しく，具体的には1 kgの物質に何Jのエネルギーが与えられたのかという指標を与える。そこで，EBにより対象の系にD（Gy）の吸収線量が与えられた時，系中にどのくらいの反応中間体や生成物ができるかを見積ってみる。

D [Gy] をeV単位で表すと，$6.24 \times 10^{18} \times D$ [eV/kg]。（これは1 eV = 1.602×10^{-19} J という関係から導かれる。JからeVへの単位系の変更）更にG値（放射線化学的G値とよばれ，100 eVのエネルギーを吸収したときに何個の反応活性種が生成するかという量を示す。）と対象物の密度ρ（kg/l）を使って，生成する活性種の濃度c（mol/l）を求めると，下のような式を得ることができる。

$$c = \frac{6.24 \times 10^{18} \times D \times G \times \rho}{100 \times 6.02 \times 10^{23}} = 1.037 \times D \times G \times \rho \times 10^{-7} \text{（mol/l）}$$

ここで，対象生成物のG値が3であったとし，ρが1であったとすると，吸収線量10 kGy当たりで3m mol/lの生成物を得ることができる。相当な濃度の生成物を得ることができることが理解できるであろう。

最後にもう少し，物質中での電子の振る舞いについて考えてみよう。

電子線が物質に入射した後の時間の経過についてはすでに述べたが，反応点の数がどうなるか，上の項で計算の結果を示したものの，入射電子1個から何が起こるかについて簡単に説明する。

具体的には図5に示すように，電子のもともと持っているエネルギーを規定し，その後に起こる電子の増大と反応点の数を勘定すればよい。

図5のように電子のエネルギーが200 keVであったと仮定すると，大まかには2次電子の数は約2,000個程度になる（$200 \times 10^3 \div 100$）。この後この2次電子がスパーを形成して行くこと

第1章 EB反応の基礎

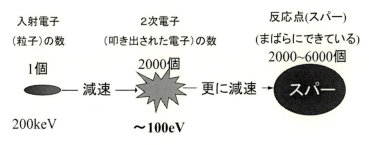

図5 物質中での電子の増倍と反応点

になるのだが,その際にはスパー中に活性種が一つしかないとした場合に6,000個,また複数の活性種があるとした場合の最小値として約2,000個のスパーの存在を推定できる。もっとも効率よく反応が起こったとした場合には200 keVの電子1個から6,000個の反応中間体が生成できそうである。1 mAの電子電流を使って照射を行い,そのすべてが物質中に投入できたと仮定するとこの時の電子数は$6.24 \times 10^{18} \times 10^{-3} = 6.24 \times 10^{15}$個である。

この電子のエネルギーが200 keVであったとすると,1 mAの電子電流の投入は図5のモデルにおける最大値を使うと,$6,000 \times 6.24 \times 10^{15} = 3.7 \times 10^{19}$個の反応中間体の生成を意味する($0.61 \times 10^{-4}$モル)。これを濃度に計算しなおしてみる。200 keV電子の平均的なエネルギー付与を念頭に透過深さを勘案すると約200 μm程度となる。この電子電流が10 cm×15 cmの領域をカバーしていたとすると,その体積は$10 \times 15 \times 0.03$ cm^3 = 3 cm^{3}に相当する。被照射物の密度を1 g/cm^{3}とすると3×10^{-3} kgなので,1ℓあたりでは3×10^{-3}で割れば良く,2×10^{-2} mol/lに相当することになる。第8項で計算した10 kGy時のモル濃度は3×10^{-3} mol/lであったので,約70 kGy相当の吸収線量を与えたことになる(同じ計算を反応中間体の量を最小値であったとして計算すると,$2,000 \times 6.24 \times 10^{15} = 1.25 \times 10^{19}$個$= 0.2 \times 10^{-4}$モル,濃度として,$0.2 \times 10^{-4} \div 3 \times 10^{-3} = 7 \times 10^{-3}$ mol/lであり,23 kGyに相当することになる)。

さて,これを全く別の観点から計算してみよう。

使うデータは米国NIST供給のストッピングパワー(LET)データでポリエチレンに対するデータを6.5[MeV/(g/cm^2)]とする。このとき電子1個が密度ρ(g/cm^3)の物質中で落とすエネルギーは$6.5 \times \rho$(MeV/cm)$= 6.5 \times \rho \times 10^6$(eV/cm)である。

従って200 μm当たりに落とすエネルギー量は$1.3 \times \rho \times 10^5$(eV)である。

一方D(kGy)のエネルギー吸収は,

$$D \times 10^3 \times 6.24 \times 10^{18} \text{ (eV/kg)} = D \times 6.24 \times 10^{21} \text{ (eV/kg)}$$

に相当している。これを10 cm×15 cm×200 μm(0.03 cm^3)へのエネルギー吸収量に換算すると

$$10 \times 10 \times 0.03 \times \rho \text{ (g)} = 3 \times 10^{-3} \times \rho \text{ (kg)}$$

から

$$D \times 6.24 \times 10^{21} \times 3 \times 10^{-3} \times \rho = D \times 1.87 \times 10^{19} \times \rho \text{ (eV)}$$

つまり D (kGy) のエネルギー吸収に N 個の電子がかかわっているとすると

$$N = D \times 1.87 \times 10^{19} \times \rho / (1.3 \times \rho \times 10^5) = D \times 1.4 \times 10^{14} \text{ 個}$$

となる。ここで吸収線量が 70 kGy であったとするとここに関わった電子の数は

$$N = 70 \times 1.4 \times 10^{14} = 9.8 \times 10^{15} \text{ 個}$$

と計算できる。また 23 kGy であったと仮定すると電子数は

$$N = 23 \times 1.4 \times 10^{14} = 3.2 \times 10^{15} \text{ 個}$$

と計算できる。

図 5 のモデルの最小値と最大値の間に NIST からのデータによる計算結果が落ち着くことから，このモデルがそれほど荒唐無稽なものではないと考えてよさそうである。なお，この計算に際し，不確定要素は図 5 のモデルでの計算における実際に利用された電子の数（もっと少ないかもしれない）と NIST からのデータを平均値で入れている点が挙げられる。

9　文献について

文献等の情報については，web などでキーワード検索をしていただくと多くの情報が得られるので，ここでは本当に限られた情報にのみ，本文中にレファレンスをつけさせていただいた。

第2章　重合・グラフト重合

前川康成*

1　EB（放射線）による重合反応

1.1　総論

　放射線重合では，オレフィン系モノマーの連鎖重合がほとんどである。ここでは，溶媒を用いないモノマー液体（バルク）または良溶媒を用いた溶液状態で放射線を照射する。この時，モノマーまたは溶媒は，軌道電子のはじき出しによるイオン化（電離）や電子励起を受ける。イオン化では，ラジカルカチオンと電子が生成する。電場で束縛された電子は再結合により高励起状態となるのに対し，オンサーガ距離を超えた電子は，溶媒和電子や電子付加体などに変化する。一方，直接または再結合により生成した高励起状態種は，緩和して元の分子に戻る場合と分解反応などが進行する場合に分かれる。イオン化や電子励起で生成したラジカルカチオン，電子付加体や高励起状態種の分解反応により，オレフィン系モノマーの連鎖重合の開始剤として作用するラジカルやイオン（主にカチオン）が生成する（図1)[1]。

　低温条件や添加金属塩などの効果で活性種がカチオンに変換されたカチオン重合などのイオン重合の例（アニオン重合の例は少ない）を除き，放射線重合のほとんどがラジカル重合である。開始反応後の成長反応や停止反応については，従来の逐次重合とほぼ同じように進行する[2]。そ

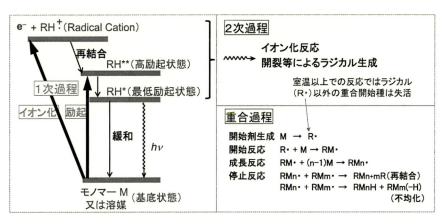

図1　放射線重合における照射初期過程での重合開始種生成とラジカル重合機構

---

*　Yasunari Maekawa　（国研）量子科学技術研究開発機構　量子ビーム科学研究部門
　　　　　　　　　　　高崎量子応用研究所　先端機能材料研究部　部長

のため，放射線重合においても，その開始種がどのような物理過程，化学過程を得て生成するか詳細に調べられている。電子線照射においては，反応系に侵入した電子は，ある頻度で散乱と軌道電子のはじき出しによるイオン化（電離）や電子励起を繰り返しながらそのエネルギーを失う。イオン化や電子励起は侵入深さ内で比較的均一に生じるが，電離により生じた 2 次電子（δ 電子）は入射電子よりもエネルギーが低いことからその周辺により多くのイオン化及び励起を引き起こし局所的に開始種の生成の密度が高い領域（スパーやスパイクと呼ばれる）が生じる（第 1 章参照）。

1．2　溶液重合

　放射線重合では，モノマーまたは溶媒の分解物から生じた活性種が開始剤として作用し重合が進行するため，従来の連鎖重合のように開始剤や重合触媒を含まないことが最大の利点である。モノマー溶液（溶媒中またはバルク）に室温〜100℃の範囲で放射線を数〜数十 kGy 照射することで，放射線グラフト重合は進行する。過酸化物などのラジカル重合開始剤を用いることなく重合が開始できることから，温度，溶媒，モノマー濃度が自由に選択できる点は，重合機構を調べるうえで有利である[3]。この特徴から，1960-1970 年代に通常のラジカル重合性モノマーであるスチレン誘導体，アクリル酸誘導体（アクリル酸，メタクリル酸，およびそれらのエステルやアミド，アクリロニトリル），酢酸ビニル，イソプレン，クロロプレン，ビニルピリジン，ビニルイミダゾール（化学構造を図 2 に示す）などの放射線グラフト重合が詳細に検討され，重合機構や生成ポリマーの特性について数多く報告された[4]。

　一般論として，室温以上の高温や低線量率（数 kGy/sec 以下）ではラジカル重合で，低温（特にガラス状態，結晶状態）や高線量率ではカチオン重合で進行する傾向にある。例外として，アクリル酸誘導体はラジカル機構，ブタジエンはカチオン機構のみで重合が進行することが報告されている。スチレンについては，微量の水分がある場合は，カチオン成長種が失活するためにラジカル重合となるが，無水条件ではカチオン重合が優先する。1970 年代に，ポリエチレンについて，放射線重合による生産プロセスの開発が積極的に進められ，チーグラーナッタ重合触媒をはじめとする金属錯体などの添加物の除去が不要な簡便かつ安価な重合プロセスとして日本にお

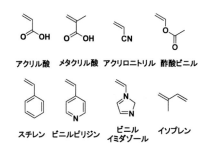

図 2　放射線重合性を示すビニルモノマーの化学構造

第2章　重合・グラフト重合

いてパイロットプラント規模の実証試験も行われた。しかしながら，重合開始剤・触媒の添加量の低下や生成方法の確立により，大きな照射施設を利用する放射線重合プロセスはプラントなどへの採用には至らなかった[4]。

1.3　固相重合

放射線重合は開始剤の熱反応による活性種生成が不要であることから，低温ガラス状態での重合や，結晶状態（モノマーが結晶化する過程で開始剤共晶化の必要がないため）での重合が可能になる。さらに，結晶状態，非晶状態を含めた固体状態では，成長反応末端であるラジカルを含む高分子鎖の分子運動が著しく抑制されているため，開始反応，成長反応に対して停止反応が著しく低下する結果，成長ラジカルの寿命が長い，いわゆるリビング的な重合が進行する。この20年ほど爆発的に進歩した可逆的付加開裂連鎖移動重合（RAFT）や原子移動ラジカル重合法（ATRP）などのリビングラジカル重合は，その成長ラジカルに可逆的に保護・脱保護を繰り返すキャッピング剤を用いる複雑な系からなる。一方，放射線固相重合では，特別な試薬を用いることなく，重合媒体（モノマー自身や重合溶媒）の低い分子運動性により停止反応が著しく低下することで，フリーラジカル重合がリビング的に進行することが40年以上前から報告されている。

低温結晶状態のアクリルアミドは，放射線照射によりラジカル重合が進行し，ガラス状態のポリアクリルアミドが生成する。これは，モノマーに比べ生成したポリマーの密度が低く，重合過程で収縮が起こるため結晶構造が破壊されるためである[1]。一方，環状エーテルであるトリオキサンの低温結晶状態での照射では，結晶状態を維持したモノマー配向の影響を受けた結晶性ポリオキシメチレンが生成する。環状エーテルであるトリオキサンは，開環反応によりビニルモノマーのような体積収縮が起こらないことから，結晶性が維持されることが証明されている[5]。

2　EB（放射線）によるグラフト重合

2.1　総論

先に説明したように放射線重合の中で，室温以上の液体状態での重合反応は，その開始種の複雑な生成過程やその空間分布がスパーやスパイク領域に集中した不均一性を示すものの，開始反応，成長反応，停止反応は通常のラジカル重合と同じである。また，固相重合においても，温度，線量率により，成長種（ラジカル，イオン）が制御できるものの，生成したポリオレフィンの構造は，他の手法で得られたものと大きな差異がなく，また，生産プロセス上の優位性も大きくないことから，近年はほとんど基礎研究や応用研究はなされていない。

その中で，放射線により，繊維や膜形状の高分子基材（基材）の幹高分子に生成したラジカルから新たな重合反応が進行することで，異なる高分子を連結させる放射線グラフト（幹高分子に対して枝を継ぎ木すること）重合を，固体高分子膜中で進行させる技術が50年ほど前に報告さ

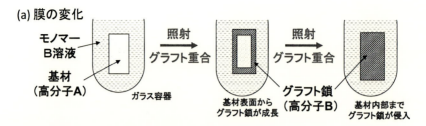

図3 高分子Aからなる高分子基材（膜，繊維形状）へのモノマーBの放射線グラフト重合によるグラフト高分子Bの形成過程
（a）基材の変化，（b）ポリエチレン基材へのスチレンモノマーの放射線グラフト重合の化学スキーム

れている（以降，グラフト基材として高分子膜を例に説明する）[6,7]。この手法で合成されたグラフト高分子は，非極性（疎水性）高分子基材に極性（親水性）グラフト高分子を共有結合で連結した構造を有することから，それぞれの高分子をブレンドしても得られない2相系の高分子膜となる（図3）[8,9]。また，非極性高分子からなる基材膜は結晶構造（結晶化度30-90％）を有しており，グラフト重合においてもその結晶性が低下するものの結晶性グラフト膜となる。この結晶構造は，一旦溶媒を用いて溶液状にして再キャストしても再現できないことから，グラフト重合法が固体状態で進行することで，非平衡状態の結晶性を維持したグラフト膜が作製できることが特徴として挙げられる。この結晶性のために，得られた機能性高分子膜の機械特性や耐久性が発現したと考えられている。

　この固体基材中での放射線グラフト重合は，溶媒によりわずかに膨潤した（膜重量の数～十数％重量のモノマー及び溶媒が存在）モノマー溶液を含む高分子基材からなる準固体状態で，放射線照射により基材を構成する幹高分子に生成したラジカルが開始点になり，基材中に拡散してきたモノマーのグラフト重合が数分から数日間進行する系である。開始種を生成するわずかなエネルギーの電子線照射により，基材の重量以上のグラフト高分子鎖を生成させることができることが生産プロセス上の大きなメリットである。また，耐熱性や機械特性に優れた膜としての性質を維持しつつ，イオン伝導性，金属吸着性，物質分離特性などの機能性を有する種々のポリオレフィン系グラフト高分子を導入できることから，安価，かつ，実製造プロセスを見据えた機能性材料の合成手法として期待できる（詳細は，グラフト重合の特徴で説明する）。

第2章　重合・グラフト重合

2.2　グラフト重合の特徴

　放射線グラフト重合については，基材高分子（膜や繊維形状）をモノマー溶液に浸漬した状態で，電子線を照射する同時照射法と，予め不活性ガス中で基材高分子を照射し，その後照射された基材高分子にモノマー溶液を添加する前照射法の2種類がある。同時照射法では，分解生物として生じた開始種がモノマーと速やかに反応し成長反応が開始することから，吸収線量に対しての重合度が高く，基材重量に対するグラフト高分子重量の増加で示されるグラフト率の上昇が期待できる。そのため，グラフト重合が進行しにくい基材や重合性の低いモノマーに有効である一方，開始種の生成と開始反応が成長反応と並行して起こることから反応解析が困難であることやグラフト高分子に生じた活性種からも開始反応とその後の成長反応が進行することから，分岐鎖や架橋などにより生成グラフト高分子鎖構造の解析が困難になる。また，溶媒，モノマーの分解物由来の活性種からの重合により，基材高分子からのグラフト鎖ではなく，直鎖状の単独高分子の副生が多くなる点などが欠点として挙げられる。

　前照射法では，不活性ガス中での照射とグラフト重合を続けて行う場合，基材高分子の炭素ラジカルが開始種となりC-C結合を起点としたグラフト鎖が得られる。一方，照射後に空気下で熱アニーリングする場合，炭素ラジカルと酸素が反応して生じたパーオキシラジカルがヒドリド引き抜きや他の炭素ラジカルと再結合することでハイドロジェンパーオキシラジカルやパーオキシラジカルが生成する。この熱分解により生じた酸素ラジカルから開始反応，成長反応が進行し，O-C結合を起点としたグラフト鎖が生成する。最もシンプルな系で実用化プロセスとして最も多く利用されている酸素を暴露しない前照射法の重合反応機構を表1および図4に示した。ここで，極低温での重合や金属酸化物の添加などが無い場合，ほとんどすべての基材，オレフィン系モノマーのグラフト重合はラジカル的に進行する。

　表1中の「3）成長反応」では，モノマー溶液とほとんど相溶性のないポリテトラフルオロエ

表1　放射線グラフト重合（前照射法，酸素暴露無し）におけるグラフト高分子生成機構

ステップ	特徴
1) 開始剤 （生成）	電子線照射によるイオン化，励起の物理過程とその後の化学過程により，基材高分子の結晶相，非晶相にラジカルが生成する。
（失活）	非晶相ラジカルがモノマー添加前に失活・消滅するのに対し，結晶相のラジカルは，結晶相高分子の分子運動性抑制のため，室温以上においても失活することなく長寿命ラジカルとして存在する。
2) 開始反応	モノマー溶液添加により，モノマー，溶媒は非晶相に浸透し，非晶相界面に近い結晶相ラジカルの開始反応が進行する。ポリエチレン基材については，結晶相内でアルキラジカル→アリルラジカルなどの転移を伴ってラジカルが移動し，界面付近でモノマーとの開始反応に関与するなどの考察がESRの解析などから提唱されている。
3) 成長反応	生成したグラフト高分子が基材高分子と相溶性がある場合は基材非晶相内において，相溶性がない場合，グラフト高分子相においてグラフト重合の成長反応が進行する。
4) 停止反応	その間，通常のラジカル重合と同様に，連鎖移動や停止反応が進行する。高分子基材中でのグラフト重合の特徴として，マトリックス高分子の低運動性（ゲル効果）による停止反応の著しい抑制があげられる。

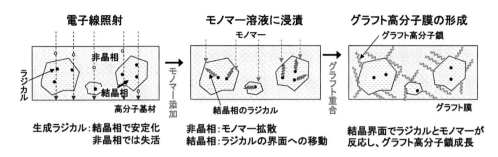

図4 放射線グラフト重合（前照射法）における結晶性高分子基材へのグラフト高分子の生成機構の模式図

チレン（PTFE：テフロン）膜のアクリル酸やスチレンのグラフト重合では，PTFE膜表面からグラフト重合が進行し，その重合過程で生じたひずみ等でグラフト高分子相がPTFE非晶相に侵入する（グラフトフロント機構）[7]。このグラフト高分子相内でのグラフト重合とPTFE内部への浸潤が繰り返されることにより数ミクロンから数ミリに及ぶ膜内部へのグラフト重合が進行し，結果として，PTFE膜内に均一にグラフト高分子が導入される。一方，ポリエチレンやポリフッ化ビニリデン（PVDF）などはその非晶相にモノマー溶液が相溶化できることから，結晶非晶界面（または非晶相）でグラフト重合が進行する。また，「2）開始反応」の前に，連鎖移動により溶媒，モノマー等に生じたラジカルが開始種となる場合，グラフト鎖として基材に結合していない鎖状高分子（通常，ホモポリマーと呼ばれる）が生じる。

放射線グラフト重合は，固体高分子基材中で新たなグラフト高分子が成長することで，その高分子基材を機能性高分子材料に固体状態のまま変換できる極めてユニークな合成技術である。従って，開始種となるラジカルの構造や密度をESRで，化学構造についてはIRや固体NMRで解析が行われる[10]。しかし，得られたグラフト高分子鎖は単離，溶解できないことから，通常の溶液重合と異なりGPC測定ができない。そのため，最も重要なグラフト高分子の分子量，分子量分布，分岐構造などはほとんどわかっていない。例外として，酸塩基触媒による分解反応や熱分解反応が進行するポリエチレンオキシドなどのポリエーテルやリグニンなどの天然高分子を基材としたポリアクリル酸やポリスチレンからなるグラフト鎖のGPCによる解析例がある。それらの結果より，数十分から数時間ラジカル重合は進行し，反応時間とともに分子量が増加し，数万から数十万の分子量になることが報告されている[11]。

しかしながら，最も汎用性の高いポリエチレンや耐熱性・機械特性に優れたフッ素系樹脂を基材としたグラフト重合では，グラフト鎖のみを基材から単離することは困難であることから，その分子量，分子量分布の報告はなく，したがって，グラフト重合機構のついても全く解明されていなかった。最近，原子力機構（現量子科学研究開発機構）のグループによって，親水性グラフト高分子からなるフッ素系膜の場合，高温水中に静置するだけで，グラフト鎖の膨潤による応力により，グラフト鎖の主鎖の分解無しに基材付近から脱離すること，条件によっては，500時間

第2章 重合・グラフト重合

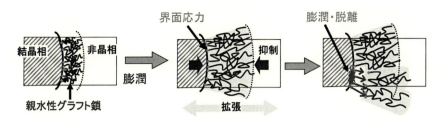

図5 高温水中における親水性グラフト高分子鎖の膨潤・脱離現象によるグラフト型フッ素系高分子電解質膜の分解メカニズム

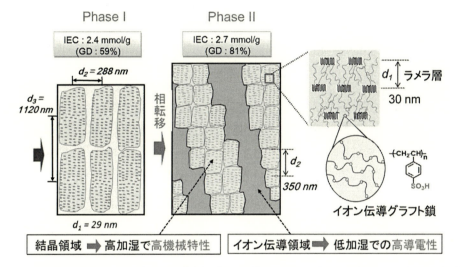

図6 ETFEへのスチレンのグラフト重合とグラフト鎖のスルホン化により得られたプロトン伝導高分子電解質膜
グラフト率の増加における相転移現象および結晶相と親水性グラフト相の階層構造と電解質膜特性の関係。

でグラフト鎖の9割以上が回収できることが報告されている（図5）。この膨潤・脱離を利用することで，ETFEへのアクリル酸の放射線グラフト重合では，分子量が7万以上に到達することや生成したグラフトコポリマーの化学構造と組成が報告されている[12, 13]。今後，本手法を用いることで，放射線グラフト重合機構が詳細に解明されることが望まれる。

　筆者らのグループにおいて，燃料電池用高分子電解質膜への応用を目的に，ETFE基材膜に，グラフト率130％までスチレンを導入し，その後のスルホン化反応により，ポリスチレンスルホン酸をグラフト鎖とするグラフト型高分子電解質膜を作製している。ここで，イオン伝導を担うスルホン酸濃度を示すイオン交換容量（mmol/g）は0-3.1 mmol/gと広範なものが得られている[14]。スチレンのグラフト重合をX線小角散乱により追跡したところ，高分子基材膜のラメラ結晶は維持され，その周期長が増加（20 nm → 30 nm）することに加え，新たに，約200-300

nm, 900-1,100 nm の相関長からなる結晶粒のような領域がグラフト相とともに現れることを見出した（図 6）。更に，グラフト率 70％以上で相転移を起こし，結晶領域のラメラ結晶や結晶粒が縮小するもののグラフト率を上げてもその構造が維持されること，さらに，結晶領域の外部に親水性のグラフト高分子のみのイオンチャンネル相が形成されることなどを明らかにしている。これらの構造は，スルホン化反応ではなく，グラフト重合時に決定されており，放射線グラフト重合の特徴であるブレンドでは混在できない疎水性高分子基材と親水性グラフト鎖が相分離して存在すること，固体状態での形成のため，キャスト法では得られない非平衡状態の結晶領域を維持できることを示している。この構造的特徴が，高い機械特性（耐久性）とイオン伝導性（出力）が生じる要素であることも明らかになってきた[15]。

2.3 機能性膜への応用

機能性グラフト膜について，水酸化物イオンのみを選択的に通し，他の金属イオンを遮断する電池用隔膜（電解質膜）や食塩電解用や燃料電池用高分子電解質膜などへの応用が検討され一部実用化されている。最初の成功例として，ボタン型アルカリ電池用隔膜があげられる。最も安価なプラスチックであるポリエチレン膜（高密度ポリエチレン，膜厚 25 μm）に，安価なアクリル系モノマーであるアクリル酸をグラフト重合することで，従来の再生セルロース膜や微多孔性ポリプロピレン膜に比較して，銀水酸化物イオンの透過に起因する自己放電などの劣化要因の抑止に成功した。この結果，保存安定性（シェルライフ）を向上させることで 3～5 倍の長寿命化に成功している。この電子線を用いたグラフト重合法で生産した隔膜は，市場規模 100 億円，市場シェア 100％（平成 12 年度）である。

機能性グラフト膜として，近年，そのエネルギー・環境に対する低負荷システムとして注目を集めている燃料電池への適用が世界的に進められている。燃料電池の主要要求特性である発電特性や耐久性の要となるのがその中心部に利用されている高分子電解質膜のイオン伝導性と耐熱性・機械特性であることから，機能性グラフト膜によるこれらの要求特性の向上が期待されている。ここでは，耐熱性，機械特性に優れたフッ素系基材や芳香族炭化水素基材へのイオン伝導性基を有するモノマーのグラフト重合が採用されている。最近の EB 線照射による燃料電池用電解質膜の開発動向については第 16 章で解説する。

2.4 機能性繊維への応用

繊維，不織布，中空糸などを基材とした例を紹介する。金属吸着性を利用した機能性材料としては，アミドキシム基を金属吸着性配位子とするウラン捕集材の開発が長く進められ，kg スケールのウランケーキを回収できるパイロット実証試験に成功している[7,8]。その後も，種々の金属イオンに適合した配位子設計・合成が進められていることから，半導体製造用超純水製造用繊維については第 13 章で，希少金属回収のための高機能分離材料については第 12 章で詳しく紹介する。

第2章　重合・グラフト重合

　近年では，放射性セシウム吸着性能を有する高分子をグラフト重合で調製することで，放射性セシウム除去給水フィルターなどが製品化されるなど，福島の環境修復に貢献する成果も上がっている（第11章）。一方，ガス分子吸着性を利用した機能性材料としては，ポリエチレン不織布への塩基性，酸性からなる機能性モノマーをグラフト高分子鎖として導入することで，超微量ガス状物質を除去できる半導体クリーンルーム用エアフィルター（第10章），におい成分となる塩基性有機分子等を除去でき病院等で利用できる脱臭作用繊維などの繊維機能化技術の開発（第13章）や機能性衣料品，介護用品および家性材料への応用（第14章）なども，近年のグラフト重合術の実用化例として特筆すべき成果である。

文　　献

1) 田畑米穂，原子力工学シリーズ7『放射線化学』，ラバーダイジェスト社，p.135（1978）
2) 鶴田禎二，『新訂 高分子合成反応』，第19版，日刊工業新聞社，p.11（1983）
3) 日本放射線化学会編，『放射線化学のすすめ』，学会出版センター，東京，p.45（2006）
4) 幕内恵三，『ポリマーの放射線加工』，ラバーダイジェスト社，p.239（2000）
5) 林晃一郎，『放射線重合の進歩』，高分子，高分子学会，p.752（1968）
6) A. Chapiro, *J. Polym. Sci.*, **34**, 481-501（1959）
7) A. Chapiro, Radiation Chemistry of Polymeric System, Chap. XII, Interscience Publishers, John Wiley & Sons, New York（1962）
8) 斉藤恭一，須郷高信，『グラフト重合のおいしいレシピ』，丸善株式会社（2008）
9) M. Tamada, Y. Maekawa, "Radiation Processing of Polymers and Its Applications." In *Charged Particles and Photon Interactions with Matter*, Y. Hatano, Y. Katsumura, A. Mozumder A. (Eds.), CRC Press, Boca Raton (Chapter 27), CRC Press, Boca Raton, 737-759（2011）
10) T. Seguchi, N. Tamura, *J. Polym. Sci., Polym. Chem. Ed.*, **12**, 1671-1682（1974）
11) H. Omichi, K. Araki, *J. Polym. Sci., Polym. Chem. Ed.*, **14**, 2773-2783（1976）. H. Omichi and K. Araki, *J. Polym. Sci., Polym. Chem. Ed.*, **16**, 179（1978）. H. Omichi and K. Araki, *J. Polym. Sci., Polym. Chem. Ed.*, **17**, 1401（1979）. K. Bahari, H. Mitomo, T. Enjoji, S. Hasegawa, F. Yoshii and K. Makuuchi, *Angew. Makromol. Chem.*, **250**, 31（1997）
12) K. Enomoto, S. Takahashi, T. Iwase, T. Yamashita, Y. Maekawa. *J. Mater. Chem.*, 21, 9343（2011）
13) K. Enomoto, S. Takahashi, Y. Maekawa, *Macromol. Chem. Phys.* 213, 72-78（2012）
14) T. T. Duy, S. Sawada, S. Hasegawa, Y. Katsumura, Y. Maekawa, *J. Membr. Sci.*, **447**, 19-25（2013）
15) T. T. Duy, S. Sawada, S. Hasegawa, K. Yoshimura, Y. Oba, M. Ohnuma, Y. Katsumura, Y. Maekawa, *Macromolecules*, **47**, 2373-2383（2014）

第3章　架橋反応について

田口光正*

1　はじめに

　1952年にCharlesby（英国王立陸軍科学大学 名誉教授）が原子炉からの混合放射線をポリエチレンに照射し，ポリエチレンが溶媒に溶けにくくなるとともに耐熱性が向上することを報告している[1]。以来，電子線を利用した高分子材料の放射線加工・改質では，架橋反応を利用したものが最も実用化されている。放射線による高分子材料の物性改善あるいは劣化は，主に高分子材料の分解（主鎖切断）や架橋，酸化などの化学反応によって誘起される。高分子材料の放射線架橋は，毒性を有する架橋剤や触媒を使わないこと，線量及び照射環境により反応量（架橋の程度）を容易に制御できること，熱の影響をほとんど無視できることなどのメリットがある。

2　放射線架橋反応

　長鎖を骨格とする高分子を加工対象とした場合，例えば，分子量10万の高分子に数個の架橋点を導入するだけで分子量は20万〜50万と増やすことができる。一方，分解反応を利用した場合には，5万以下まで減少することも可能である。すなわち，放射線法では，材料の溶解性や耐熱性を決定づける分子量を容易に制御できる。このため，1900年代後半から世界各国で高分子材料の放射線加工に関する基礎及び応用研究が精力的に行われてきた。

　ここで放射線照射では，分解と架橋反応が同時に起こることを注意しなくてはいけない。どちらが優先的に起こるかを基準として，分解型と架橋型の高分子に分類される[2〜5]。また，これらは高分子の化学構造や照射条件（雰囲気や温度，線量率など）によって決まるため，どちらの反応を優位に起こさせるかによって材料の改質特性を制御できる。以下，架橋反応の化学構造変化について具体的な例を挙げて説明する。

　一般的な条件として，室温にて真空中あるいは不活性ガス中で放射線照射された場合の分解型と架橋型高分子の化学式を示す表1に示す。典型的な架橋型高分子であるポリエチレンのモノマーユニットは4つの水素原子で構成されており，1つの水素原子がメチル基やフェニル基，クロロ基で置換された高分子の場合（それぞれPolypropyleneとPolystyrene，Poly(vinyl

---

＊Mitsumasa Taguchi　（国研）量子科学技術研究開発機構　量子ビーム科学研究部門　高崎量子応用研究所　先端機能材料研究部　プロジェクト「生体適合性材料研究」　リーダー

第3章 架橋反応について

表1 架橋型と分解型高分子の例

架橋型高分子		分解型高分子	
Polyethylene	$-CH_2-CH_2-$	Polyisobutylene	$-CH_2-\underset{CH_3}{\overset{CH_3}{C}}-$
Polypropylene	$-CH_2-\underset{}{\overset{CH_3}{CH}}-$	Poly(α-methylstyrene)	$-CH_2-\underset{C_6H_5}{\overset{CH_3}{C}}-$
Polystyrene	$-CH_2-CH(C_6H_5)-$	Poly(methyl acrylate)	$-CH_2-\underset{COOR}{\overset{CH_3}{C}}-$
Polyacrylate	$-CH_2-CH(COOR)-$	Poly(vinylidene chloride)	$-CH_2-\underset{Cl}{\overset{Cl}{C}}-$
Poly(vinyl chloride)	$-CH_2-CH(Cl)-$	Poly(tetra-fluoro ethylene)	$-CF_2-CF_2-$
Poly(vinyl pyrrolidone)	$-CH_2-CH(N\text{-pyrrolidone})-$	Poly(vinyl alcohol)	$-CH_2-CH(OH)-$
Poly(ethylene glycol)	$-CH_2-CH_2-O-$		

chloride)),架橋が主に起こる.一方,2つの水素原子がメチル基やフェニル基などに置換された高分子の場合(それぞれ Polyisobutylene, Poly(α-methylstyrene)),分解反応が主に起こるようになる.これらの高分子は基本的な化学構造は似ているものの,主鎖の運動性や放射線照射で生じた主鎖ラジカルの安定性(反応性)が異なるため,反応様式が異なる.

汎用的な高分子であるポリエチレンの場合,電子線のエネルギーを受け取った主鎖上でイオン化や励起が起こり,結果として主鎖ラジカルや水素原子が生じる.このラジカルと水素原子が再結合した場合にはポリエチレンに戻るが,ラジカルによって主鎖が切れると分解反応が起こる.また,ラジカル同士が結合した場合には架橋反応が起こる(図1).主鎖上の活性種同士が結合した場合にはH型の架橋構造が形成され,末端のラジカルと主鎖上のラジカルが結合した場合

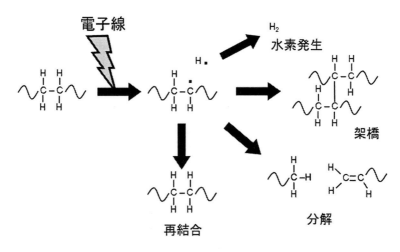

図1 無酸素下でのポリエチレンへの電子線照射による反応

にはY型の架橋構造が形成される。これら架橋構造はラジカルの再結合によって形成されるため，架橋構造が形成されるかどうかは，ラジカルの安定性や，ラジカル間の距離，分子鎖の運動性などによって決まる。また，照射時の雰囲気，温度，線量率，試料形状（厚さ）及び結晶性によって架橋反応の様子が変わる。酸素存在下で放射線照射した場合には，主鎖上に生じたラジカルと酸素が反応して過酸化物が生じ，最終的にはカルボン酸の形で主鎖切断を引き起こす。すなわち，架橋反応が起こる前にラジカルが捕捉され，架橋反応収率は減少する。ポリマー内部の酸素濃度は，照射前から存在していた酸素量と，外部から供給される酸素量と，照射によって消費される酸素量との競争で決定される。酸素の拡散速度よりも試料の厚さが十分に厚い，あるいは線量率が十分高い場合には，試料内部は酸素欠乏状態になる。その結果，架橋反応が進む。逆に，試料が薄い，あるいは線量率が十分に低い場合には，酸素供給量が十分なため，分解反応が優先的に進行する。また，照射時の試料温度も重要なパラメータで，ガラス転移温度（T_g）以下では，主鎖が動きにくいため，ラジカル同士の再結合反応が起こりにくい。ポリテトラフルオロエチレン（PTFE）の場合，融点（約330℃）以下では分解反応が主であるが，融点よりも少し高い温度（340℃程度）で照射することで架橋反応が主となる[3]。また，結晶内では主鎖が動きにくいため，架橋は起こりにくい。すなわち，結晶化度の高い試料ほど，架橋が起こりにくく，ポリエチレンの場合では，結晶化度の高い高密度ポリエチレンと比べて，結晶化度の低い低密度ポリエチレンのほうが架橋は起こりやすい[6]。

3 架橋反応への物理的・化学的アプローチ

一般的に電子線照射によって引き起こされる化学反応の収率はG値によって表される。G値とは吸収されたエネルギー100 eVあたりに生成あるいは消失した化学種の数で定義され，高分

第3章 架橋反応について

子の架橋や分解反応については，それぞれ $G(x)$ 値や $G(s)$ 値などと表記される。表2に種々の高分子の架橋と分解の G 値を示す[7]。ポリエチレンや天然ゴムのように $G(x)$ 値が大きく，$G(s)$ 値が小さい高分子ほど架橋効率が高い。

これらの G 値は，Charlesby-Pinner の式[5,8,9]を用いることで，溶媒に可溶なゾル分率 (s) と吸収線量から見積もることができる。

$$s + s^{0.5} = p/q + 1/quD \tag{1}$$

p：単位線量あたりに分解するモノマー単位の割合
q：単位線量あたり架橋するモノマー単位の割合
u：照射前の"直鎖分子"の数平均分子量
D：線量（kGy 単位）

ここで，

$$G(x) = 4.8 \times 10^3\, q \tag{2}$$

$$G(s) = 9.3 \times 10^3\, p \tag{3}$$

となる。

高密度ポリエチレンの窒素雰囲気下での放射線架橋を例に示す。放射線照射した試料を溶媒で洗浄後，残ったゲル成分の重量を計測することで得られるゲル分率 $g(=1-s)$ は線量の増加に伴い増加する（図2a）[10]。線量の逆数に対して $s+s^{0.5}$ をプロットすると図2bのように直線が得られる。上式を用いることで，この直線の傾きから $G(x)$ が，Y軸との切片から $G(s)$ が求められる。この「物理的な」見地に基づいた分析手法は放射線化学分野では広く一般的に利用されている。ただし，Charlesby-Pinner の式は，①高分子が完全に均一であること，②高分子の初期分子量がランダム分布であること，③架橋と分解が同時にランダムに起きることを仮定して導出されているため，ポリエチレンを代表される結晶性高分子に適用するのは適切ではなく，実際

表2 高分子の分解と架橋の G 値

高分子	$G(x)$	$G(s)$
Polyethylene	3	0.90
Polypropylene	2.50	1.10
Polybutadiene	3.80	―
Poly(methyl acrylate)	0.55	0.18
Poly(n-butyl acrylate)	0.63	0.18
Poly(methyl methacrylate)	―	1.2-3.5
Poly(vinyl chloride)	0.33	0.23
Polystyrene	0.05	< 0.02
Poly(ethylene terephthalate)	0.03-0.2	0.07-0.2

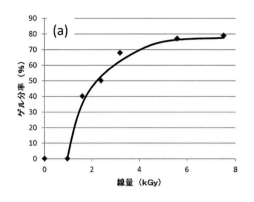 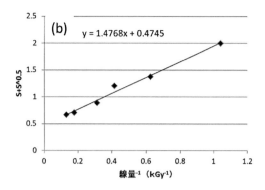

図2　高密度 PE のゲル分率（a）と Charlesby-Pinner の式に基づいた解析（b）

の解析には補正が必要なケースが多いことを留意すべきである。

　一方で，高分子の架橋反応を「化学的な」見地から解析する試みも行われている。ポリエチレンに電子線を照射した場合，図1に示したように，架橋反応により三級炭素が生じるとともに，分解反応により末端メチルや末端ビニル基が生じる。これらを定性定量分析することで，架橋反応に直接的にアプローチできる。溶媒に溶かした状態でのポリエチレンの分析手法としては HPLC や GPC などが挙げられるが，結晶性などの情報を得ることができない。固体状態での分析としては FTIR などが挙げられる[11]が，架橋に関する詳細なデータは得られていない。固体ポリエチレンの化学的分析法の一つとして固相高分解能 NMR が挙げられる。通常 NMR は線幅を狭めて測定するために液体状態で使用されるが，それでは架橋構造に関する情報が消失してしまう。^{1}H 核と ^{13}C 核の間の交差分極（Cross polarization）を利用した固相高分解能 NMR の利用により，放射線照射によって生じた三級炭素が非晶部でのみ観測されたことから，架橋反応が非晶部で起こると結論され[12]，現在では広く認められている。

4　材料の特性改善

　電子線を用いた高分子材料の架橋では，材料の特性を改善する上で下記のような重要なメリットがある。

① 試料内部を均一に改質することが可能（もちろん，電子線の線量分布を利用した傾斜架橋を行うこともできる）
② 線量によって架橋密度を容易に制御可能
③ 毒性を有する架橋剤や触媒などを添加する必要がない。バイオ分野への応用も可能
④ 高分子材料の物理的な形状に影響を受けない

ここでは，2節で述べてきた材料の化学構造変化がもたらす材料の特性変化（機械的特性や熱的特性）について紹介する。

第3章 架橋反応について

　ポリエチレンやポリ塩化ビニルを放射線架橋した場合，3次元網目構造が導入されるため，高温での流動性が低下し高温でも形状を保持する。すなわち，耐熱性や難燃性が向上する。電子線架橋ポリオレフィンの場合，融点以上に加熱した時にはゴム状弾性体のとしての性質を示す。ゴム状弾性体の温度域で形状を変形させ，室温程度まで冷却することで，変形形状を固定することができる。ここで，再び融点以上まで加熱すると，原形に復帰する。これは形状記憶効果と呼ばれ，後述の熱収縮チューブや学校教材に利用されている。

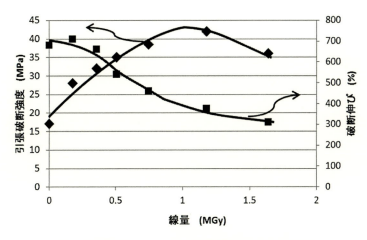

図3　低密度ポリエチレンの電子線架橋による物性変化

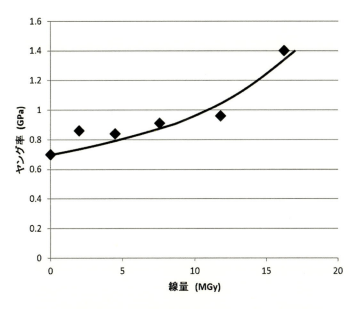

図4　電子線照射した超高分子量ポリエチレンのヤング率変化

低密度ポリエチレンに架橋構造を導入した場合，引張破断強度は架橋の程度とともに増加し，最大値を示したのち減少する（図3）[10]。破断伸びは架橋密度とともに減少するのに対し，ヤング率は増加する（図4）。また，テトラヒドロフランなどの有機溶剤や酸，アルカリに対する耐性も増加する。

一方で，材料によっては，架橋を利用した特性改善に必要な線量が高くなることがある。ポリ塩化ビニルの場合，塩化水素が分解ガスとして発生する，あるいは共役二重結合の増大により，赤褐色に着色するなどの課題が生じる。そこで，架橋反応を促進して，線量を低減するために，Triallyl isocyanurate, Ethyleneglycol dimethacrylate などの架橋助剤が用いられることも多い。

5 実用化の例

これまで述べてきた電子線や γ 線を用いた放射線加工・改質技術に関して，すでに実用化されたものについて例示する。詳細については第10章以降を参照されたい。

5.1 耐熱性材料

放射線架橋で実用化したもの代表例として架橋ポリエチレンが挙げられる[2, 3, 5, 13, 14]。架橋ポリエチレンは，耐熱性が優れているため家庭用の温水配管などに用いられている。また，パソコンやテレビ，自動車などで使われている電線は金属製導線の外側をビニルで被覆・絶縁しているが，温度上昇に伴い被覆材が融けて絶縁が保てなくなる。そこで，ポリエチレン等で導線を被覆したのち，電子線照射して架橋することにより耐熱性を付与し，高温でも融解しないように耐熱性を付与して安全性を高められる。

ただし，ポリエチレンは燃えやすいという欠点があるため，最近ではポリ塩化ビニル（PVC）の電線も販売されている。PVC は $G(x)$ が小さいため，架橋に高線量が必要であるとともに，分解により塩酸が生じるため，実用化には困難が伴った。しかし，モノマーを添加することで線量の低減や着色等の課題を解決できた。

5.2 熱収縮材料

ポリオレフィンへの放射線架橋で向上できる機能として形状記憶性が挙げられる。チューブやシート状に形状成形したポリオレフィンを放射線照射により架橋する[2, 3, 5]。その後，融点あるいはガラス転移温度以上に加熱した状態で別の形に成形・冷却する。ポリオレフィンは室温ではこの形状を保つものの，再び加熱すると元の形状に戻る。例えば，チューブ状のポリオレフィンを架橋後，口径を大きくし冷却したものは，電線やパイプなどに絶縁あるいは保護するための熱収縮チューブとして利用されている。

また，この形状記憶性を利用して，放射線利用を理解するための実験教材が実用化され，小学校などで利用されている（図5）[15]。土壌中の微生物により水と二酸化炭素に分解される生分解

第 3 章　架橋反応について

図 5　電子線架橋技術により作製した生分解性放射線実験樹脂

性樹脂ポリ（ε-カプロラクトン）は 60℃ 程度の温水中で溶解するものの，電子線照射による架橋構造の導入により温水で溶けなくなる（耐熱性の向上）ことと，形状変化させたものが再加熱により元の形状に戻る（記憶効果）様子を安全に体験できる。

5.3　発泡体材料

家庭の風呂マットやプールのビート板，サーフボード，自動車の内装材，冷暖房機器や建物の断熱材などには，ポリエチレンやポリプロピレン，ポリスチレンなどのポリオレフィンを母材とした発泡体が利用されている。放射線架橋により製造された発泡体は軽量で，低い吸水性，高い浮力性，適度な弾力性を有するとともに高い断熱性を有するなどの特徴がある[2,3,5,16]。ポリオレフィンを成形する際に，高温処理により炭酸ガスや窒素ガスを大量に放出する発泡材を添加しておき，放射線照射により架橋する。この時，基材の溶融温度（100～170℃程度）よりも分解温度が高い分解型発泡剤を用いる必要がありアゾジカルボンアミド（分解温度：190～200℃）などが用いられている。その後，200℃以上まで加熱することで発泡材量からガスが放出され発泡体となる。放射線架橋は耐熱性を向上することの他に，発泡ガスを基材中に留めるのに適した粘度や粘弾性を得るための加熱温度を，発泡剤の分解温度にあわせる役割を担っている。

5.4　超耐熱性セラミック繊維

放射線架橋を利用した不融化現象を利用した耐熱炭化ケイ素材料について紹介する。超高速輸送用エンジン材料や産業用ガスタービンなどでは，1,000℃以上での超耐熱構造材料が求められている。ポリカルボシランを焼成したセラミックス繊維は，従来のセラミックの脆さを克服・改

善した材料であるが，さらなる耐熱性が求められている。不活性ガス中でポリカルボシランに5-20 MGyの電子線を照射することで，架橋・不融化させたのち焼成することで，1,800℃の耐熱性と420 GPaの高クリープ特性を有する超耐熱セラミック材料が得られる[17,18]。詳しくは第17章で解説する。

5.5 フッ素系高分子材料

ポリエチレンのすべての水素原子をフッ素に置き換えたポリテトラフルオロエチレン（PTFE）は分解型高分子である（表1）。PTFEは化学的，熱的，電気的な安定性が優れているため，テフロン（Teflon）の商品名で知られているように調理器具のコート塗装に使用されている他，化学薬品等を用いるチューブやホース，ケーブル絶縁材，断熱材などに広く利用されている。しかし，PTFEは耐摩耗性や耐クリープ性，耐放射線性に課題があった。そこで，PTFEを330-340℃に加熱し，不活性ガス雰囲気で放射線照射することで架橋することに成功している[3, 19~22]。架橋PTFEは，耐摩耗性が10,000倍程度向上し，耐クリープ性は永久変形が数十％改善する。さらに，ばね弾性や光透過性などの物理的な特性の他，耐放射線性が向上することから，燃料電池用の高分子電解質膜としても応用が期待されている。

5.6 ハイドロゲル材料

これまで固いプラスチック材料について説明してきたが，柔らかい材料として親水性高分子を放射線架橋したハイドロゲルが挙げられる[5, 23~25]。ハイドロゲルは3次元の網目構造の内部に大量の溶媒（水）を含み，液体と固体の性質をあわせ持つ自由度の高い材料であり，医療や医用，生物研究などバイオ分野での応用が特に期待されている。ハイドロゲルは母材とする高分子や網目の大きさ，架橋点などをデザインすることにより，外部と物質（溶質や水分）やエネルギー（熱）をやり取りできるため，ドラッグキャリアや化粧品，創傷被覆材，細胞培養用足場材料に用いられているとともに，重金属の分別回収など環境分野での応用研究も行われている。身近な放射線架橋ハイドロゲルの応用例としては創傷被覆材が挙げられる[26~28]。素材であるポリビニルアルコールは分解型高分子である（表1）が，PTFEと同様に溶融状態，あるいは水溶液で照射すると架橋する。ポリビニルアルコールの水溶液をシート状に伸ばした状態で電子線照射することで作製された創傷被覆材が実用化されている。

6 おわりに

本章では，電子線照射による架橋反応を利用した高分子材料の加工と改質技術について，すでに実用化されたものを例示しつつ紹介した。電子線架橋技術は線量や照射環境により反応量を容易に制御できる技術のため，工業，医療，医用，環境などの分野に広く利用されている。電子線照射装置や照射技術の高度化により，新規材料の創製と応用展開が期待される。

第 3 章　架橋反応について

文　　献

1) A. Charlesby, *Proc. R. Soc., Ser. A*, **215**, 187（1952）
2) 貴家恒男，色材，**82**, 95,（2009）
3) 高分子の架橋・分解技術　－グリーンケミストリーへの取組み－，監修：角岡正弘・白井正充，シーエムシー出版（2009）
4) 放射線化学のすすめ，日本放射線化学会編，学会出版センター（2006）
5) ポリマーの放射線加工，幕内恵三，ラバーダイジェスト社（2000）
6) S. M. Tamboli *et al.*, *Indian J. Chem. Tech.*, **11**(6), 853（2004）
7) Radiation Chemistry, From basics to applications in material and life sciences. Ed. M. S. Maurizot, M. Mostafavi, T. Douki, J. Belloni（2008）
8) A. Charlesby, and S. H. Pinner, *Proc. R. Soc.*, **A249**, 367（1959）
9) P. Svoboda, *Polymers*, **7**(12), 2522（2015）
10) 貴家恒男，放射線と産業，**107**, 61（2005）
11) K. A. Murry *et al.*, *Radiat. Phys. Chem.*, **81**, 962（2012）
12) 岡崎正治，放射線と産業，**57**, 291（1993）
13) T. Kemmotsu *et al.*, *Radiat. Phys. Chem.*, **42**, 97（1993）
14) http://www.masterhydronics.com/info/pex.html
15) http://www.sunlux.jp/materials/jikkenjushi.php
16) E.C.L. Cardoso *et al.*, *Radiat. Phys. Chem.*, **52**, 197（1998）
17) H. Ichikawa, *J. Ceramic Soc. Jpn.*, **114**, 455（2006）
18) 市川宏，放射線と産業，**70**, 56（1996）
19) M. Tutiya, *Jpn. J. Appl. Phys.*, **11**, 1542（1972）
20) J. Sun *et al.*, *Radiat. Phys. Chem.*, **44**, 655（1994）
21) A. Oshima *et al.*, *Radiat. Phys. Chem.*, **45**, 269（1995）
22) A. Setogawa *et al.*, *Hitachi Cable Review*, **21**, 83（2002）
23) ゲルテクノロジーハンドブック，監修：中野義夫，㈱エヌ・ティー・エス（2014）
24) 高分子ゲルの動向　－つくる・つかう・みる－，監修：柴山充弘，梶原莞爾，シーエムシー出版（2009）
25) Charged Particle and Photon Interactions with Metter. Ed. Y. Hatano, Y. Katsumura, A. Mozumder
26) J.M. Rosiak *et al.*, *Radiat. Phys. Chem.*, **46**, 161（1995）
27) F.Yoshii *et al.*, *Radiat. Phys. Chem.*, **46**, 169（1995）
28) F.Yoshii *et al.*, *Radiat. Phys. Chem.*, **55**, 133（1999）

最近の装置の動向と計測技術 編

第4章　岩崎電気㈱グループの低エネルギー電子線（EB）装置の動向

木下　忍*

1　EBとは

　電子線（以下，EBという。）は図1に示したとおり，電気を持った粒子線で，加速器で作られる。この加速器が，EB装置である。EBは電子の束であり，電子は皆さんご存知のとおり，原子の原子核の回りの素粒子であり，日常使用している電気の電流が電子の流れでもある。その電子を加速して物質に打ち込むと，先の編「EB利用の基礎」で解説されたとおり，物質と相互作用して物質が反応する（放射線の化学反応）。

　図1のγ線の物質への作用も，実は，コンプトン効果や光電効果などによってEBに転換されて行われている。違いは，短時間に得られるエネルギー量が大きく異なり，γ線で数時間必要な処理がEBでは1秒以下で処理が可能である。

　EB装置で加速電圧，ビーム電流，コンベアスピード（照射時間）が，処理対象物質に与える重要な因子となる。加速電圧はEBへ与える運動エネルギーで，物質への打ち込み深さ（作用させる厚み），ビーム電流は電子の数であり，物質の吸収線量（物質へ与えるエネルギー），コンベアスピード（照射時間）も，物質の受けた電子の数に関係するので吸収線量を決めるものである。

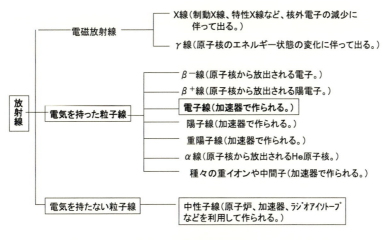

図1　主な放射線の分類

＊　Shinobu Kinoshita　㈱アイ・エレクトロンビーム　代表取締役社長

EB装置は加速電圧が高くなると，昇圧トランス，絶縁距離，X線の遮蔽などで，装置が大きくなり高価となる。X線を装置内に容易に閉じ込める事が可能な加速電圧（300 kV以下）の装置を一般的に低エネルギー型EB装置と呼んでいる。

2　岩崎電気グループのEB装置の歴史

EBの工業利用は，世界的には1950年代にポリエチレンの架橋に使用したのに始まり，わが国でも1960年代の初期から，架橋の分野での利用が始まった。それから，50年以上経過した現在では，タイヤ，耐熱テープ・電線，シュリンクフィルム・チューブ，発泡シートなどの製造に多くのラインが稼動している。一方硬化技術への利用は，世界的には1960年代中頃より，国内では1970年代に始まった。1980年代に入り，塗装，印刷等の分野での利用が本格化した。このEBの工業利用の拡大には，1970年代に米国のENERGY SCIENCES INC.（ESI）により，加速電圧を300 kV以下にしたX線自己遮蔽の低エネルギー型EB装置が開発された事が大きい。その当時のEB装置は，加速電圧が最低150 kV（装置の窓箔でEBが有効に取り出せないため必要）とされていた。しかし，現在，エネルギーの測定方法の問題や窓箔の改善で，超低エネルギーEB装置（加速電圧110 kV以下）まで，選定できるようにラインアップされている。

岩崎電気㈱グループは，UV（紫外線），IR（赤外線）などの各種ランプ及び関連機器の開発技術を活かして，1970年代初期に製版機器，UV装置の分野に参入し，現在でも大きなシェアーを有しているが，UV技術の次の技術としてEB技術に取り組む事を決め，1986年にESIの国内総代理店としてEB装置分野に参入し，1988年にはESIを傘下におさめ，EB装置の世界のマーケットへの普及を進めている。

現在，日本国内に対しては，お客様の窓口は岩崎電気㈱，製造，開発は㈱アイ・エレクトロンビーム，メンテナンス関係は㈱岩崎電気エンジニアリングサービスが対応している。勿論，先のESIのEB装置は日本を含め世界的に展開している。

そこで，先駆者として低エネルギー型EB装置を展開していることから，過去から現在の装置の動向について紹介する。

3　低エネルギー型EB装置の変遷（詳細）

EB装置が大掛かりで取り扱いにくく高価であるという印象が未だ残っているのではないだろうか？後で，詳細に説明するが，その環境は大きく変化し取り扱いやすい状況になっている。

放射線硬化を1950年代に実用化したのは，米国の自動車メーカーのフォード社である[1]。その当時の塗装は，高温で20～30分で焼き付ける事が行われていた。瞬時に硬化する放射線硬化は画期的で，塗料とEB装置の開発がされた。1970年に塗装工場を設立したが，照射コストの

第4章　岩崎電気㈱グループの低エネルギー電子線（EB）装置の動向

高騰と生産能力が高すぎた事から数年後に閉鎖された。本技術から日本を含み世界的に研究開発が進められた。図2に示したとおり，EB装置は1970年代にESIにより開発された，加速電圧を300 kV以下とした低エネルギータイプが普及していった。先述したとおり，筆者のEB装置との出会いは1980年代に入ってからであるが，その当時EB装置の加速電圧は，150 kVが必要とされていた。加速電圧は，EBの照射物への浸透性に関係するので，表層の処理には過剰な加速電圧（150 kV）であるが，150 kV以下であるとEB装置の窓にEBが吸収されて，効率よくEBが取り出せないという事であった。また，EB装置の大きさは，この加速電圧に依存し，装置を小さくするには，150 kVより更に加速電圧の低い装置が必要である。そのため，EB透過性の良い窓材の開発も当然行っていたが，まず，いわれている事が正しいか微生物の死滅で確認したところ，100 kV，150 kV，175 kVのどの加速電圧でも，同一の電流，コンベアスピー

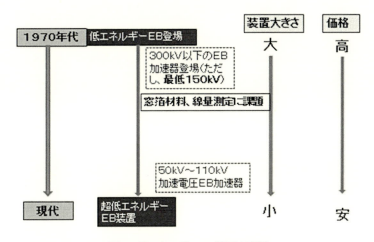

図2　低エネルギーEB装置の変遷

図3　低加速電圧EBの特長

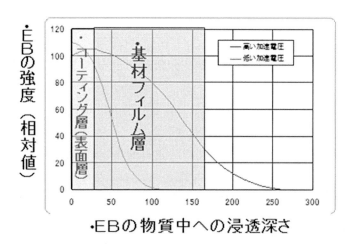

図4 低加速電圧 EB の浸透性からの利用効率

ドの処理において，その殺菌効果は同じであった。つまり，表面線量は 100 kV の加速電圧でも十分であることが分かった。その後，線量測定に使用する市販の 50 μm 線量フィルムの厚みにより，加速電圧の低い場合は表面線量の測定が低値に測定されている事が分かり，モンテカルロシミュレーションにも一致した。

日本での 150 kV 以下の装置の可能性が確認された同時期に米国でも低加速電圧化の動きが出て，装置開発が進められ現在に至っている。本装置は低加速電圧化によりコンパクトになり，図3，図4のとおり基材への影響が少なくエネルギー利用効率も更に高まり，価格も低下している状況である。

4　EB 技術を実用化するまでの流れと装置

EB 装置の変遷を紹介した。未だに EB 照射試験を試したいが，装置購入には効果も不明であり価格も高いので，興味はあるが，試験しても無駄になるので，実行していないという読者の方も多いのではないだろうか？ EB 応用技術の研究開発や商品化は図5に示したとおり，非常に簡単に検討できる環境となっている。それでは，その環境について紹介する。

4．1　ラボ（実験）機

先ずは，EB のラボ（実験）機による試験から確認となる。このラボ機は表1に示したとおり，初期の試験に最適な安価でコンパクトな装置となっている。ラボ機は試験したい目的により必要な加速電圧，照射可能処理幅および価格が選定要因となる。そこで，表1のとおり，ラボ機も目的に合った装置選定できるように品揃えされている。今回，新しく一人でも移動可能な冷蔵庫位のコンパクトな大きさで，価格も1千万円以下の低価格なラボ機をこの秋に発売する予

第4章　岩崎電気㈱グループの低エネルギー電子線（EB）装置の動向

安心してください。利用し易い環境になっています。

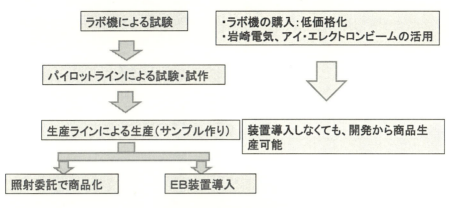

図5　EB 技術検討の流れ

定である。本装置は，EB の技術を試したいが，非常に高価で場所もとるので，研究開発をあきらめていた方に是非ご使用いただきたいと思う。更に，生産などの予備試験用にも有効に活用できる。

また，通常のラボ機はトレー搬送のため，試験できる試料の厚みの制限がある。PET ボトルでの滅菌試験や反応槽をセットして試験したいなど，照射距離が必要な場合にも対応できる，30 cm 位までの照射距離がとれる加速電圧：300 kV，照射幅：30 cm のラボ機も用意している。そのため，架橋などで加温しながら EB 照射したい試験にも対応可能である。

我々や公的機関でも EB 装置を所有しているのでレンタル照射も可能である。また，技術的な助言も受けられる。是非，一度実際に EB の効果について体感いただければと思う。ラボ機により効果が認められれば，標準のラボ機のオプションで巻きだし，巻き取り装置をセットいただく事で連続処理も可能である。

4.2　パイロット試験

先のラボ機での試験で，目的の結果が得られる条件が決定できれば，実際のライン導入も検討できる。しかし，ラボ機の試験はバッチ式であり，例えば，基材に EB 硬化樹脂をコーティングしてから数分後に EB 照射となるため，基材へのコーティング剤の染込み，表面状態の凹凸や基材界面との濡れ状態などが変化するが，実際のラインでは，数十や数百 m/min. の処理スピードなので，コーティング後，即座に EB 照射するので，その変化は少ない。そのため，実際の商品化には，連続処理の試験も必要となる。

そこで，実ライン導入の前段階として，我々は図6のようなロール to ロールのパイロットラインの設備を整えているので，実商品に近い試作が可能である。本ラインは，コロナ処理，コーターラミネーターおよび EB 装置（加速電圧：100〜200 kV，処理幅：45 cm）で構成されている。

表1 ラボ装置一覧

	標準ラボ機		ライトビーム	新ラボ機（仮仕様）（発売予定）
形式	EC250/15/180L	EC250/30/90L	EC110/15/10mA	EC90/08/50L
加速電圧	150～250 kV（オプションで80 kVから）	150～250 kV（オプションで80 kVから）	80 kV～110 kV（オプションで60 kVから）	50 kV～90 kV
ビーム電流	1 mA～10 mA（at.150 kV）	1 mA～10 mA（オプションで20 mAまで）	1 mA～10 mA	0.1 mA～2.0 mA
処理能力	1,800 kGy・m/min*（at.150 kV）	900 kGy・m/min（at.150 kV）	2,000 kGy・m/min（at.110 kV）	500 kGy・m/min（at.90 kV）
照射方向	ダウン・ファイアリング	ダウン・ファイアリング	ダウン・ファイアリング	ダウン・ファイアリング
有効照射幅	150 mm	300 mm	150 mm	80 mm
処理方式	バッチ処理（オプションでウェブ処理）	バッチ処理（オプションでウェブ処理）	バッチ処理方式	バッチ処理方式
搬送速度	5～60 m/min	5～60 m/min	1～15 m/min	1～15 m/min
外形寸法（予定寸法）	W 1,750 mm × D 2,000 mm × H 1,912 mm	W 2,000 mm × D 2,200 mm × H 1,992 mm	W 900 mm × D 1,650 mm × H 1,800 mm	W 820 mm × D 850 mm × H 1,575 mm
容積比	100%	131%	40%	16%
重量	3,500 kg	4,500 kg	1,200 kg	450 kg
重量比	100%	129%	34%	13%
装置オプション	酸素濃度計、チラー	酸素濃度計、チラー	酸素濃度計、チラー	酸素濃度計、チラー
本体価格（当社概略比）	100%	130%	65%	29%
外観写真例				

* kGy・m/min は処理能力を表し、例えば、1m/min の搬送スピードの場合最大で1,800 kGy、10 m/min の搬送スピードの場合、最大で180 kGy の照射が可能な事を表している。

第4章　岩崎電気㈱グループの低エネルギー電子線（EB）装置の動向

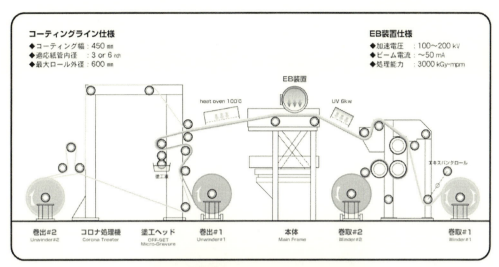

図6　EB加工：パイロットライン

4.3　生産機

　パイロット結果も満足できれば，いよいよ商品化になるが，市場の大きさにより，生産機を導入いただくか，処理の委託を頂けると，我々は受託加工や受託生産を図7のような165 cmの処理幅の生産ライン（EBの加速電圧：100～300 kV）を用意しているので，それで商品展開を行っていただける環境にある。

　生産機は上述したとおり，処理対象物に合わせた加速電圧の選定が可能となっているので，表層数十ミクロン以下の場合は，110 kV以下の加速電圧で十分なので写真1のとおり，非常にコンパクトで低価格な装置選定ができる。

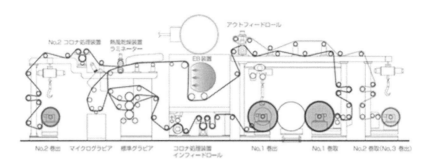

図7 EB加工ライン(生産対応)

写真1 従来のカスタム装置と超低エネルギーEB装置(EZキュア)

5 おわりに

EB装置も小型化され,EB技術を検討するには良い環境になっている事を紹介した。

本文中でも述べたが,未だ,EB技術を有効に活用しているところは少ないといっていいのではないだろうか? EB技術に興味を持たれた方は是非検討してほしい。EB照射は,ラボ機でのトレー搬送の1回の照射時間は1分程度で,タッチパネルにタッチするのみで完了する。また,材料からみても,硬化では光重合開始剤の選択も不要であり,機能性付与の添加剤(無機物を含

第4章 岩崎電気㈱グループの低エネルギー電子線（EB）装置の動向

め）の添加も容易である。さらに，高分子材料をガラス転移点以下の温度で改質するなど要求する特性を出すにも有効な技術と考える。

　ユーザー，材料メーカー，装置メーカー（筆者も含め読者の方々）が一体となり，本EB技術の特長を活かした実用化が更に進められていく事を期待する。

文　　献

1) 幕内恵三「ポリマーの放射線加工」，p159，ラバーダイジェスト社（2000）

第5章　日立造船㈱の低エネルギー電子線エミッタ

坂井一郎*

1　はじめに

　電子線が工業プロセスにおいて応用されるとき，加速電圧 300 kV 以下の電子線は低エネルギー電子線の領域と呼ばれている。これまで多様な工業プロセスを想定し，様々なタイプの低エネルギー電子線照射器が開発されてきた[1〜6]。日立造船は当初ペットボトル飲料容器の滅菌を目的として電子線の加速電圧 80 から 150 kV のエネルギー領域を選定し，独自の電子線照射器の開発を進めてきた[7]。

　ペットボトル飲料の無菌充填プロセスは薬液による滅菌が主流である。近年，低エネルギー電子線照射による滅菌プロセスの導入が始まっており，その注目度は世界的に高まりつつある[8〜12]。低エネルギー電子線滅菌は薬液滅菌に比べ，環境負荷やランニングコストの点から優位性を持ち，無菌充填の生産設備にとってなくてはならない存在と考えられるようになっている。近い将来において，薬液を使用しない電子線照射方式によるドライ滅菌の設備は，国内の更新需要と海外新規設備の市場が拡大すると予想されている。

　従来，低エネルギー電子線滅菌の照射方式といえばペットボトル容器の外部から電子線を照射し，容器外面だけでなく内面も同時に照射する滅菌する方式を意味していた。この方式の場合，容器への悪影響が生じやすい点が課題とされており，容器厚さが限定されてしまう。新時代の電子線滅菌プロセスではペットボトルの容器形状や厚さに依存しない電子線照射方式が望まれている。これら困難を克服するため，日立造船では容器の内面と外面を独立に低エネルギー電子線で照射する方式を提唱してきた。2013 年に日立造船は独自のノズル型とエリア型の異なる 2 種類の電子線照射器（以下電子線エミッタと記す）を開発し，販売を開始した。これらの電子線エミッタを用いると容器内部と外部それぞれ個別に直接低エネルギー電子線を照射することができ，容器の熱影響や帯電等の悪影響を軽減，種々のボトル形状と厚さに応じた照射条件の設定が可能となる。ペットボトル内表面の照射手法を In the bottle 方式（以下 ITB 方式と記す）と呼び，一方ペットボトルの外表面の照射方式は Out-side the bottle（以下 OTB 方式と記す）と呼ぶ。

　ところで低エネルギー電子線の照射プロセスは滅菌に限らず化学薬品を使わない低温での表層処理法として工業的な応用が展開されている。紫外線，プラズマ，ガンマ線などを用いる他の手法と比べてエネルギー効率が高く，低エネルギー電子線の特徴を活かした表層処理の潜在的需要

---

*　Ichiro Sakai　日立造船㈱　機械事業本部　システム機械ビジネスユニット　第 3 設計部

第5章 日立造船㈱の低エネルギー電子線エミッタ

は高いものと考えられる。日立造船では、表層処理の要望に対応して電子線エミッタの改良やシート照射装置などの開発にも取り組んでいる。

本章では、日立造船の電子線エミッタの概要と、その最初の応用例である滅菌プロセスを解説し、最後に表層処理向けの装置概要を紹介する。

2 電子線エミッタと電子線滅菌装置

日立造船は長らく飲料や食品の充填包装ラインの設計、製作に携わってきた。ペットボトルの無菌充填システムや、飲料、調味料、乳製品、酒類など多品種製品へ対応可能な搬送システムなど特徴ある搬送装置の実績を持つ。薬液滅菌にはいくつかの問題が存在している。残留薬液や薬液処理の問題を始めとし、無菌洗浄水を多量に必要とするなどコスト面だけでなく環境負荷も大きい。現状の電子線滅菌は、容器の外部から内部まで通過する電子線エネルギーを用いて照射する方式であり、これを Through the bottle（以下 TTB 方式と記す）と呼ぶことにする。TTB 方式ではペットボトルの壁を通過してその内部まで透過可能な電子線エネルギー300 keV が採用されている。TTB 方式の場合、原理上ペットボトルの壁を透過する際に余分なエネルギーの吸収が大きく、容器の熱収縮、異臭、着色、帯電などが引き起こされる。このため利用可能なペットボトルの種類が限定されてしまう。また、種々の容器厚さや形状に応じた照射条件のフレキシビリティに欠ける点も課題とされている。

2012年に大阪市の築港工場内に電子線照射器製造用のクリーンルームを整備し、製造設備を導入、自社技術による電子線エミッタの製造プロセスを開発した。2013年には、エミッタの量産プロセスを確立し、2種の異なる電子線エミッタの製造、販売を開始した。独自のノズル型電子線照射器をITBエミッタ、もう一方のエリア型電子線エミッタをOTBエミッタと呼んでいる。

ITBエミッタは電子ビームを発生する電子銃を内蔵する電子加速部、ノズル状の電子輸送部とその先端に位置する電子線出射窓から構成され、真空封じ切りタイプのコンパクトな構造である（図1）。図2はITBエミッタの外観写真である。16ITBエミッタのノズル外径は 16 mm、ノズル長は約 370 mm である。最大の印加電圧は 125 kV max.、ビーム電流値は 2.5 mA max. であり、500 ml から 2 l のボトルまで対応できる。ITBエミッタの重量は約 8 kg であり、交換

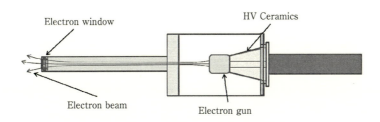

図1 ITBエミッタ構造の概略

EB 技術を利用した材料創製と応用展開

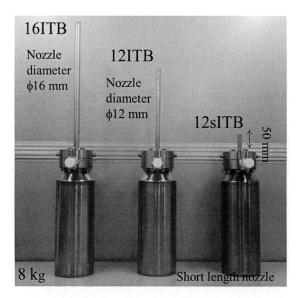

図2　ITB エミッタシリーズ
左から 16ITB，12ITB，12sITB。加速電圧は最大 125 kV。

などのメンテナンス時にも容易に持ち運びができる。12ITB はノズル外径 12 mm であり，ペットボトルより小型の容器への照射を対象としている。また，12ITB のノズル短縮型を 12sITB と呼び，バイアル瓶やシャーレなどより小さな容器に適用される。

図3にはOTB エミッタの外観を示す。OTB エミッタは全長約 700 mm のボディに約 400 mm 長の電子線出射窓を有し，ITB 同様に真空封じ切りタイプのコンパクトな構造である。最大の印加電圧は 150 kV max.，ビーム電流値 40 mA max. である。OTB エミッタの重量は ITB より重いが，25 kg 程度である。一人でも OTB の持ち運びができ，滅菌装置内に搭載，設置ができる。OTB 方式は，従来法の TTB 方式とは原理的に区別される。OTB 方式の場合，TTB 方式に比べ低いエネルギーを利用し，電子線は容器の外表面の数十 μm 程度の表層部に吸収され，容器への悪影響を抑えることができる。

飲料用ペットボトルは様々な形状，材質，厚さのものが存在し，従来法である TTB 方式では対応できないような容器形状や厚さに対しても ITB と OTB 方式は適用可能となる。

日立造船の電子線滅菌装置は，X 線が装置外部に漏えいしないようステンレスと鉛の構造を基本構造とした X 線の遮蔽筐体の内部に，ペットボトルの搬送系と電子線エミッタが配置されている。図4に電子線滅菌装置の概要を示す。要求される生産速度に応じて OTB エミッタは 2 台から 4 台，ITB エミッタは 20～40 台が搭載される。ペットボトルは，1 台めの OTB エミッタの前方へ搬送され，通過する間に，容器の外面の半分が照射される。その後，搬送系で反対側の半面が照射されるようペットボトルを持ち替えて，2 台めの OTB によりもう半面の外表面が滅菌される。その後容器は ITB が搭載されたローターへと搬送され，ITB エミッタによる内表面

第5章　日立造船㈱の低エネルギー電子線エミッタ

図3　OTBエミッタ
加速電圧は最大150 kV。

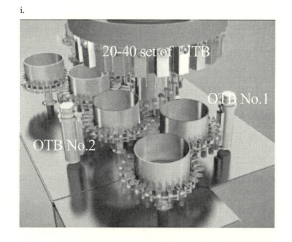

図4　ITBとOTBエミッタを搭載した電子線滅菌装置

への照射が行われる。ITBエミッタが搭載されたローターが一回転する間に容器は1回昇降し，内表面の滅菌は完了する。これらの滅菌プロセスによってペットボトルの内面の表層のみを低エネルギー電子線で直接照射が可能となり，ボトルへの悪影響が軽減されることになる。加えて，ITB方式の利点として容器の厚さの制約をうけることが無いため，種々の形状に応じて，フレキシブルに適切な照射条件を選択することができる。ITB方式による滅菌方法は知財権（JPA 201434548）を所有し，装置の製造，販売を行っている。

3　低エネルギー電子線照射の特色

　ITBエミッタは世界に例を見ない先端に電子線窓を備えたノズルを持つ電子線照射器であり，ペットボトル滅菌に対する優位性を打ち出している[7]。容器に照射された電子線の強度は，線量計を用いて吸収線量（以下，線量と記す）と呼ばれるエネルギー量として測定される。低エネルギー電子線（80～300 keV）の線量測定はISO・ASTM規格（ISO/ASTM 51818）に準拠して適正に履行される必要がある。線量測定にはラジオクロミック線量計とよばれる厚さ約20 μmの薄い透明フィルムを用いる。線量計は，デンマークのRisø High Dose Reference Laboratoryにて校正されており，工業プロセスの生産工程の管理に用いられる[13～16]。線量計は照射された電子線の強度に応じて色変化を生じる。この照射後のフィルムの吸光度を測定し線量（単位Gy）に変換される。
　滅菌効果は微生物の死滅率を表すD値と呼ぶ量で示される。D値は菌数の90％を死滅させ，

49

菌数を10分の1に低下させるのに要する時間と定義されている。一般に放射線滅菌の能力はD値を線量で表し比較される。図5は放射線耐性を調べる指標菌である *Bacillus pumilus*（spores）を用いて線量に対する生残菌数の依存性をプロットしたものである。データフィッティングの結果，得られたD値は2.0 kGyであり，線量12 kGyで菌数は100万分の1に減少する。国際的に医療機器の場合には，無菌性保証水準（sterility assurance level：SAL）は滅菌操作後に生育可能な1個の微生物が製品中に存在する確率100万分の1として定義されている。電子線滅菌は，1秒間に600本以上の処理速度で菌数を100万分の1にする滅菌能力を要しており，無菌充填機に適用される理由である。

電子線出射窓より出射された電子は空気分子を励起するため青色の発光が見られる。ITBエミッタの場合，電子線は自由空間において空気分子により散乱され直径20 cm程度の球状に広がる。図6はITBエミッタを用いてボトルを連続的に昇降させつつ照射した様子である。電子線は，空気中に拡散され，ボトルの内壁に衝突し，ボトル壁の内部に数十 μm 程度侵入し，吸収される。ボトルが1回昇降する間に，照射時間2秒程度で滅菌は完了する。

本試験では最低の照射線量（コールドポイントと記す）の目標を15 kGyとして行った。図7は照射対象であるペットボトルの内側の25ヶ所の測定位置を示す。図8は測定されたの線量分布であり，コールドポイントとして16 kGyが得られている。

OTBエミッタの場合，電子線は自由空間において空気分子により散乱され直径30 cm程度の範囲に広がる。図9はOTBエミッタの電子線出射窓の前方をボトルが通過する際の様子である。電子線はボトルの外側半面に照射され，数十 μm 程度侵入し，吸収される。ボトルが1度横切る間に，ボトル外側半面の滅菌がなされる。図10は照射対象であるペットボトルの外側の13ヶ所の測定位置を示す。図11は測定された線量分布であり，コールドポイントとして18 kGyが得られている。

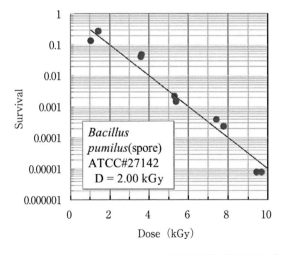

図5 *Bacillus pumilus*（spores）の生残率曲線（自社参考データ）

第 5 章　日立造船㈱の低エネルギー電子線エミッタ

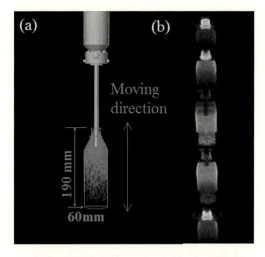

図 6　ITB エミッタによるペットボトルの照射
(a) ITB による照射のイメージ，(b) 照射時の連続写真。

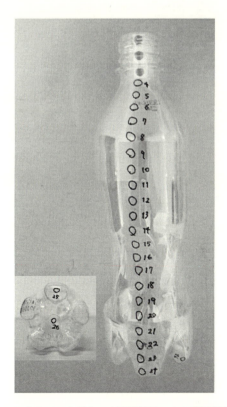

図 7　ITB によるペットボトル内面照射テストの線量測定の位置

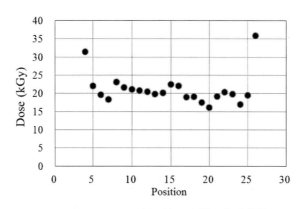

図8 ITB エミッタによるペットボトル内面照射における線量測定位置と線量(kGy)の関係

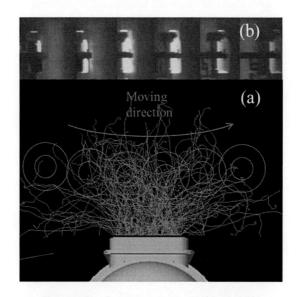

図9 OTB エミッタによるペットボトルの照射
(a) OTB による照射のイメージ，(b) 照射時の連続写真。

4 おわりに ―表層処理プロセスへの応用―

近年，低エネルギー電子線は薬液滅菌に代わるドライプロセスの滅菌として適用され，国内においてはペットボトルの無菌充填システムへの導入が進んでいる。環境負荷の低減や運営コストの側面からその利用価値はますます高まっている。

日立造船は新時代の電子線滅菌の要求に応じて電子線照射器のさらなる小型化と低エネルギー化を指向し，独自のノズル型電子線エミッタ ITB（80〜125 keV）とエリア型 OTB エミッタ（110〜150 keV 以下）を開発し，2013 年には両エミッタの製品販売を開始した。これら ITB と

第5章　日立造船㈱の低エネルギー電子線エミッタ

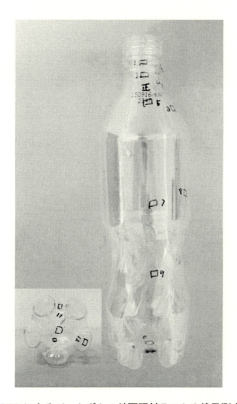

図10　OTBによるペットボトル外面照射テストの線量測定の位置

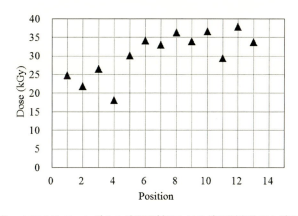

図11　OTBエミッタによるペットボトル外面照射における線量測定位置と線量（kGy）の関係

OTBエミッタを組み合わせた照射方式は，従来型の電子線滅菌プロセスの課題である容器の熱収縮や異臭，帯電等を解決し，電力や無菌水の使用量を抑えた低環境負荷の滅菌プロセスを実現する。

ところで，低エネルギー電子線は化学薬品を使わない低温での表層処理プロセスとして表面改

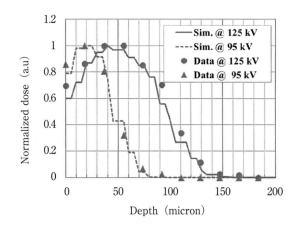

図12 ITBエミッタの加速電圧 95 kV と 125 kV のときの材料内部の深さ（micron）と線量（kGy）の関係

質や硬化，グラフト重合等に応用されている。ここでは電子線の照射対象となる材料の最表面から数百マイクロメートルの表層に生成する高濃度ラジカルによる反応を利用したプロセスが主となる。低エネルギー電子線の特徴は，紫外線やプラズマ及びガンマ線など他の手法と比べ効率的に表層にエネルギーを付与できる点にある。表層のみに電子線のエネルギーを集中できることで，材料の機械的強度の改良や耐久性向上に寄与することが期待される。図12には日立造船の電子線エミッタで加速電圧 95 kV と 125 kV のときに材料内部に与える電子線のエネルギー分布（以下 Depth-Dose curve と記す）を示す。加速電圧が 95 kV のときは，材料内部 100 μm 付近まで電子が侵入しエネルギーが吸収されることが分かる。一方 125 kV のときは電子の侵入は約 150 μm の深さまで及んでいる。低エネルギー電子線の有用性はこのエネルギーに応じた材料内部に与えるエネルギー分布にある。図12のように材料の表層部に与えるエネルギーは Depth-Dose curve として理論的に予測可能であり，シミュレーションとデータは合理的な一致を示している。加速電圧をプロセスパラメタとして容易に制御できる点も電子線照射の利点となる。

　日立造船は表層処理の要望に対応して電子線エミッタの改良やシート照射装置などの開発にも取り組んでいる。図13にそれぞれ ITB エミッタと OTB エミッタ専用の試験機の外観を示す。放射線防護上の安全性を確保し，オフラインの実験に求められる安価でコンパクトさ兼ね添えた構造を念頭に設計されたものである。電子線は物質に衝突すると，そのエネルギーの一部がX線に変換され放出される。X線はレントゲン撮影に利用されるように透過力が高く，電子線の照射試験機には放射線防護のため遮蔽筐体が必要となる。一般にX線の遮蔽材料には密度が大きく安価な鉛が利用される。X線の遮蔽筐体は，ステンレス製の板で鉛を挟んだサンドイッチ構造を基本とし，電子エネルギーに応じて最適な鉛の厚さを選定している。図14は OTB エミッタを2台搭載したシート照射装置の概略であり，シートを連続搬送しながらその両面に電子線を照射する装置構成である。本装置は，電子線エミッタを使った表層処理装置のモデルとして設

第5章　日立造船㈱の低エネルギー電子線エミッタ

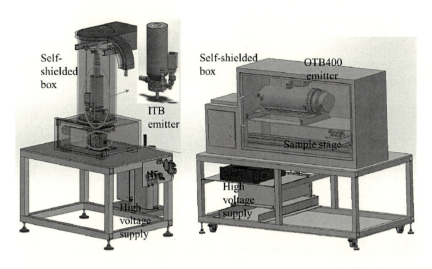

図13　研究用途向けのITBエミッタ専用試験機（左側）及び，OTBエミッタ専用試験装置（右側）

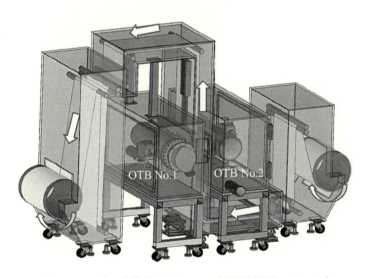

図14　OTBを2台搭載したシートの連続照射装置のイメージ

計を行ったものである。電子線エミッタを用いたプロセスの確立には，大阪市の築港工場内に備えたオフラインの小型実験装置（図15）を用いて連携する企業と多くのテスト実験を推進している。ITBとOTBエミッタを用いた電子線照射プロセスの有用性と信頼性の進歩は目覚しく，新時代の環境調和型プロセスとして広く利用されることを期待している。

図15 日立造船の精密機械センター（大阪市大正区）内にあるテスト実験装置
ITBエミッタまたはOTBエミッタを搭載し，各種テストを行うことができる。

文　　献

1) A.J.Berejk, M.R.Cleland, M.Walo, *Radiation Physics and Chemistry* **94**（2014）141-146.
2) B. Laurell, E. Föll, ELECTRON-BEAM ACCELERATORS FOR NEW APPLICATIONS, RadTech Europe 2011, Exhibition & Conference for Radiation Curing, 18-20 October 2011, Basel/ Switzerland.
3) A. Berejka, T. Avnery, C. Carlson, *Radiation Physics and Chemistry* **71**（2004）299-303.
4) S. URANO, I. WAKAMOTO, T. YAMAKAWA, *Mitsubishi Heavy Industries, Ltd. Technical Review* Vol.40 No.5（Oct. 2003）
5) Kenneth P. Felisa, Tovi Avnerya, Anthony J. Berejka, *Radiation Physics and Chemistry* **63**（2002）605-608; B. Bogdanovitch, V. Senioukov, A. Koroliov, K. Simonov, Proceedings of the 1999 Particle Accelerator Conference, New York, 1999,2570-2572.
6) S.V. Nablo, J. Chrusciel, D.A. Cleghorn, I. Rangwall, *Nucl. Instrum. Methods Phys. Res. B*, **208**（2003）90-97.
7) I. Sakai, T. Noda, Y. Terasaka, N. Inoue, S. Kobayashi, K. Sasaki, K. Okamoto, Abstract of 15th International Congress of Radiation Research, p. 86（2015）
8) B. Laurell, E. Föll, RadTech Europe 2011Exhibition & Conference for Radiation Curing, 18-20 October 2011.
9) J. Epstein, FOOD SAFETY mAGAZINE, SIGNATURE SERIES, WITH PERMISSION OF THE PUBLISHERS, 2009.
10) A. Berejka, *Radiation Physics and Chemistry* **71**（2004）305-308.
11) C. Ellis, Newly Commercialized High Speed E-Beam Bottle Sterilization System:

Technical Details & TCO Data, ASEPTIPAK USA, 2016.
12) F. Hansen, New Electron Beam Sterilization System For Hyper Speed Carton Filling Lines, ASEPTIPAK USA, 2016.
13) Reference number ISO/ASTM 51818:2013 (E), Practice for dosimetry in an electron-beam facility for radiation processing at energies between 80 keV and 300 keV, ISO/ASTM International 2013.
14) J. Helt-Hansen, A. Miller, P.Sharpe, B. Laurell, D. Weiss, G. Pageau, *Radiation Physics and Chemistry* **79** (2010) 66-74.
15) D. Weiss, D. Cleghorn, S. Nablo, *Radiation Physics and Chemistry* **63** (2002) 581-586.
16) A. Miller, J. Helt-Hansen, O. Gondim, A. Tallentire, Guide on the use of low energy electron beams for microbiological decontamination of Surfaces, http://orbit.dtu.dk/en/.

第6章 ㈱NHVコーポレーションの電子線照射装置

馬場　隆*

1　はじめに

　電子線照射装置（EPS：Electron beam Processing System）が工業利用され始めてから，約60年が経過した。この間，NHVコーポレーションは，一貫して日本での電子線照射の工業利用をリードしてきた。

　1957年，NHVコーポレーションの親会社である日新電機㈱（以下，「日新電機」）はEPSの開発に着手し，コッククロフト・ワルトン型の変形であるNS型EPS（1.2 MV 3 mA）を開発，これが日本初の工業用EPSとなった。また，1968年には塗膜の硬化用として300 kV 30 mAの低電圧・大電流装置を開発し"キュアトロン"と名付けた。加速された電子が被照射物等に衝突すると制動X線が二次的に発生する。これを遮蔽するためには厚いコンクリートの壁が必要であったが，このキュアトロンは遮蔽を鉄と鉛を用いて行う，いわゆる自己シールド型EPSの第一号機であり，コンパクトな大変画期的な装置であった。

　その後，EPSの工業生産面での用途が増大，大電流の装置の開発が急務となってきたため，1970年に，日新電機は当時加速器のトップメーカーであった米国のHVE社と技術提携し㈱NHVコーポレーションの前身である日新ハイボルテージ㈱（以下「日新ハイボルテージ」）を設立し，高出力電子線照射装置を供給，EPS事業へ本格的に乗り出した。その後，2003年には日新ハイボルテージ及び照射受託サービス専門会社の日新エレクトロンサービス㈱を統合し，「株式会社NHVコーポレーション」を設立。EPSの製造販売と大型の受託加工サービスを組み合わせ，さらに事業を拡大してきた。

　当社は現在まで世界30ヶ国に400台以上のEPSを納入してきた。様々な利用分野には，耐熱性電線やタイヤ，発泡ポリエチレンの製造過程での利用や医療用具や食品包装材の殺菌処理などがある。電子線によって耐熱性を向上した電線は自動車や家電内の機器電線として幅広く利用され，タイヤの製造工程においては材料低減（軽量化）とゴムの流動性制御（品質向上）等を狙って電子線が利用されている。発泡ポリエチレンの製造過程では発泡サイズの制御や平滑性向上などが期待され，高級発泡材として自動車の内装材等に使用される。

　NHVコーポレーションは，これら拡大する新たな分野で利用されるEPSを開発，製造しており，お客様のご要望・用途に応じて加速電圧100 kV～5 MV，最大電子流500 mAのEPSをラインナップしている。

---

　*　Takashi Baba　㈱NHVコーポレーション　加速器事業部

第6章 ㈱NHVコーポレーションの電子線照射装置

2 EPSの概要

2.1 EPSのしくみ

図1に電子の加速原理を示す。

金属（フィラメント）を加熱すると自由電子のエネルギーが大きくなり，電子が金属から飛び出してくるようになる。電子そのものは負の電荷を帯びており，金属に負の電圧を与えれば，反発力により電子はさらに飛び出しやすくなる。一方，少し離れた場所に電子が飛び出した金属より正の電極をおくと，電子は電極に向かって走り，金属と電極の間に与えられている電圧に対応して加速され，運動エネルギーを得る。運動エネルギーをもった電子を様々な物質にあてると電子のエネルギーが物質に与えられ種々の反応が起こる。これがEPSのしくみである。

EPSは直流高電圧を発生させる高電圧技術，電子を加速するビーム光学技術，超高真空を実現させる真空技術，制御技術，および放射線遮蔽技術などが複合した技術から成り立っており一般的には下記のような部位より構成される。

① 電子を発生し，加速するための加速部
② 直流高電圧を発生するための電源部
③ 加速部及び電子照射部を超高真空状態に保持するための真空排気部
④ 加速された電子を必要照射幅に成形し，大気中に放出させるための電子照射部
⑤ 全ての装置を監視・制御するための制御装置部
⑥ 電子線と物質の相互作用により発生するX線およびオゾンに対する遮蔽体部
⑦ 被照射物を搬送するための搬送装置部

現在，当社のEPSは電子の加速システムの違いにより走査型とエリアビーム型の二つに分類される。

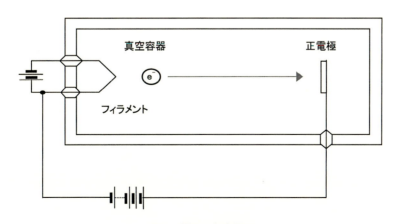

図1 電子の加速原理

2.2 走査型 EPS

図2に走査型 EPS 装置構成図を示す。

走査型 EPS は，真空中でフィラメントを加熱し電子を発生，ガラス環と加速電極を積層した加速管に直流高電圧を印加することにより作られる均等な静電界によって加速する。加速された電子は走査コイルによって走査され必要な幅に拡がり，走査管端部の照射窓箔を通過し，被照射物に照射している。電子を走査して照射幅に拡げることから走査型と呼ばれている。

真空排気にはイオンポンプやクライオポンプが用いられる。非常に強い放射線環境下で長期間安定して使用するにはイオンポンプが最適と考えているが，装置構成によりクライオポンプを使用する場合もある。直流高圧電源にはいくつかの種類があるが，現在ではSF6ガスで絶縁されたコッククロフト・ワルトン型直流発生装置が主流である。SF6ガスはガス充排気装置を使用することにより大気への排出量を十分に制限しながらSF6ガスを回収・充填することができるため，EPSを設置した後の現場メンテナンスを容易にし，EPSの世界各国への設置を可能としている。

加速された電子を必要な照射幅に拡げる走査磁場を形成する走査電流波形を調整することにより，±5％以下の均等な照射線量分布が得られる。また，照射窓箔は，加速された電子が容易に通過できるよう薄く成形するとともに大気圧力に耐えられる十分な強度が要求されるため，母材や圧延工程を管理し高い品質を確保した数十ミクロンの金属薄膜を使用している。

走査型 EPS は，その装置構成から高い加速電圧で用いることに適しており，NHV コーポレー

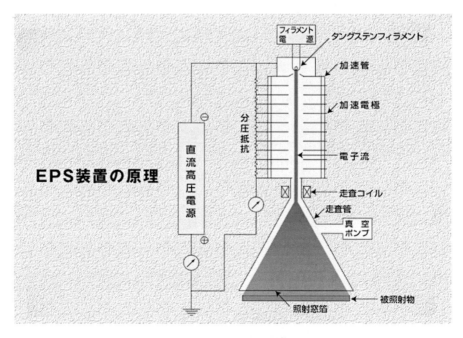

図2　走査型 EPS の装置構成

第6章 ㈱NHVコーポレーションの電子線照射装置

図3 走査型 EPS の概観

ションでは，加速電圧 500 kV から最大 5 MV の EPS が走査型である。5 MV の EPS は，工業利用の静電型加速器としては世界最大級のものである。

図3に走査型 EPS の概観を示す。

2.3 エリアビーム型 EPS

図4にエリアビーム型 EPS 装置構成図を示す。

エリアビーム型 EPS の特徴は，フィラメントを複数本配置するかまたは長いフィラメントを使用し，電子を発生する時点で必要照射幅に応じた電子のエリアビームを生成する点である。真空中で複数本のフィラメントを加熱することで得られる電子を，真空チャンバーとカソードの間に直流高圧電源で発生する高電圧を印加することによってできる静電場によりエリアビームとして加速する。加速されたエリアビームは，真空チャンバーに取り付けられた照射窓箔を通過し真空中から大気中に取り出して被照射物に照射する。走査型 EPS のように，絶縁物と加速電極を積層した加速管は存在せず，また電子を走査することもないので装置がコンパクトにできるメリットがあるが，300 kV を超える加速電圧は真空絶縁の特性上難しいとされており，300 kV 以下の装置に用いられる。

走査型 EPS のような加速管は存在しないが，カソードと真空チャンバー間が加速部となっている。エリアビーム型であるために加速部のサイズは走査型 EPS に比べると大きくなるが，その状態であっても真空中の耐電圧を保つために，カソードと真空チャンバーの表面は極めてなめ

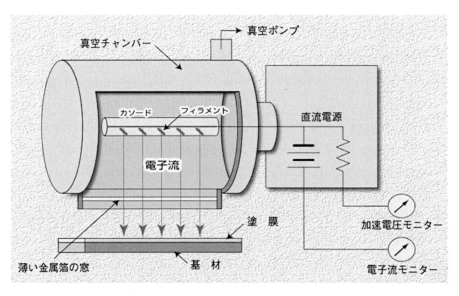

図4 エリアビーム型EPSの装置構成

図5 エリアビーム型EPSの概観

らかに仕上げている。また，粉塵や油分などが存在すると耐電圧を著しく低下させるので，真空排気ポンプにはクライオポンプを使用することで油分などの侵入を防ぎ，メンテナンスなど真空チャンバーを開放する際には粉塵の侵入を防ぐように作業環境も整えている。これにより長期の

第6章 ㈱NHVコーポレーションの電子線照射装置

使用においても安定にEPSの品質が確保できる。

NHVコーポレーションでは，加速電圧100 kVから300 kV，最大電子流500 mA，最大照射幅170 cmまでのエリアビーム型EPSをラインナップしている。図4は，電子エリアビームが下方向に照射される垂直照射型であるが，電子エリアビームを横方向に照射される水平照射型も可能である。

図5にエリアビーム型EPSの概観を示す。

3 EPSの特徴

3.1 高い処理能力

NHVコーポレーションは，大容量の直流高電圧電源技術，発生した大電流の電子を加速するビーム光学・加速管技術，電子線を真空中から大気中に取り出す照射窓箔技術，被照射物に大電流を照射することを可能にする搬送装置技術など，大電流化技術を培ってきた。

直流高電圧電源は，EPSの発端となった日新電機のコンデンサ技術や直流絶縁技術をベースに研究開発を継続して行っており，現時点では通常ラインナップで最大150 kWの大容量電源を使用している。研究開発の過程では1 MV 1 MWの直流電源開発も行っており，こういった技術を背景に150 kW級の直流高電圧電源は連続運転が可能な工業利用に最適な電源として完成している。

発生した大電流の電子を加速するには，電子が反発しあう空間電荷の効果を抑止しながら加速する電子の軌道を制御する技術が必要である。この技術をベースに，高真空と耐電圧を維持する製造技術から，現在の加速管はコンパクトでありながら数百mAを安定に加速できる。

これら技術を組み合わせることで，NHVコーポレーションのEPSは非常に高い照射処理能力を有している。

3.2 自己シールド

加速された電子は最終的に被照射物に照射されるかビームキャッチャーと呼ばれる冷却板に衝突する。その際，制動X線が発生し，安全上これを遮蔽する必要がある。現在では一般的に，300 kV以下の低エネルギーの場合は鉄や鉛をもちいた遮蔽，高エネルギーの場合はコンクリートでの遮蔽を行う。NHVコーポレーションでは，300 kV以下のエリアビーム型EPSでは，鉄や鉛を装置の一部に用い装置自身で遮蔽する自己シールド型としている。また走査型EPSであっても800 kV以下の装置は鉄や鉛を用いた自己シールド型を用いている。これによりコンクリートシールドの建設を不要とし，EPSの設置を容易に，かつ，将来の移設等にも対応可能である。

3.3 搬送装置

さまざまな工業利用分野が存在し，拡大していることは述べたとおりである。それぞれの被照射物には最適な搬送方式が存在するが，例えば次のような搬送方式がある。

① コンベア搬送（連続式，バッチ式）
② ロール搬送
③ 電線・チューブ搬送

いずれの搬送方式にも対応可能である。また，照射雰囲気のコントロールも可能である。

3.4 制御装置

EPS は工業利用を前提に考えられているため，自動で運転する機能をもっている。

各種パラメータの自動制御，メンテナンス後に行うコンディショニングの自動運転機能，生産条件の保存と条件指定による自動運転機能などを有している。ユーザーの工場全体の制御装置から運転条件の指令を与えればそれに応じて自動的に運転を行うことが可能である。

4 今後の展望

4.1 遠隔監視・予防保全

EPS の納入累計台数は 400 台にのぼり，多くの装置が各ユーザーの工場での生産を支え，稼働を続けている。EPS は高度な複合技術からなる製品であり，その維持・メンテナンスにはある一定のスキルが必要となるが，装置をより安定に使用してもらうために運転状況をモニタリングし，最適なメンテナンスを提供できるようになっている。例えば，主要な装置パラメータのデータロギングや通信回線を利用した制御プログラムメンテナンスなどが行えるようになっている。さらに，現在ある，操作しやすいインターフェースに加え，異常時のデータの自動収集，収集対象のデータの拡大を行い，故障解析技術と組み合わせ予防保全が可能になるように開発を進めている。

また，昨今 ICT 技術の進歩により IoT 化が進んできている。こういったデータをインターネットを介して自動収集することも技術的には可能である。一方で，ユーザーによっては工場内のデータをインターネットを介してやり取りすることを，セキュリティの観点から行わない場合もある。ユーザーによって考え方は様々であり一概に論ずることはできないが，IoT 化への取り組みも進めている。

4.2 装置の小型化

これまでもユーザーのニーズに応えるため，装置の小型化を進めてきた。利用分野が拡大しつつある昨今，ますますこの傾向が強くなるものと考えている。

例えば，電子線を局所的に照射したい，小線量で照射したい，などのニーズがある。現在の装

第 6 章　㈱ NHV コーポレーションの電子線照射装置

置を用いてもこのニーズは満たせるが，ニーズに対して大きな装置となってしまい，ユーザーの要求にあわなくなってしまう。加速部や電源部をこれらのニーズにあわせ小型化した装置を開発することが必要となっている。また，そうした小型化された装置があればますます利用分野が拡大していく可能性がある。

　これまで培ってきた工業生産で利用可能な安定性・品質などを維持しながら装置の小型化をすすめていく。

5　おわりに

　1957 年に日新電機グループにおける電子線加速器の開発がスタートしてから 60 年が経過しようとしている。その間，加速電圧及び電子流量の増大，小型化，信頼性・保守性の向上などに努力し産業界のニーズに応えてきた。今後も，更なる装置の小型化などの技術開発に加え，保守性の改善，サービスの向上に取り組んでいく所存である。

第7章　浜松ホトニクス㈱の低エネルギー電子線照射源

石川昌義[*]

1　はじめに

　電子線による材料加工プロセスは1950年代に始まり，架橋，キュアリング，滅菌，新材料開発など国内だけでなく世界的にもさまざまな分野で産業に貢献している[1,2]。これらに利用されてきた電子線のエネルギーは，主に数100 keVから10 MeV程度である。一方，近年の産業分野では，印刷用インキ，コーティング硬化，機能性薄膜開発の分野などにおいて，電子線による改質厚さが数十ミクロン以下の薄膜加工プロセスの需要が増加傾向にあり，電子線加工プロセスとして数十 keV以下の低エネルギー電子線の需要が高まりつつある。

　本稿では，産業分野における低エネルギー電子線加工プロセス開発の要求に応じ，浜松ホトニクス㈱が開発した低エネルギー電子線照射源 EB-ENGINE® の開発経緯と製品の特長を中心に解説する。

　この製品の最大の特徴は，電子線エネルギーを70 keV以下と，従来の電子線加工プロセスに利用されている電子線照射源と比較して大幅な低エネルギー化を達成していることである。電子線を低エネルギー化することで，従来の高エネルギー電子線加工プロセスにおいて認識されていたデメリットの多くが改善される。また，生産ライン導入には欠かせない長寿命と高い信頼性を有し，消耗品である電子線出射窓およびフィラメントのメンテナンス性を大幅に向上させた。電子線加工プロセスの生産ライン導入を容易にさせることで，産業への利用範囲を拡大させていくことができると考える。

　以下では，電子線の低エネルギー化市場要求背景，低エネルギー電子線加工プロセスの特徴についてまず解説し，次に当社製低エネルギー電子線照射源 EB-ENGINE（写真1）の開発経緯と製品の特徴について紹介し，最後に課題と今後の展望について述べる。

2　電子線の低エネルギー化

2.1　電子線の低エネルギー化市場要求背景

　電子線照射による材料加工プロセスで一般的によく知られている主な応用例としては，ラジア

---

[*] Masayoshi Ishikawa　浜松ホトニクス㈱　電子管事業部　第5製造部　第25部門　主任部員

第7章　浜松ホトニクス㈱の低エネルギー電子線照射源

300 mm 幅 EB-ENGINE　　150 mm 幅 EB-ENGINE　　SPOT 型 EB-ENGINE

写真1　EB-ENGINE シリーズ　外観写真

ルタイヤのゴム架橋，耐熱電線被覆の架橋，コーティング硬化などである[3~5]。これら従来の用途において利用されている電子線のエネルギーと改質したい材料の厚さとの対応関係に注目してみると，材料を電子線照射する表面から所望する厚さ（深さ）まで改質したい場合には，電子線をその深さまで充分に浸透させる必要がある。一方で電子線が物質に侵入する時の物質内の飛程はそのエネルギーに大きく依存しているため，加工したい材料の厚さや密度によって電子線に要求されるエネルギー範囲はほぼ決まる。現在多くの分野で利用されている電子線加工プロセスの電子線エネルギーは数 100 keV から 10 MeV 程度であり，これらエネルギーの電子線が物質中でエネルギーを付与できる深さは数百ミクロンから数センチ程度である。

しかし，近年の産業分野では材料の表層数十ミクロン以下の厚さで加工したいというニーズが急速に広まってきた。これらの用途は印刷用インキの乾燥や機能性を付与するコーティング層の生成，または材料の最表面層のみの改質など様々である。また，それらが求めているものは電子線照射を基点とする化学反応プロセス（架橋，重合）自体である場合もあるし，現状用いている熱処理工程や紫外線処理工程を改善するために電子線加工プロセスに置き換えるというものもある。このような薄膜加工分野においても，その多くは従来用いられてきた高エネルギー電子線も適用（求められる化学プロセスを完結）することは原理的に可能である。これら工程で求められる効果指標となるものは改質される材料の深さ位置での吸収線量であり，この吸収線量が満たされてさえいれば，照射された電子線のエネルギーに対する依存性はない場合がほとんどだからである[3]。しかしながら，改質深さとして数十ミクロン以下が求められる処理の場合，産業用途として従来の高エネルギー電子線加工プロセスを採用するにはいくつかの課題がある。一つは装置の規模（装置サイズ，重量）である。電子線はそれ自体が放射線であることに加え，物質と相互作用することで2次的に制動エックス線を発生させる。この制動エックス線を遮蔽するためには装置周辺に作業者の被曝を防ぐため放射線遮蔽構造が必要であり，電子線のエネルギーが高くなるにつれて厚い遮蔽材が必要になる。結果として電子線照射源本体を含め，加工プロセスの生

産設備が大掛かりなものになっていく。もう一つは，改質が薄膜もしくはごく表面層だけに求められる場合が多いということである。電子線照射による加工は表面の数十ミクロン以下（場合によっては数ミクロン以下）のみで行われる必要があり，それより奥側の材料深部は改質を必要とされなかったり，放射線劣化などの理由によりそれより深部には電子線を当てたくないという場合がある。以上の理由より，電子線加工プロセスを薄膜処理の分野に普及させるためには，そのプロセスに適した電子線エネルギーを有する電子線照射源が求められている。

2.2 低エネルギー電子線加工プロセスの特徴

本章では，低エネルギー電子線照射，特に 70 keV 以下のエネルギーにおいて，そのエネルギー付与特性が加工プロセスにもたらす特徴を，従来の高エネルギー電子線加工プロセスと比較しながら具体的に説明する[6]。

2.2.1 電子のエネルギーと物質中へのエネルギー付与特性

まず，電子線照射における物質中のエネルギー付与について，エネルギー別に比較したモンテカルロシミュレーションの結果を図1に示す。縦軸は電子1個が照射された材料に付与するエネルギーに比例する量であり，横軸は比重1の水に相当する電子線照射軸方向の深さ [cm] である。ここで注目すべきは電子線のエネルギーが低くなるにつれて，照射される材料にエネルギーを付与できる深さは浅くなるが，表面付近のエネルギー付与量は高エネルギーのそれよりも大きくなることである。すなわち，表面からある深さまで材料を改質したい場合には，所望する改質深さに応じて最もエネルギー付与効率が良い電子線エネルギーを選択することが重要であり，これが適切でない場合には望む改質レベルが達成されないことになる。また，望まない部分へ電子線のエネルギーが付与されてしまうため，望まない改質・劣化が引き起こされるだけでな

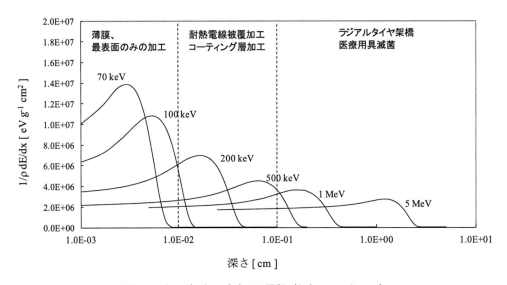

図1　エネルギー毎の水中での飛程（シミュレーション）

第7章　浜松ホトニクス㈱の低エネルギー電子線照射源

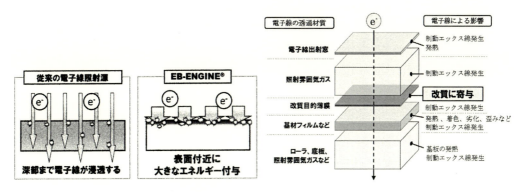

図2　低エネルギー化のメリット

く，プロセスの効率にも影響を及ぼす。その関係を図2に示す。

2.2.2　改質深さと電子線エネルギーを適合させることの利点

電子線加工プロセスを適用する場合，所望する改質部の深さと，電子線のエネルギー付与の深度分布を合致させることは多くのメリットをもたらす。

① 改質が必要な部分に集中してエネルギーを付与できる

改質をクリアできるレベルを確保しつつ電子線加速電圧を低く最適化することで改質を望まない領域，または改質部以外の材料（材料の深部や基材など）に付与されるエネルギーを大幅に低減させることができるため，電子線照射されない（電子線からエネルギー付与がほとんどない）部分は本来の材料特性を維持できる。また，改質に寄与しない，照射物を透過，または照射エリアで散乱した電子線のエネルギーは最終的に装置内で吸収されて，ほぼすべてが熱に変換される。この発熱による材料および装置周辺部材への悪影響や，それらを防止するための放熱処理のコストを軽減できる。さらに，電子線や二次的に発生するエックス線による装置部材（主に放射線に弱い樹脂系の材料等）の劣化なども軽減できる。70 keV電子線の空気中の飛程は30 mm程度である。出射窓と加工物表面の間以外への電子線が散乱する領域は高エネルギーに比べて狭くなるため，装置内の部品に対する電子線照射に起因する劣化の懸念も軽減されることが期待できる。さらに，エネルギー効率の良い電子線加工プロセスが達成されるため，処理スピードの向上に伴う生産性の向上だけでなく，電力コストの削減にも貢献できる。

② 電子線照射源の小型化

材料改質深度の観点から，電子線の加速電圧を可能な限り低く最適化することで，照射源本体の高電圧印加に関連する部材が簡素化される。電子線照射源が小型化されることにより，処理設備は簡素になり，現状生産ラインへの軽微な追加・改造のみで電子線加工プロセスを導入することが可能になる。

③ 放射線遮蔽の簡素化

電子線加工プロセスにおける電子線照射源の低加速電圧化は，照射された電子線が改質材料な

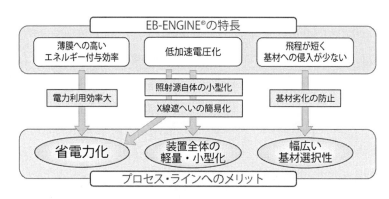

図3　低エネルギー電子線加工プロセスのメリット

どの物質と相互作用して発生する制動エックス線の低エネルギー化をもたらす。また，必要としない部分に電子線が照射されることを抑制できる結果として制動エックス線の発生量も抑制できる。電子線加工プロセス設備の遮蔽はほぼ制動エックス線の漏洩を防止するために設計されるため，電子線照射源の低加速電圧化の結果として装置の放射線遮蔽を簡素化できるメリットをもたらす。

例として，管電圧150 kVと70 kVの電子線照射源を想定し，労働基準法に則った作業条件で稼動した場合，電離放射線障害防止規則で定められる管理区域設定基準「1.3 mSv/3ヶ月を超えるおそれのある場合」[7]を超えないために必要な遮へい材厚さを，エックス線管の遮へい計算用のデータ[8]を利用して計算してみる。管電流1 mA，エックス線管焦点から遮へい材表面までの距離10 cmとした場合，従来低エネルギーとされている管電圧150 kVの場合でも鉄16 mmと鉛5 mmが必要になるのに対し，管電圧70 kVでは鉄18 mmのみで遮へいが可能であり，環境問題で使用制限されつつある鉛は必ずしも必要ではなくなる。先に述べた装置自体の小型化との相乗効果により，照射設備自体が大幅に小型軽量化でき，新規設計する場合だけでなく既存生産設備への導入に必要な装置サイズの条件を満たせる可能性が高くなる。

低エネルギー電子線加工プロセスの特徴を図3にまとめる。

3　低エネルギー電子線照射装置の紹介：浜松ホトニクス㈱製 EB-ENGINE

ここまで電子線の低エネルギー化によるメリットについて解説してきたが，本章ではこれを実現するための70 keV以下の低エネルギー電子線照射源の開発過程と製品の特徴について解説する。

3.1　低エネルギー電子線照射源に求められる技術課題

工業用途に用いられている一般的な電子線照射源は，真空管中で加熱されたフィラメントから

第7章 浜松ホトニクス㈱の低エネルギー電子線照射源

放出される熱電子を高電圧印加された電極間で加速し、大気と隔絶する電子線出射窓を通して大気中へ放出する。低エネルギー電子線照射源の実現において最も重要な開発要素の一つがこの電子線出射窓である。電子線出射窓に求められる要件としては、①低エネルギーの電子線を高効率で透過させられる薄さと低密度、②電子線透過時に電子線出射窓自体で発生する熱に対する耐久性、③ほぼ1気圧の圧力を受けた状態で自立できる機械的堅牢性、④電子線自体は勿論、電子線照射の際に発生するオゾン・エックス線に対する耐腐食性、⑤材料への電子線照射により、その材料から発生するガス等への耐性、などの条件を兼ね備えていることが求められる。

従って、いかに低エネルギー電子線を効率良く透過させる薄い膜で大きな開口部を真空封止し、耐熱性と耐腐食性を備え長時間安定した電子線出射窓を開発（材料選択、構造設計）できるかが、低エネルギー電子線照射源における具体的な技術課題となる。

電子線照射源の管内は真空にする必要があり、低加速電圧とは言え数万ボルトの高電圧が印加される。管内の清浄度や表面仕上がりの状態により、高電圧印加時に放電等を引き起こす要因になる。弊社では創業当時からの光電子増倍管や紫外光源で培った真空処理技術、且つエックス線非破壊検査用として世界各国で利用されているX線管の真空封じ技術や部材表面処理技術、エックス線遮蔽技術、消耗品交換の簡便性を、電子線照射源の設計に取り入れ高い信頼性を得ている。

3.2 EB-ENGINEの特徴

EB-ENGINEはこれら電子線出射窓に求められる技術課題を解決し、大気中への電子線照射を可能にした低エネルギー電子線照射源である[9]。電子線出射窓には独自開発の特殊金属薄膜を採用し、冷却機構を具備することで高い低エネルギー電子線透過効率と長時間の耐久性を両立させている。照射ユニット部を小型化し、既存生産ラインにも容易に搭載可能なサイズに仕上げ、消耗品である電子線出射窓とフィラメントの交換を容易にした。電子線照射ユニットの真空を大気圧に戻した後、消耗品の交換を行い、再度電子線照射ユニットを真空状態に戻すことで再稼働可能となる。消耗品の維持費のみで年間ランニングコストを抑えられる。交換作業は付属メンテナンスマニュアルを参照することで作業者が容易にでき、電子線出射窓とフィラメントの両方を同時に交換した場合、復帰（交換作業とその後の真空度上昇待ち）までは2～3時間程度で、直ぐに生産を開始できるメリットを持つ。

入力電源は商用電源のAC100V（15 A）に対応し、その他には電子線照射場内を窒素充填するための窒素ガス供給設備が必要になる。電子線照射場内の窒素充填は、電子線照射により発生したラジカルの酸素による失活を防ぐ目的と、オゾン発生を防ぐ目的がある。電子線出射の制御は通信コマンド制御方式で既存の生産ライン制御系に簡単に接続可能である。また、研究開発用途として、スポット照射（点線源）タイプも製品としてラインアップ化されている。表1にEB-ENGINEシリーズの概略仕様を示す。

研究用途における電子線照射実験の利便性を向上させるため、電子線照射ユニットと照射チャ

EB 技術を利用した材料創製と応用展開

表1　EB-ENGINE の概略仕様

項目	ライン照射型		スポット照射型
照射幅	300 mm	150 mm	スポット径 数 nm〜数 cm[*1]
加速電圧範囲	50 kV〜70 kV	50 kV〜70 kV	40 kV〜110 kV
最大管電流[*2]	8 mA	4 mA	0.2 mA
質量	約 40 kg	約 40 kg	約 30 kg
最大寸法（高さ）	約 700 mm	約 700 mm	380 mm

＊1　照射条件により異なる。　＊2　加速電圧に依存する。

写真2　低エネルギー電子線照射装置（EB-ENGINE system）

ンバおよび制御部を一体化させた評価実験用の電子線照射装置も製造販売している。ライン照射型（150 mm，300 mm），スポット照射型いずれの照射ユニットも搭載可能で，外形寸法は 720 mm × 1135 mm × 1915 mm であり 150 mm，300 mm 照射タイプおよびスポット照射タイプすべてで共通である。重量は約 700 kg。この装置も AC100V 電源（15 A）と窒素ガス供給のみで実験室レベルでの装置稼働が可能である。照射チャンバ内はガス置換が可能であり，照射サンプル設置・移動のためのステージが搭載され，電子線照射，ステージなどの制御は付属の PC によって行われる。照射物を加熱するヒータの搭載や，照射チャンバの真空対応などのカスタマイズにも対応している。低エネルギー電子線照射装置の外観を写真 2 に示す。

第 7 章　浜松ホトニクス㈱の低エネルギー電子線照射源

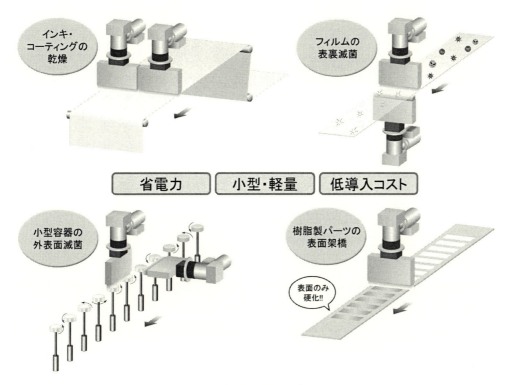

図 4　低エネルギー電子線加工プロセスの一例

3.3　EB-ENGINE の応用分野

　EB-ENGINE は様々な産業および研究分野で利用が拡大しつつある。工業利用におけるその用途は図 4 に示すように工業用部品の架橋や重合，材料の表面改質からフィルムや容器の表面滅菌まで多岐にわたる。従来の高エネルギー電子線加工プロセス，熱処理，紫外線照射プロセスからの代替えだけでなく，電子線照射独自の化学プロセスを採用しているアプリケーションもある。これら既に普及した用途の多くはユーザが望む改質レベル，現状生産設備への適合性，導入コストなどに EB-ENGINE が対応できたことが大きく寄与している。

　また，研究開発分野においても，低エネルギー電子線照射装置（EB-ENGINE system）が電子線照射を利用した新材料創製や新規プロセス開発などに利用されている。当社製品ユーザの中には開発研究部署の技術者がこれらの実験装置を購入し，研究試験や実証検証を重ねた後，生産プロセス導入に至った例も数多い。

　当社では電子線照射による効果を確認するためのデモ実験を無料で受け付けている。様々な企業，研究機関から開発者が弊社にサンプルを持参し，当社技術者のアドバイスの下で電子線照射実験を行い，最適な電子線加工条件を見出している。その目的・用途は現状の利用分野の枠を大きく超えて，電子線加工プロセス自体の大いなる可能性を感じさせるものが多い。

4 課題と今後の展望

　当社の低エネルギー電子線照射源及び装置が産業分野に利用され始めたのは EB-ENGINE 開発後の 2010 年頃からである。対象としている薄膜・表面処理分野も含め，産業界での電子線加工プロセス，加工技術自体の認知度が未だ充分でなく，その市場を十分に開拓しているとは言い難いのが現状であるが，電子線加工プロセスを導入することでメリットを享受できる潜在的な産業分野は多いと確信している。装置に対するユーザからの開発要求は，より低エネルギー化，大出力化，大照射面積化，長寿命化など多岐にわたり，それに応えるべく日々開発を継続している。

　一方で，今後より電子線加工プロセスの市場を広げて行くためには，そのプロセスでより効果を発揮できるための材料開発も不可欠であると筆者らは考えている。電子線を利用した新規プロセスの開発には，装置側の開発のみでなく，放射線化学，材料化学分野の研究開発者との連携が不可欠であり，関連工業会の繋がりが一層大きくなることを期待するとともに微力ながら当社も協力を惜しまないつもりである。これら課題を解決し，電子線加工がもたらす恩恵を幅広い産業分野にもたらしていける高性能な低エネルギー電子線照射源の開発を今後も継続していきたい。新産業創生の一助になれば幸いである。

文　　献

1) A. J Berejka, and M. R. Cleland, *Industrial radiation processing with electron beams and X-rays*（IAEA, 2011）
2) A. J Berejka, *Prospects and challenges for the industrial use of electron beam accelerators*, in proceedings of International Topical Meeting on Nuclear Research Applications and Utilization of Accelerators,（IAEA,2009）, SM/EB-01
3) 鷲尾方一 / 佐々木隆・木下忍，低エネルギー電子線照射の応用，シーエムシー出版（2006）
4) 日本放射線化学会編，放射線化学のすすめ（2006）
5) 工藤久明　編著，原子力教科書　放射線利用，オーム社（2011）
6) 石川昌義ら，超低エネルギー電子線照射源 EB-ENGINE の開発とその応用，UV/EB 研究会資料 Vol.43rd Page.9-15（2009）
7) 中央労働災害防止協会編，電離放射線障害防止規則の解説 改訂第 5 版（2013）
8) 医療放射線管理の実践マニュアル，（社）日本アイソトープ協会
9) 木村純，300 mm 照射幅ライン照射型電子線源「EB エンジン」の紹介，UV/EB 研究会資料 Vol.58th Page.19-21（2014）

第8章 多彩な電子ビームを発生する半導体フォトカソード電子銃の開発

西谷智博*

1 はじめに

　半導体フォトカソードの代表とする技術では，浜松ホトニクス㈱の光電面技術があり，医学，エネルギー，資源，環境から情報・通信まで幅広く産業を創成する技術として貢献している。また，浜松ホトニクス㈱の光電面技術は，基礎科学分野においても3度のノーベル物理学賞（2002年受賞のニュートリノ観測装置カミオカンデ，2013年受賞のヒッグス粒子の発見に貢献した欧州原子核研究機構（CERN）の大型ハドロン衝突型加速器（LHC），2015年のニュートリノに質量があることを突き止めたスーパーカミオカンデ）で光電子増倍管や半導体検出器として重要な役割を果たしている。

　他方で，半導体フォトカソードは，高エネルギー加速器分野における電子ビーム源として1990年代から高い偏極度を持つスピン偏極電子源を利用した素粒子実験[1]や高繰り返し短パルスビームで大電流可能な高輝度電子源として1 kWの大強度の赤外自由電子レーザー発生[2]などに貢献してきた。また，次世代加速器計画においても，放射光源用の大電流可能な高輝度電子源の有力候補[3]であり，宇宙誕生の謎に迫る加速器「国際リニアコライダー計画」[4]では，唯一の高性能スピン偏極電子ビーム源と考えられている。高エネルギー加速器装置は，数百～数十キロメートルに及ぶ巨大な装置であり，その建設自体が数百～数千億円の事業規模が多く，その要素技術である電子銃も全長数メートルで重量数百キロと大型装置であったため，半導体フォトカソードを搭載した従来の電子銃は，コンパクト化や低コスト化のインセンティブは小さかった。

　2005年以降，半導体フォトカソード電子ビーム源は，加速器分野以外への技術応用が開始され，これまでにスピン偏極低エネルギー電子顕微鏡（Spin Low Energy Electron Microscope, LEEM）（JST先端計測プログラム平成22年機器開発採択課題）により世界で初めてとなるタングステン上のコバルト試料の磁区構造観測に成功している。他方，たんぱく質の3次元構造観測や動態観測を可能にするクライオ電子顕微鏡用のパルス電子銃（JST先端計測プログラム平成24年要素技術開発採択課題）の開発が進んでおり，1ショットの電子パルスによる撮像に不可欠となるパルス電子ビーム生成に成功している。

　電子顕微鏡技術分野への展開が開始され，半導体フォトカソード電子ビーム源の有用性が実証

＊　Tomohiro Nishitani　名古屋大学　高等研究院　新分野創成若手研究ユニット　特任講師；㈱Photo electron Soul　取締役兼研究開発責任者

されるにつれて，半導体フォトカソード電子銃の開発は，より幅広い産業技術への展開を目指してコンパクト化が開始された。2015年までに，前述のクライオ電子顕微鏡用のパルス電子銃の開発において従来比1/6サイズのコンパクト化[5]に成功したことから，電子顕微鏡のような観測技術だけに留まらず，電子線描画装置や3Dプリンタなどの加工技術向けに2016年からPhoto electron Soul Inc.(日本)から小型半導体フォトカソード電子銃がリリースされるに至っている。

半導体フォトカソードは，パルス構造やスピン偏極電子ビームの発生のみならず，これまでにない高い単色性を持った高輝度電子源としても利点を持つ。このようなスピン偏極や高輝度性能，パルスビーム構造などの多彩な電子ビームの生成は，半導体フォトカソードに用いる半導体や機能性表面の材料・構造だけでなく，パルスレーザーや円偏光レーザーなどの電子励起用光源の必要に応じた組み合わせにより実現可能となる。すなわち，半導体フォトカソードが加速器分野だけでなく，これまでにない高度かつ多彩な電子源技術の提供により，既存を超える次世代の産業技術を創出すると期待できる。

しかしながら，半導体フォトカソードは，このような高度かつ多彩な性能を持つ一方で，機能性表面として，原子層レベルで形成する負電子親和力表面（Negative Electron Affinity -NEA-，表面）を用いているため，その表面の劣化に伴い，量子効率が低下するという寿命問題を抱える。それゆえ，その機能性表面の高耐久化，すなわち長時間維持するNEA表面の研究・開発が半導体フォトカソードの産業技術への普及の鍵を握っている。

2 半導体フォトカソードの電子放出と機能性表面

半導体フォトカソードは，負の電子親和力表面（NEA表面：真空準位よりも伝導帯底のポテンシャルレベルが低くなる状態）を利用している。図1に示すように，半導体フォトカソード

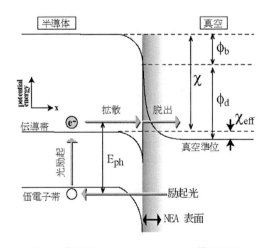

図1　半導体フォトカソードからの電子放出

第8章 多彩な電子ビームを発生する半導体フォトカソード電子銃の開発

からの電子ビーム生成は，次に説明する①励起過程，②拡散過程，③脱出過程の3ステップモデルで説明できる[6,7]。

① 半導体へ励起光を入射し，電子を価電子帯から伝導帯へ励起する。（励起過程）
② 伝導帯へ励起された電子は，表面へと拡散する。（拡散過程）
③ 表面まで到達した電子は，表面障壁をトンネルし，真空中へ脱出する。（脱出過程）

半導体フォトカソードの代表的な半導体材料である GaAs では，約 4 eV の電子親和力（真空準位と伝導帯底のエネルギー差）があり，NEA 表面状態を作るために次のようなプロセスが必要である。

p 型半導体の表面では，フェルミ準位のピンニングによりバンドが低エネルギー側へ曲がるバンドベンディング現象が発生する。それに伴い，半導体表面の真空準位はバンドベンディングの量（ϕ_b）だけ押し下げられている状態になる。この半導体にセシウムと酸素を交互に付加させると，表面の真空準位はさらに押し下げられる（押し下げられる量を ϕ_d とする）[8]。この時，正味の半導体の表面電子親和力 χ_{eff} は式(1)で示され，χ_{eff} が負であるとき，負の表面電子親和力状態が成立する[9]。

清浄な表面状態の半導体における電子親和力 χ とすると，NEA 表面活性化により得られる電子親和力 χ_{eff} は，次のようにあらわされる。

$$\chi_{eff} = \chi - \phi_d - \phi_b \quad (\chi_{eff} < 0) \tag{1}$$

　χ：電子親和力，ϕ_d：表面バンドベンディング量，
　ϕ_d：表面活性化による真空準位のポテンシャル下げ幅

NEA 表面状態の良否の判定方法として，次に示す入射光子数 N_{ph} に対する真空に取り出した電子数 N_e の割合（外部量子効率，External Quantum Efficiency -EQE-）を指標としている。なお，電子ビーム源としての半導体フォトカソードでは，入射する光の伝搬や反射による損失の効果を含む外部量子効率は，単に量子効率（QE）と扱われる場合が多い。本書における量子効率は，全てこの外部量子効率として扱う。

$$QE = \frac{N_e}{N_{ph}} = \frac{I/e}{P\lambda/hc} = 1240 \times \frac{I(A)}{P(W)\lambda(nm)} \tag{2}$$

　I：光電流，P：励起光源の出力，波長 λ：励起光源の波長

図2に示すセシウム蒸着と酸素を交互に付加する方法は経験的なものであり，セシウムや酸素の結合状態など基礎的理解はまだ十分に得られていない。その表面状態のモデルとして，図3に示すような原子層厚レベルのセシウムとガリウム原子による電気双極子状態（ダイポールモデル）が提案されている[10~12]。この表面は，微量な H_2O，CO，CO_2 等の残留ガスで劣化するため，処理と維持には，超高真空の真空度が必要である[13,14]。

Quantum Efficiency
0.1
0.01
1E-3
1E-4
1E-5
1E-6
Pressure (Pa)
1E-5
1E-6
1E-7
1E-8
Time (min)
0
20
40
60
80
100
Cs

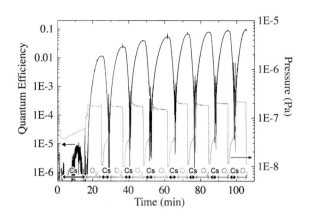

図2　表面が清浄化されたGaAs半導体へのセシウムと酸素の交互供給に伴う量子効率の上昇

Cs
O
Ga
As

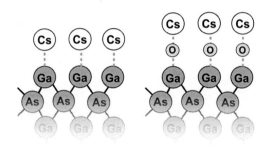

図3　GaAs半導体上のNEA表面モデル

3　高度かつ多彩な電子ビームの生成

半導体フォトカソードのキーテクノロジーは，NEA表面の利用により半導体内の伝導帯の電子を真空中へ取り出すことを可能にしていることである。それゆえ，半導体が持つ材料や構造，量子効果などの固体内の電子状態と円偏光やパルスレーザーなどによる光学遷移の組合せにより多彩な電子ビームの生成が可能となる。また，半導体フォトカソードに利用されるIII-V族半導体は，図4に示すように可視領域を含む近紫外から近赤外までのバンドギャップを持つため，電子励起に必要な光源は，パルス構造や高出力が可能で低コストの半導体レーザーダイオードが利用できる。

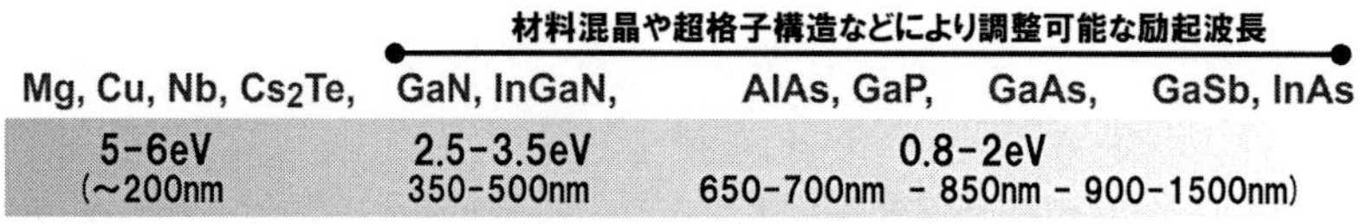

材料混晶や超格子構造などにより調整可能な励起波長
Mg, Cu, Nb, Cs2Te,
GaN, InGaN,
AlAs, GaP,
GaAs,
GaSb, InAs
5-6eV
(~200nm
2.5-3.5eV
350-500nm
0.8-2eV
650-700nm - 850nm - 900-1500nm)

図4　フォトカソード材料と仕事関数（金属）とバンドギャップ（半導体）の対応

第8章　多彩な電子ビームを発生する半導体フォトカソード電子銃の開発

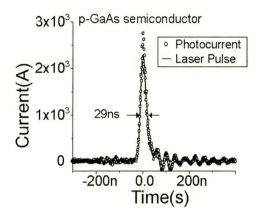

図5　厚い（300 μm）バルク構造のGaAs半導体を用いた半導体フォトカソードからのナノ秒パルス電子ビームの生成[15]

3.1　パルス構造の電子ビーム

図5に，筆者が理化学研究所の所属時に開発した30 keVフォトカソード電子銃を用いて測定した半導体フォトカソードからのパルス電子ビーム生成の結果を示す。半導体フォトカソードには，厚さ300 μmのバルク構造のGaAs半導体を用いており，電子励起用光源として用いたパルスレーザーの時間構造に一致したナノ秒パルス電子ビームの生成に成功している[15]。しかしながら，ナノ秒よりも短い時間構造を持ったパルスレーザーに対しては，GaAs半導体内で光励起された電子が表面へ到達するまでの拡散過程でパルス時間構造が延びてしまう。このため，ナノ秒以下の短いパルス時間構造を持った電子ビームを得るためには，真空中へ放出する電子の発生源となる半導体内の電子励起が行われる層（電子生成層）の厚みを調整する必要がある。そのような例としてK. Aulenbacherらによる電子生成層の厚みを系統的に変えたGaAsによる半導体フォトカソードで，ピコ秒パルス（幅1.6 ps-繰り返し76 MHz）の電子ビーム生成が得られている[16]。この電子生成層は，励起光の吸収長よりも十分薄い場合，量子効率が低くなるためである。

3.2　大電流と電子の単色性で実現する高輝度化

半導体フォトカソードでは，電子励起用光源の波長を半導体のバンドギャップにすることで，電子ビームのエネルギー分散を小さくでき，さらにその光源を高出力とすることで大電流引出しが可能という点で高輝度と考えることができる。近年，D.A. Orlovら[17]や桑原ら[18]による実験で，GaAsを用いた半導体フォトカソードからの電子ビームのエネルギー幅が0.2 eV以下であることが明らかになっている。また，大電流が可能であるという特性を生かした実用例として，米国ジェファーソン研究所による自由電子レーザー加速器で5 mA（放出面積0.283 cm^2）の大電流が実現している[19]。

3.3 高いスピン偏極度を持つ電子生成

GaAs半導体では，図6左図のように価電子帯Γ点でスピン状態の違う重い正孔準位と軽い正孔準位が縮退している。このため，バンドギャップエネルギーの円偏光励起で，スピン偏極電子ビームが得られるが，その最大スピン偏極度は原理的に50％に制限される。50％を超える高いスピン偏極度を得るための手立てとして，半導体結晶内部に格子歪みや超格子構造を取り入れることでこの縮退をエネルギー的に分離することができる。このような半導体フォトカソードとして，名古屋大学理学研究科SP研究室が開発したGaAs-GaAsP歪み超格子半導体により〜90％のスピン偏極度（図4右図）を持った電子ビーム生成に成功している[20]。

3.4 面電子ビーム生成

更に，半導体フォトカソードは室温下で電子放出が可能であり，半導体フォトカソードの大きさに依らず励起光源の照射領域のみから電子が生成されるため，半導体フォトカソードは，理想的な面放出電子源という利点も併せ持つ。面電子源としての実験例として，整形した光を半導体フォトカソードへ照射し，整形パターンで放出した電子ビームの観測例を図7に示す。

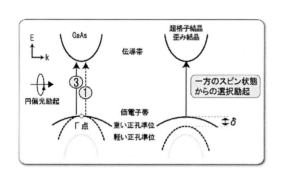
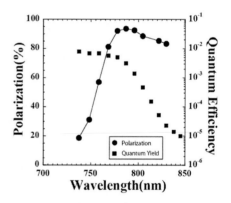

図6 GaAs半導体のポテンシャルと超格子構造，歪み構造による縮退の分離（左）とGaAs-GaAsP歪み超格子半導体フォトカソードの偏極度と量子効率の励起波長依存性（右）[20]

図7 InGaN半導体フォトカソードから生成した10 keVの面電子ビーム
名古屋大学のフォトカソード電子源装置2号機（PeS-II）を用いた蛍光板上での観測

第8章　多彩な電子ビームを発生する半導体フォトカソード電子銃の開発

4　材料特性を生かした半導体フォトカソードの NEA 状態の長寿命化

標準的な半導体フォトカソードとして用いられる GaAs 半導体では，超高真空においても H_2O や CO，CO_2 などの残留ガスの吸着により量子効率が劣化する。更には，残留ガス主成分が水素となる良質な超高真空条件ですら，電子ビームによりイオン化された水素の半導体フォトカソード表面への逆流によって量子効率が劣化することも明らかになっている。

半導体フォトカソードの量子効率性能の低下は，式(1)の χ_{eff} の増加によるものであり，表面の劣化に伴う ϕ_d（式(1)）の減少により引き起こされる。半導体フォトカソードの主な応用先となっている高エネルギー加速器分野では，電子銃内の真空を向上させることで，表面の劣化を抑制（ϕ_d の減少抑制）することが主流技術となっている。このような例として，GaAs 半導体フォトカソードからミリアンペアオーダーの大電流引出しを実現している米国ジェファーソン研究所では，真空環境を 10^{-10} Pa オーダーの極高真空とすることで，50 時間以上の寿命を実現している[19]。

しかしながら，このような高品質な極高真空の実現には，電子銃チャンバーの材質や排気ポンプなどに高いコストを要しており，半導体フォトカソードの産業利用上の隘路となる。

ここでは半導体フォトカソードの NEA 表面の寿命問題のより本質的な解決策として，半導体材料の特性を生かした長寿命化の取組を紹介する。

半導体フォトカソード上の NEA 状態を長時間維持するためには，表面の劣化を抑制（ϕ_d の減少抑制）する方法だけでなく，小さい電子親和力（χ）を持ち，大きな表面バンドベンディング量（ϕ_b）を実現可能な半導体が NEA 状態（$\chi_{eff} < 0$）の長時間維持に適している。

このような半導体として，既存技術である GaAs 半導体（χ = 4.07 eV）よりも小さい電子親和力を持つ AlGaAs（χ = 3.76 eV，Al 混晶比 = 0.28）を用いた半導体フォトカソードが開発され，GaAs 半導体に比べ 10 倍以上長い寿命を達成している[22]。

他方，大きな表面バンドベンディング量を実現するには，次のように説明できる大きなバンドギャップを持つ半導体が適している。GaAs 半導体では p ドーピングを施すことで半導体内部のフェルミレベルは価電子帯上端の数十 meV 上に形成される。一方で表面に理想的なダングリングボンドが生じると，その表面準位は，結合軌道（伝導帯）と反結合軌道（価電子帯）の中間辺りに存在する[21]。半導体内部のフェルミ準位が，この表面準位にピン止めされるため，式(1)における表面バンドベンディング量は，理想的にはバンドギャップの 1/2 程度になる。それゆえ，大きな表面バンドベンディング量を実現するには，大きなバンドギャップを持つ半導体が適していると考えることが出来る。

そのような半導体として，ワイドバンドギャップを持つ GaN 系半導体の NEA 表面活性化とその寿命測定の例を次に示す。図 8 に，p-GaAs と p-GaN 半導体の NEA 表面活性化過程における量子効率の時系列変化のようすを示す。何の半導体もセシウムと酸素を交互に導入する従い量子効率が増減を繰り返しながら量子効率が最大になる。ところが，2 つのサンプルの表面活性

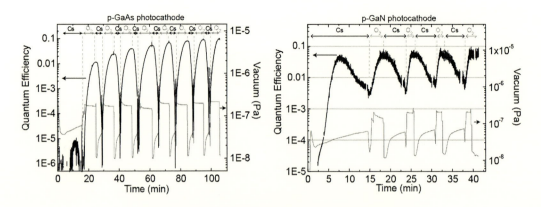

図8　p-GaAs と p-GaN 半導体の NEA 表面活性化過程
セシウムと酸素を交互に導入する従い量子効率が増減を繰り返しながら量子効率が最大になる。

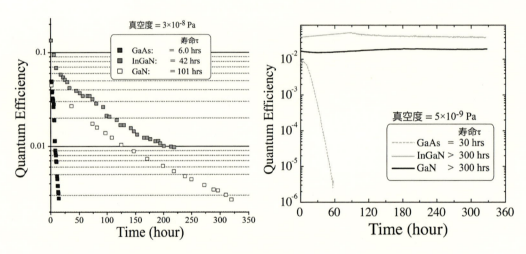

図9　GaN，InGaN 及び GaAs 半導体を用いた半導体フォトカソードの真空度 $3×10^{-8}$ Pa（左），$5×10^{-9}$ Pa（右）の環境下における量子効率の寿命測定

化の初期過程を比較すると，初めのセシウム蒸着過程での量子効率の極大値が，GaAs サンプルで $1×10^{-5}$ に対して，GaN サンプルでは 0.04 と 3 ケタ以上 GaN サンプルが高い結果となっている。この実験結果から，GaN 半導体は，GaAs 半導体に比べ，初めのセシウム蒸着で表面が NEA 状態に達している。

　図9は p-GaAs と p-GaN，p-InGaN 半導体フォトカソードの寿命評価として，$3×10^{-8}$ Pa と $5×10^{-9}$ Pa の超高真空条件下で保持した時のそれぞれの量子効率の劣化を測定した結果である。$3×10^{-8}$ Pa におけるそれぞれの寿命は，GaAs で 6 時間，InGaN で 42 時間，GaN で 101 時間であり，バンドギャップが大きくなるにつれ寿命が長くなっている。$5×10^{-9}$ Pa の真空環境での寿命評価にいたっては，GaAs が 30 時間の寿命であるが，InGaN，GaN ともに 300 時

第 8 章　多彩な電子ビームを発生する半導体フォトカソード電子銃の開発

間以上に渡り量子効率が劣化していない。

　これらの実験結果から，GaAs，InGaN，GaN サンプルのバンドギャップの大きさの順で寿命が長くなっており，AlGaAs を用いた半導体フォトカソードに比べても，同等以上の寿命性能が達成されている。

5　半導体フォトカソードを搭載した電子銃

　半導体フォトカソード電子銃では，半導体上に NEA 表面の活性化と表面機能の保持のための超高真空環境が必要条件となる。また，電子銃内で NEA 表面活性化の際のセシウム蒸着を行うと，電極材そのものの仕事関数を低下させてしまうため，加速電圧印加の際に電界放出暗電流が発生する。それゆえ，従来の半導体フォトカソード電子銃は，NEA 表面活性化装置と電子銃装置がゲートバルブを介して分けられており，これら装置間を半導体フォトカソードが搬送されるシステム形態をとっている。このような従来型半導体フォトカソード電子銃の例として，筆者が名古屋大学と理化学研究所で共同開発したフォトカソード電子源装置 2 号機（PeS-II）を図 10 に示す。

　このような従来型の半導体フォトカソード電子銃システムでは，NEA 表面活性化時のセシウムが電極に付着することがない他，半導体基板の交換をシステム全体の超高真空を保持したまま行えるメリットを持つ。しかしながら，このような NEA 表面活性化と電子銃が分けられたシステムでは，それぞれの装置に排気ポンプが必要となるだけでなく，装置間を半導体フォトカソードが搬送されるシステムを含めると，システム全体のサイズは，全長 3 メートルで重量も 350 kg にもなる。これを汎用の電子顕微鏡などで利用される熱陰極や電界放出型陰極を搭載した電子銃装置と比べると，コストで 2 倍以上，サイズ・重量で 6 倍以上となり，加速器以外への半導体フォトカソード応用の拡大に対するボトルネックとなる。

　筆者は，半導体フォトカソード電子銃のコンパクト化と低コスト化に向けた解決策として，電子銃が NEA 表面活性化の機能を有し，かつセシウムの蒸着が抑制される電極構造を考案した。このような構造を取り入れ開発したコンパクト半導体フォトカソード電子銃を図 11 に示す。この電子銃は，サイズ・重量共に従来比 1/6 のコンパクト化とコスト面でも半分程度に圧縮されており，汎用の電子顕微鏡でも搭載可能となっている。本電子銃の仕様として，加速電圧電源の 100 μA で，電子励起用光源として，連続光から〜百 Mhz の繰返し周波数で 30 ナノ秒までの短パルス幅のパルスレーザーダイオードを備えていることから直流からパルス構造までの電子ビームが生成可能である。

　図 12 に示す本電子銃に電子ビーム観測のためにファラデイカップと蛍光板を取り入れた観測システムによる GaN 半導体フォトカソードからの 50 keV 電子ビームの発生の観測結果を図 13 に示す。

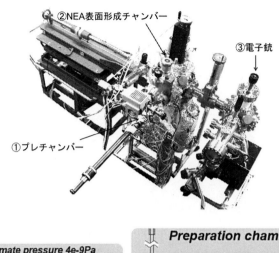

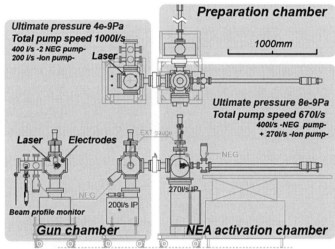

図10 フォトカソード電子源装置2号機（PeS-II）

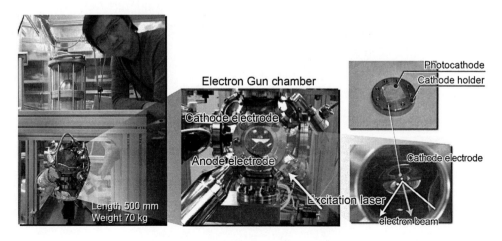

図11 小型 50 keV フォトカソード電子銃

第8章　多彩な電子ビームを発生する半導体フォトカソード電子銃の開発

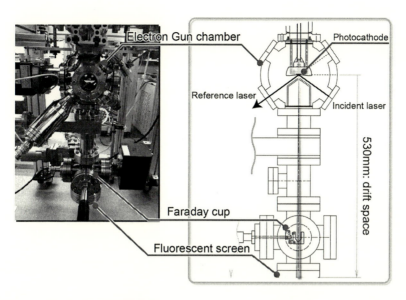

図12　50 keV フォトカソード電子銃へのドリフトスペースを設けた電子ビームの観測システム（ファラデイカップ及び蛍光板）の取り付け

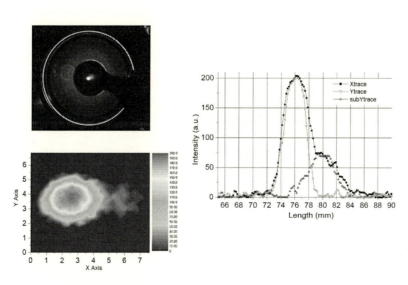

図13　GaN 系半導体を用いた半導体フォトカソードからの電子ビーム観測

6 おわりに

　半導体フォトカソードの研究・開発は，半導体の設計や評価，材料や表面処理，またその周辺を支えるレーザーや電子銃，超高真空の技術要素など，分野を超えた融合領域であり，その技術の向上や現象の解明には，異分野の連携が必要不可欠である。

　このような異分野を渡る半導体フォトカソードの研究と開発の日本における取り組みとして，半導体作成や電子銃の開発からその応用開発，更には，いまだ全容解明に至っていないNEA表面のメカニズムの解明に至るまで，名古屋大学のみならず，理化学研究所，東京理科大学，青山学院大学，大阪大学やあいちシンクロトロン光研究センターが連携して，単独の分野ではなし得ない開発・研究を総合的に行っている。今後このような研究・開発は，半導体フォトカソードを用いた電子ビーム源の産業技術への展開と共に，アカデミアに限らず，産業界へも連携が広がっていくと筆者は期待している。

謝辞

　半導体フォトカソード電子ビーム源技術は，筆者の名古屋大学大学院時代の指導教官である故中西彊教授を中心としたグループが，四半世紀以上，研究・開発に取り組み，その道を切り開いた分野である。

　本書で紹介したAlGaAs半導体フォトカソードは，あいちシンクロトロン光研究センターの竹田美和所長と名古屋大学シンクロトロン光研究センターの田渕雅夫教授との共同開発成果であり，GaN系半導体フォトカソードは，名古屋大学未来材料・システム研究所の天野浩教授と本田善央准教授との共同研究開発による成果である。半導体フォトカソード電子源装置2号機は，独立行政法人理化学研究所の仁科加速器センターの延與秀人センター長の協力の元で開発したプロトタイプ電子銃のロードロック式半導体フォトカソード電子銃の設計が生かされている。また，コンパクト半導体フォトカソード電子銃装置は，文部科学省"地域イノベーション戦略支援プログラム"およびJSTの"先端計測プログラム要素技術開発"の助成を受け開発したものである。

　最後に，筆者の理化学研究所在籍時に，様々な機会やアドバイスを頂くと共に，電子銃の小型化を強く勧めて頂いた故外村彰博士および松山喜美氏に深く感謝いたします。

文　　献

1) SLD Collaboration, *Phys. Rev. Lett.* **70**, pp.23-31 (1993)
2) G. R. Neil, *et al.*, *Phys. Rev. Lett.* **84**, pp.662-665 (2000)
3) Sol M. Gruner, *et al.*, *Review of Scientific Instruments*, Vol. 73 Issue3 pp.1402-1406 (2002)
4) "International Linear Collider Reference Design Report" Vol3, pp.32-40 (2007), http://www.linearcollider.org/cms/
5) T. Nishitani, T. Maekawa, M. Tabuchi, T. Meguro, Y. Honda, and H. Amano, Proc.

SPIE 9363, 93630T (2015)
6) W.E.Spicer, A.Herrera-Gomez, "Modern theory and applications of photocathodes", SLAC-PUB-6306 (1993)
7) W. E. Spicer, *Phys. Rev.* **112**, 114 (1958)
8) W. E. Spicer, *Appl. Phys.* **12**, 115 (1977)
9) Naoshi Takahashi, Shin-ichiro Tanaka, Masatake Ichikawa, Yong Q. Cai, and Masao Kamada, *J. Phys. Soc. Jpn.* **66** pp. 2798-2804 (1997)
10) C. Y. Su, *et al.*, *J. Appl. Phys.* **54** (1983) 1413
11) A. H. Sommer, *et al.*, *Appl. Phys. Lett.* **17** (1970) 273
12) Atsushi Era, Masao Tabuchi, Tomohiro Nishitani, and Yoshikazu Takeda, *Journal of Physics: Conference Series* **298** (2011) 012012
13) H. Iijima, M. Kuriki, and Y. Masumoto, Proceedings of International Particle Accelerator Conference, THPC116 (2011), p. 3158.
14) N. Chanlek, J. D. Herbert, R. M. Jones, L. B. Jones, K. J. Middleman, and B. L. Militsyn, *J. Phys. D: Appl. Phys.* **47**, 055110 (2014)
15) 西谷智博，田渕雅夫，竹田美和，鈴木祐史，元木和也，"負電子親和力表面の半導体を用いた 30 keV フォトカソード電子銃の開発"，日本顕微鏡学会第 64 回学術講演会，pp.112
16) K. Aulenbacher, *et al.*, *J. Appl. Phys.* **92** 12, pp.7536-7543 (2002)
17) D.A. Orlov, *et al.*, *Nucl. Instrum. Methods A* **532**, 418 (2004)
18) M. Kuwahara, S. Kusunoki, X. G. Jin, T. Nakanishi, Y. Takeda *et al.*, *Appl. Phys. Lett.* **101**, 033102 (2012)
19) Charles K. Sinclair, *Nuclear Instruments and Methods in Physics Research A* **557** pp.69-74 (2006)
20) T. Nishitani, *et al.*, *J. Appl. Phys.* **97**, 094907 (2005)
21) 御子柴宣夫，半導体の物理，培風館 (1991)
22) T. Nishitani, *et al.*, Proceedings of International Free Electron Laser Conference, pp.319-322 (2006)

第9章　電子線の計測技術

小嶋拓治[*]

1　はじめに

　材料創製・加工処理に利用される電子線のエネルギーは，80 keV から 10 MeV 程度の範囲であり，ここでは主としてこの条件における電子線の計測技術特に線量計測の役割について述べる。放射線関係量や電子線を含む放射線と物質との相互作用などの計測の基礎については，他書に譲る[1,2]。

2　電子線照射の概要とその特徴

　一般的に，ガンマ線・X線と異なり，物質中の透過深さが浅く，その浅い飛程の範囲内で付与するエネルギーとその分布が物質中で大きく変わること，この値や分布に影響を与える因子が非常に多いことが電子線の特徴である。

　電子加速器・発生装置の真空中の加速管内で加速された電子は，ビーム窓を介して空気（あるいは窒素などの置換ガス）中に取り出されて，これらを通過する間にある程度エネルギーを失った後に，照射場に置かれた被照射物に入射する。したがって，加速器・発生装置における加速電圧に相当するエネルギーではなく，また，チタン製の窓箔や空気層の透過により幅を持ち，例えば数 MeV 電子線では 100 keV オーダーになる。

　また，電子は質量が小さいため，原子核付近の強い電場によるクーロン力により，あるいは強い電場近傍を通過する時にそれらの影響を受けて進行方向が変わる。方向を変えると同時にエネルギーを失いながらそれがなくなるまで物質中をジグザグに進む。物質における深さ方向の線量分布は，多数個の電子が入射する照射面に対する二次元方向及び透過する深度方向に複雑な進行をしながらエネルギー付与した結果の断面をとった結果であり，図1に示すように，100 keV 以下の電子線ではごく表面，それ以上の電子線ではある深さをピークとしてそれよりも深い領域では徐々に低下する傾向を持つ。電子は，物質中でエネルギーを失うが，物質の導電性が低い場合は物質中に電荷が残存し，線量分布に影響を与えることがある。

　電子線を利用する場合は，磁場によるスポットビームの走査，長いフィラメントあるいは小さい照射野の発生装置を複数個並べるなどによりほぼ平行とみなすことができるビームを発生させ

---

[*] Takuji Kojima　（国研）量子科学技術研究開発機構　量子ビーム科学研究部門　高崎量子応用研究所　客員研究員

第9章 電子線の計測技術

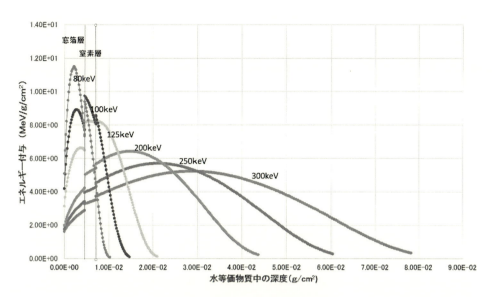

図1 電子線の深度線量分布例
(窓箔 15 μmTi　空気層 20 mm)

て，それに垂直に被照射物を搬送できるコンベアを用いて，二次元的な照射が行われる。ごく表面のみの照射効果を利用する場合は一回のパスによるが，ある程度の深さまでのより均一な照射効果を利用する場合は，ビーム照射の方向（裏表）を変えた2回のパスによるプロセスもある。ビーム照射面特にビーム幅の端周辺ではビーム形状やその方向性の影響を受けて，平面及び深度方向の線量分布が異なる場合があり，実際のプロセスでは，目的の均一性が満たされる有効なビーム幅を設定する。最近では，円筒状の先端や横からビームを発生させる装置などもあるが，この場合は，ビームの発生角度に起因する影響にも考慮を要する。

電子線の計測では，対象とするビームの特性などが多様であると同時に，数量を計測する上で影響を与える因子が非常に多く，計測値についてはその誤差も含めてどのようにそのような結果に至ったかを把握しながら行う必要がある。

3　電子線計測の重要性

電子線を利用した材料創製・加工には，自動車における内装用発泡樹脂材や耐摩耗性・低摩擦化ゴム，電線用の耐熱性被覆材・熱収縮チューブやポリスイッチ，小型電池用隔膜，空気や水の浄化フィルター材，細胞培養器材，印刷，食品包装やインテリア表面のコーティング，半導体の改質などなどがある。また，加工処理には，医療機器・ヘルスケア用品や容器・包装材の滅菌などがある。このような電子線利用では，電子線照射により被照射物が吸収したエネルギーすなわち吸収線量（以下線量）と，電子線が誘起する化学反応や物理現象（照射効果）の比例関係を利

用しており，それらの照射効果を意図的に誘起させる線量の予測・評価及び制御を目的として，線量値及びそれに影響を与える因子について計測・考慮する必要がある[3~5]。

線量計測は，次の目的で行う。
① 照射効果研究とスケールアップへの橋渡し
得られる好ましい照射効果と線量との比例関係を実験室規模で定量的に求める。この時，必要となる最小線量，及び照射後に品質や健全性を損なわせない「最大線量」を明らかにする。この被照射物が受ける線量及びその範囲の許容幅などを考慮して実際の照射工程を設計する。
② 照射システムの特性に係るバリデーション
建設・設置時に，加速器・発生装置の加速電圧・電流，被照射物の搬送システムの速度，工程管理に使用する計測機器類などの性能が目的の定格／仕様を満たすことを確認，いわゆる据付時適格性確認（IQ）をする。
③ 被照射物・照射ユニット内の線量均一度及び線量計測点の決定
定めた手順に従って運転した時に，照射場あるいは代表的な照射対象物内の線量分布などの特性を予め測定することにより，照射工程において被照射物に対して設けた制御範囲内で均一あるいは再現性良く照射できることを確認，いわゆる運転時適格性確認（OQ）をする。
④ 実際の被照射物を用いた線量（分布）測定などにより，照射工程においてその被照射物に対して設けた制御範囲内で均一あるいは再現性良く照射できることを確認，いわゆる稼働性能適格性確認（PQ）をする。また，線量のモニター位置として，最大線量及び最小線量を与える部位，あるいは日常のルーチン測定用の線量計をそこに置くこと困難な場合にはそれらの値との相関が明らかな線量計測参照点（線量監視点）を決定する。
⑤ ④で定めたモニター位置における線量値の日常的なルーチン測定により，全プロセスが設定どおりに再現性良く実施されていることの確認により，最終的な生産物の品質を保証する。

線量計測は，これらの役割を担っており，特に，放射線滅菌のように，滅菌が完遂していることやその処理に伴って副次的に生じる材質の強度変化や分解生成物などが私たちの健康や安全に及ぼす影響が無視しうる程度であるか，などを国レベルで厳しく規制される場合には，その尺度として不可欠なものであり，上述の③の目的で使用される線量計は，その信頼性を示すために線量計測校正機関などで校正されることも要求される。一方，品質保証における規制的なものがない材料創製やそれ以外の加工処理には，等質な製品を再現性良く効率的に製造する，あるいは照射処理に伴う被照射物の着色や力学的強度低下などの低減ために自主的に対応する場合もある。

電子線加工工程における線量測定では，加速器・発生装置，照射場，及び被照射物などの特性や配置などに起因する施設特有の影響因子を持つことが多い。このため，高エネルギーの場合を除き，施設に共通な標準的利用手順を決めることは難しく，後述の規格等に記述されている電子線照射に係る因子などを把握する方法などを参考にして，自らの手によって使用する加工工程の

第 9 章　電子線の計測技術

手順を定めることが推奨される。

4　線量計測システム

　材料創製・加工処理における線量計測では，生体組織に近い水（密度 1 mg/cm^3）を標準物質とした吸収線量値を指標にしており，組成がそれに近く，信号ケーブルを使用せずに照射場及び照射製品内の分布が測定でき，また，コンベア搬送などを伴った一連の照射工程にわたる積分型の線量計測が可能である，放射線化学反応に基づく簡便かつ小型のフィルム状線量計素子を用いることが多い[6,7]。一般的に，電子線照射の多くは，およそ 10 Gy から 100 kGy 以上にわたる線量で行われるので，目的に適した測定範囲を持つ線量計を選択する。

　例として，ナイロン，三酢酸セルロース（CTA），ポリビニルブチラル，ポリエチレンテレフタレートなどの透明なフィルムに，トリフェニルフォスフェート，ヘキサヒドロエチルアミノトリフェニルニトリル，パラローズアニリン，あるいはジアセチレンなどをそれぞれ含有させた線量計が市販されている。これらは，基材のポリマー及び添加された可塑剤や色素の分解反応や反応生成物間の反応を利用しており，分光光度計を用いて単位厚さ当たりの吸光度を読み取る。また，結晶粉末をペレット状（薄いタブレット状）に固形化あるいは細い短冊上に薄く塗布したアラニン線量計なども市販されており，重量当たりのラジカル生成相対量を電子スピン共鳴（ESR）装置を用いて読み取る。これらを表 1 に示す[8〜11]。

　いずれも化学反応を利用しているため，電子線照射においては特に，温度上昇（熱），空気中

表 1　電子線の線量計測に用いられる線量計の例

線量計	組成	形状・サイズ	線量範囲	適用エネルギー下限値の目安*	関連する規格
アラニン	L-alanine ポリスチレン等	①ペレット 直径 5 mm 厚さ 2-3 mm ②フィルム 厚さ 134 μm	数 10 Gy- 150 kGy 1-120 kGy	1-4 MeV 150 keV	ISO/ASTM51607 JISZ4571
ポリメチルメタクリレート	PMMA （透明/着色）	厚さ 1.5-3 mm	1-150 kGy	800 keV	ISO/ASTM51276 JISZ4572
CTA	三酢酸セルロース 可塑剤	厚さ 125 μm	10-200 kGy	150 keV	ISO/ASTM51650 JISZ4573
FWT-60	ナイロン 色素	10 μm 50 μm	5-100 kGy	80 keV 125 keV	ISO/ASTM51275
GAF	ポリエチレンテレフタレート 色素	受感部 10 μm, 表裏の透明層 各 125 μm	0.1 Gy- 1 kGy	175 keV	(ISO/ASTM51275)
B3	ポリビニルブチラル 色素	18 μm	1-120 kGy	100 keV	ISO/ASTM51275

*　表面線量 50% まで低下する深さまでの透過で概算
**　アラニン線量計の読み取りには電子スピン共鳴装置（ESR），その他の線量計には分光光度計を用いる。

の照射（有酸素，オゾン生成），窒素雰囲気中の照射（無酸素）などの影響を受ける。また，基材となるポリマーは導電性が低いので，電荷が蓄積しそれにより電子の透過傾向に影響を与える場合もある。それらの影響がどの程度であるかを予め把握し，影響の再現性が得られる場合は定量的な補正を施す。このような影響を把握するためには，実際の電子線の照射場での使用には細心の配慮が必要である。また，可能な限り，電離箱，カロリメータ，あるいはファラデーカップ（電子流密度測定器）などの物理的な原理に基づく計測機器を使用して，線量計の特性を明らかにしておくことも重要である[12～13]。

こうした線量計の応答値から線量を求めるときは，ある線量範囲で線量応答曲線を理論式／近似式化し，その線量応答への影響因子や影響量などの補正を含めて，線量計システムの使用における不確かさを導出して使用することが望ましい[14]。この時には，線量計素子の形状や分光光度計などによる計測に起因する不確かさも考慮する。後述するが，最終的に得られた線量値の信頼性を示すため，線量に係る規制がある滅菌などの処理では，国際あるいは国内の線量標準への遡及性を確保することが要求される。

なお，加工処理において，照射処理された製品と未照射処理の製品を区別するために，定量的な線量測定手段ではないが，ある線量値以上の照射により変色する照射ラベル（インジケータ）が用いられている[15]。

5 線量計測の実際

5.1 照射効果研究とスケールアップへの橋渡し

材料創製や加工処理に繋がる基礎的な照射効果研究は，一般的に，ガンマ線あるいは高エネルギーの電子線を用いて得られた吸収線量と好ましい照射効果の度合いとの相関に基づき，加速器・発生装置や搬送設備からなる加工工程を設計する。そして，被照射物の中に生じる照射効果の均一性が許容範囲内であるように，設備・装置の仕様を選択して，より処理効率の高い異なるエネルギーの電子線の利用にスケールアップを図る。

5.2 加速器・発生装置及び照射場に係る線量計測

加速器／発生装置における線量計測ついては，加速電圧，ビーム電流（フルエンス），スポットサイズと形状，走査，ビーム幅（照射面積），ビーム窓からの距離などのビームの係る因子がある。

加工できる表面からの厚さは，初期エネルギーで決まる電子線の飛程に依存する。加速器／発生装置が表示するいわゆる加速電圧値から換算して得られるエネルギーは，真空中照射を除き，実際に被照射物に照射されるエネルギーとは異なる。実際に被照射物に照射される電子のエネルギーは，少なくともビーム窓箔及びその窓から被照射物までの空気（あるいは窒素ガス）層による減弱・散乱の影響を受けてある幅を持っており，実測できるのはその平均値である。コッククク

第9章　電子線の計測技術

ロフト型やヴァンデグラーフ型のような直流高電圧装置を用いて電子を直接加速する方式では，高圧電極とアース間に高抵抗を接続して電流を測定する方法で加速電圧値の表示と実値の比較が可能である。また，積層した標準試料の深度吸収線量曲線における飛程から算出する方法，光核反応の閾値を用いる方法（例えば 6Be(γ, n)8Be：1.67 MeV），全吸収型カロリメータとフルエンス測定器の組み合わせ，などの実測方法がある[1, 16, 17]。

　フルエンス（単位面積当たりの電流）の測定は，加工工程を設計するうえで試料の搬送速度との関係を把握しておくために重要である。フルエンス測定法としては，荷電粒子線の測定に用いられるファラデーカップ（電子流密度測定器）などを用いる。電荷測定なので，被照射物の周囲から散乱や電離により混入する低エネルギーの電子の影響などに注意が必要である。加工工程では，出力の安定性のモニターという目的だけであれば，例えば，ワイヤー等小さな吸収体を使用し，被照射物を照射している領域の少なくとも一か所の固定点で実測した電流値と加速器・発生装置における設定値との相関を求めることでも良い場合がある。

　加速器・発生装置のビーム窓面あるいは照射野における二次元的なビームサイズ，その位置やフルエンス分布（ビームパターン），走査幅（ビーム幅及び長さ）については，複数のフィルム線量計，あるいは塩化ビニルなどの無色透明フィルムを二次元的に配置して，それらの照射による着色などを利用する方法がある。このほか，パルスビームの場合のパルス幅，ビーム走査の周波数などの考慮も必要な場合がある。

　加工工程としては，静止又は連続（コンベア搬送）の照射が考えられるが，線量計測に影響を与える因子として，ビーム窓から被照射物まで距離（空気あるいは置換ガス層の厚さ），照射時間（コンベアの移動速度）の設定及びその安定性（変動範囲）をあらかじめ把握しておくことが重要である。また，目的とする製品の物質（材料）については，密度/厚さ及び層構成などの均一性が影響を与えるため，これらのばらつきを把握しておくことも重要である。また，線量は，物理状態（空気，液体，固体，粉粒状），照射物の充填度，導電性などの影響も受けることも考慮する必要がある。

　被照射物の照射面と深度方向それぞれにおける目的の照射効果の均一性については，二次元あるいは深度方向の平均線量値及び線量分布を測定する。後者の場合には，相対値で十分であり線量計の校正を省略できる場合がある。フィルム線量計を非常に多数積層しなくてはならない場合の深度線量分布測定では，被照射物あるいはそれに代わる標準物質をクサビ状にしたブロックにフィルム（シート）線量計を傾斜させて挟むウェッジ法と呼ばれる深度線量分布測定の方法もある[1, 12]。

　実際の加工工程では，据え付け及び運転時において，コンベア搬送を用いた連続的な工程で電子線を照射した条件で，被照射物あるいはそれをパッケージしたユニットについて，その内部の線量分布を多数配置したフィルム線量計を用いて測定する。この時，もし製品ユニット内の密度変化が予想される場合は，その影響の再現性を把握することも重要である。そして，線量分布測定の結果から，最大線量及び最小線量を与える部位を決定する。また，その部位に日常のルーチ

ン測定用の線量計を置くことが困難な場合には，最大線量値及び最小線量値との相関を明らかにした線量計測参照点を決定する[18]。

なお，被照射物よりも飛程が長い電子線を用いた照射を行う場合，透過した被照射物の後流にある物質（バッキング）内で入射電子の進行方向と100°以上の角度方向に後方散乱する電子が被照射物内に戻ることもあり，照射工程を設計するうえで，これらの影響も考慮して，被照射物の後流にある例えばトレイなどの物質を選択する必要がある。

品質管理の観点から，好ましい照射効果を誘起する最小線量値と被照射物の重要な特性を損なわない最大線量値のいずれもが，常に目的とする照射効果の均一性の許容度の範囲内にあることを確認することが重要である。このための日常管理には，前述の線量計測参照点と呼ばれる位置に線量計を配置して，一連の工程全体をある間隔でモニターすることが行われる。

一方，加速器・発生装置及びコンベアについて，電子線が被照射物に与える線量を制御することに影響する加速電圧・電流といった電気的なパラメータ，コンベアなどの機械的なパラメータ，及び被照射物の充填度や配置の時間的な変動などを監視することも重要である。また，加工工程が途中で一時停止し再開始した時の加速器・発生装置等の立ち上げ／立下げ時間が線量値に与える影響を予め求めておくなどにも配慮を要する。

低エネルギーの電子線により被照射物のごく表面に誘起する照射効果を利用する場合では，計測対象が表面に限られるために，加工工程における前述の電気的・機械的なパラメータの制御の再現性の範囲を予め明らかにしておき，管理をやや単純化することも可能と考えられる。

5.3 線量の近似計算
5.3.1 線量計算コード

数MeV以下のエネルギーの電子線では，前述のフィルム状線量計素子の厚さを薄くすることやウェッジ法の応用などによる深度線量分布の実測には限界があり，これを補助するために近似計算がよく用いられる。例えば，線量及び深度線量分布を計算する方法として，モンテカルロ法に基づく輸送計算コードEGS5，PENELOPE，及びEDMULTなどが用いられる[19~21]。これらのソフトウェアでは，利用する電子線及び被照射物である物質に係る基本的な特性データを入力することにより，電子の飛程や深度線量分布の近似計算ができる。EGS5とPENELOPEは，ほぼ同様の計算が可能であるが，後者は，より低いエネルギー領域の取り扱いに特長がある。また，EDMULTは，半経験式を組み込んでおり，非常に簡便に近似計算が可能である。

低エネルギー電子線では，特に，効果を与える領域が表面から浅く，それが最大線量となる領域なので，市販のフィルム線量計を用いた場合には，素子全部を透過しない場合や，透過しても線量計内で急な傾斜を持つ線量分布を持つ。このような場合に，たとえ透過していない部分があったとしても実測される線量値は線量計素子の厚さ方向の「平均値」なので，ガンマ線や高エネルギーの電子線を用いた素子全体を透過する条件で校正された線量計の応答を適用することは難しい。煩雑ではあるが，深度線量分布や飛程を上記の計算で求め，それによりフィルム線量計

素子（1枚あるいは複数積層）内の線量分布を予想して，例えば，表面と同じ線量を与える深さまでの平均値，表面線量の50％の値となる深さまでの平均値，あるいは，表面から深さ1 μmまでの領域の線量（D_μ）を算出して，それを尺度とすることも提案されているが，これらの方法に伴う不確かさはかなり大きいものと考えられる[22, 23]。

　また，滅菌すべき領域が被照射物のごく表面に存在するとすれば，表面線量値を測定することは重要だが，この値は，前述のように局所的なエネルギー吸収による発熱（温度上昇），ビーム窓や周囲治具類などからの散乱電子，ビーム窓と被照射物間のガス層における電離で生じるイオンや電荷の影響を受けやすいこと，実測値における特に厚さの均一性に起因する不確かさや近似計算値の不確かさがあることから，最終的にどの程度正確に線量を評価できるかを明確にすることは難しい。表面加工による材料創製であれば，その性能試験により線量計指示値とその品質の達成度，また，例えば，滅菌であれば，指標菌等を利用して，線量計指示値と滅菌の達成度を比較することも一つの補完的な方法と考える。一般的な線量計測では，被照射物のごく近傍に置いた線量計素子が示した値を被照射物の線量とみなすが，特に低エネルギー電子線においては，周囲にある散乱した電子などの状態が均一でなく，被照射物と線量計素子の置換が等価とは言い難い場合もあることに注意する。

5.3.2　加工工程における線量の計算

　新たに加工工程を設計する場合及び据え付け・運転時の場合に，それぞれ仕様の値及び実測した値を用いて，実際の工程における線量を概算することができる。例えば，電子線では，電流，ビーム幅，コンベア速度の値を基に，あるエネルギーの電子線の照射において，ビーム窓からある距離に被照射物を置いた時の線量は次式で表される[12, 13]。

$$D = (K * I) / (V * W_b)$$

　　ここで，D = 吸収線量（Gy），I = 平均電流（A），V = コンベア速度（m/s），W_b = コンベアの進行方向に垂直なビームの幅（m）である。

　設計時において，Kは，電子のエネルギーと物質の種類について予め与えられている質量衝突阻止能[24]を，また，運転時では，異なるI，V及びW_bを用いて実測したI/VW_bと線量との直線関係の傾きから得られる値（単位：(Gy・m²)/(A・s)）を用いる。また，実測が困難なIには，加速管内のビーム電流を用いる場合が多い。実用的には，電子エネルギー及び厚さの異なる被照射物について，その加工工程に固有のKを予め求めておくと，稼働時に条件の切り替えを容易に行うことができる。

6　電子線の線量計測に関連する国際規格等

　特に，滅菌処理等を施した製品が私たちの健康や安全に影響を与える場合には，線量計を用いた線量計測の結果に基づく品質保証が行われており，これに関連する国際規格等が制定されて順

守が求められている。

　ヘルスケア製品の滅菌法及び滅菌保証に関するに関して，国際規格 ISO 11137［ヘルスケア製品の滅菌‐放射線‐Part 1（ヘルスケア製品の滅菌プロセスの開発，バリデーション及び日常管理に関する要求事項）及び Part 3（線量測定に関わる指針）］があり，それらに対応した JIS T 0806 規格群が制定されている[3,4]。

　このような加工工程については，電子線施設における線量計測やそれに用いる線量計測システムの取り扱いに係る ISO/ASTM 規格などが制定されている。また，国際あるいは国家標準に遡及して線量値が持つ不確かさを明示することが要求されている[14]。このような実用的な線量計測に係る ISO/ASTM 規格には，この他，電子線施設及び放射線プロセス全般に関する規格，使用する線量計測システムの選択方法や個別の取り扱いに関する規格[6]があり，個別の線量計システムの取り扱いに関する一部の規格は，JIS 規格にも制定されている。しかしながら，電子線の計測，特に線量計測については，電子線施設により照射場の特性が大きく異なるために，標準物質のファントムが使用できるような高エネルギー電子線以外では，その標準化には技術的な課題が残っている。

　一方，法的な規制を受けない加工工程における制御・品質保証には，上記の規格等を参考にしつつ可能な限り実測を試み[25]，加速器・発生装置や搬送設備などからなる加工工程の特性を十分理解した上で得られた電気的・機械的なパラメータに基づく加工工程の再現性の確認手順が重要と考える。

文　　献

1) 工業照射用の電子線量計測：放射線照射振興協会　大線量測定研究委員会編，地人書館（1990）
2) ICRU Report 35 Radiation Dosimetry: Electron Beams with Energies Between 1 and 50 MeV（1985）
3) ISO11137-1 Sterilization of Health Care Products-Radiation-Part1 Requirements for development validation and routine control of a sterilization process for medical devices
JIS T 0806-1 ヘルスケア製品の滅菌－放射線－第 1 部：医療機器の滅菌プロセスの開発，バリデーション及び日常管理の要求事項
4) ISO11137-3 Sterilization of Health Care Products-Radiation-Part3 Guidance on dosimetric aspects
JIS T 0806-3 ヘルスケア製品の滅菌－放射線－第 3 部：線量測定に関わる指針
5) Guidelines for the development, validation, and routine control of industrial radiation processes IAEA STI/PUB/1581 Radiation technology series No.4（2013）

第9章　電子線の計測技術

6) ISO/ASTM52628 Practice for Dosimetry in Radiation Processing
7) ICRU Report 80 Dosimetry Systems for Use in Radiation Processing（2009）
8) ISO/ASTM51607 Practice for Use of the Alanine-EPR Dosimetry System
   JIS Z 4571「アラニン線量計測装置（2001）」
9) ISO/ASTM 51276:2002 Standard Practice for Use of a Polymethylmethacrylate Dosimetry System
   JIS Z 4572「ポリメチルメタクリレート線量計測システムの標準的使用方法（2014）」
10) ISO/ASTM51650:2013 Standard Practice for Use of a Cellulose Triacetate Dosimetry system
    JIS Z4573「三酢酸セルロース線量計測システムの標準的使用方法（2015）」
11) ISO/ASTM51275 Practice for Use of a Radiochromic Film Dosimetry System
12) ISO/ASTM51649 Practice for Dosimetry in an Electron Beam Facility for Radiation Processing at Energies between 300 and 25 MeV
13) ISO/ASTM51818 Practice for Dosimetry in an Electron Beam Facility for Radiation Processing at Energies between 80 and 300 keV
14) JIS TS Z0033 測定における不確かさの表現のガイド
    ISO/IEC Guide 98-3:2008, Uncertainty of Measurement–Part 3: Guide to the expression of uncertainty in measurement（GUM:1995）（IDT）
    ISO/ASTM51707 Guide for Estimating Uncertainties in Dosimetry for Radiation Processing
15) ISO/ASTM51539 Guide for for Use of Radiation-Sensitive Indicators
16) T.Kojima, H.Sunaga, R.Tanaka：Consistency in evaluation of a few MeV electron dose and Co-60 gamma ray dose in radiation processing, IAEA-SM-365/56, Int.Sympos. on radiation technology in emerging industrial applications, Beijing, 6-10 Nov. 2000, P.216-219（2000）
17) ISO/ASTM51631 Practice for Use of Calorimetric Dosimetry Systems for Electron Beam Dose Measurements and Dosimeter Calibrations
18) ISO/ASTM52303 Guide for Absorbed-dose Mapping in Radiation Processing
19) W.R.Nelson, H.Hirayama, and D.W.O Rogers：The EGS4 Code System SLAC-265（1985） EGS-5：http://rcwww.kek.jp/research/egs/egs5.html
20) J.Baro, J.Sempau, J.M.Fernandez-Varea, F.Salvat, PENELOPE:An algorithm for Mont Carlo simulation of the enetration and energy loss of electrons and positrons in matter, Nucl.Instrum. *Methods. Phys. Res.*, **B100**, 31（1995）
    PENELOPE：https://www.oecd-nea.org/tools/abstract/detail/nea-1525
21) EDMULT：http://www.geocities.jp/tttabata/
    http://ideaisaac.web.fc2.com/EMID_15a/Welcome.htm
22) J.Helt-Hansen, A.Miller, P.Sharpe, B.Laurell, D.Weiss, G.Pageau: D_μ A new concept in industrial low-energy electron dosimetry, *Radiat.Phys.Chem.*, **79**, p.66（2010）
23) Guide on the use of low energy electron beams for microbiological decontamination of surfaces, Panel on gamma & electron irradiation（2013）

24) ICRU Report 37 Stopping Power for Electrons and Positrons (1984)
http://physics.nist.gov/PhysRefData/Star/Text/ESTAR.html
25) H.Seito, S.Matsui, T.Hakoda, M,Ishikawa, Y.Haruyama, H.Kaneko, J.Kimura, and T.Kojima: Dosimetry for 110 keV electron beam processing, *Material Technology* **30**, 10-16 (2012)

EB照射技術の産業利用 編

<(1) グラフト重合>
[フィルタ]

第10章　放射線グラフト重合法による不織布への機能性付与とフィルタメディアへの応用

青木昭二[*]

1　はじめに

　不織布は，繊維を熱や接着剤等により結合してシート化した材料で，原料繊維や製法の組み合わせによって自由に形状を設計できるため，衛生用品や衣料品をはじめとして様々な分野で使用されている。また，不織布のもう一つの特徴として多孔質構造であることから，水などの流体を通過させて特定の物質を除去し清浄化する，いわゆるろ過に使用する材料（フィルタメディア）として利用される。フィルタメディアの主たる機能は材料の空隙よりも大きい粒子を捕捉して除去する除粒子性であるが，放射線グラフト重合法で不織布を機能化することで，除粒子性に加えて新たな機能を付与したフィルタメディア（機能性不織布）として利用することができる。
　放射線グラフト重合法は，放射線の照射で基材となる高分子材料（幹ポリマー）に生成したラジカルを起点としてモノマーをラジカル重合することで，枝ポリマーを成長させてグラフト（接ぎ木）ポリマーを合成する方法であり，基材の性質を保持しつつ枝ポリマーの持つ新しい機能を付与することが可能である。放射線グラフト重合法に適用される放射線の種類は基材の形状および処理量により使い分けられ，ガンマ線および電子線が主に利用されている。また，照射とラジカル重合反応の順序は幹ポリマーとモノマーとの反応性および付与機能の割合により使い分けられ，モノマーと基材を接触させて照射する同時照射法や照射済みの基材をモノマーと接触させて反応する前照射法などがある。一方，照射で生成する幹ポリマーのラジカルならびに枝ポリマーの成長末端のラジカルの活性は，温度や反応環境の酸素分子に大きく影響を受ける。そのため，照射ならびにラジカル重合反応において環境条件を一定にすることは，ラジカル重合反応を再現性よく行うのに不可欠である。
　機能性不織布の製造に際し，安定した品質ならびに高い生産性を実現するために，電子線照射装置による放射線照射とラジカル重合反応を連続的に処理できる装置，すなわち連続式放射線グラフト重合装置を開発した。この装置は，内部に空隙を有したシート状材料である不織布の放射線グラフト重合処理に適した機構を備えている。
　本項では連続式放射線グラフト重合装置を紹介し，本装置で製造した機能性不織布をフィルタメディアに適用した実用化例を示す。

＊　Shoji Aoki　㈱イー・シー・イー　管理部　技術・特許管理課　課長

2 連続式放射線グラフト重合装置

連続式放射線グラフト重合装置[1]の概略図を図1に示す。この装置は，被処理基材ロールを取り付ける基材繰り出し装置および電子線を照射する電子線照射装置，照射済みの基材をモノマー溶液と接触させるモノマー含浸槽，モノマー溶液を含浸した基材を加温してグラフト重合する反応槽，製品巻取装置が直列に配置されて構成されている。各装置内には，基材ロールを繰り出し装置から引き出して，各装置中を連続して通過させて，グラフト重合処理が終了した後に再び巻取装置でロール状に巻き取るための，シート材料移送機構が配置されている。

基材は装置の各部で次のように処理される。まず，繰り出し装置から引き出された基材は，電子線照射装置内を通過する際に電子線を照射されて幹ポリマーにラジカルが生成する。この生成ラジカルは空気中の酸素と接触すると容易に過酸化ラジカルとなり，モノマーとのラジカル重合反応が阻害される。そのため，電子線照射装置およびモノマー含浸槽，反応槽は不活性ガス雰囲気にして，処理中は酸素濃度の低い環境を維持する。ここで採用した電子線照射装置は，主な仕様が以下のような汎用型の低エネルギー電子加速器である。

① 形式：自己遮蔽型，単段加速
② 加速電圧：最大 300 kV
③ 電子電流：最大 40 mA
④ 処理幅：最大 1.5 m
⑤ 照射線量：連続可変
⑥ 搬送方式：連続処理
⑦ 搬送速度：1～20 m/min（連続可変）

次に，照射された基材はモノマー含浸槽に移動し，モノマー溶液と接触することで，幹ポリマーのラジカルを開始点としてラジカル重合反応が開始される。不織布基材は空隙を有しており，自重の数倍のモノマー液を保持できるため，絞り機構等で液保持量を調節することで，任意のグラフト重合量を得ることが可能である。

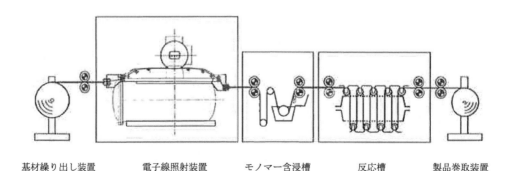

基材繰り出し装置　電子線照射装置　モノマー含浸槽　反応槽　製品巻取装置

図1　連続式放射線グラフト重合装置の概略図

第10章 放射線グラフト重合法による不織布への機能性付与とフィルタメディアへの応用

　モノマーを保持した基材は，反応槽中で加温されることで，ラジカル重合反応が促進され，枝ポリマーが成長する。反応槽では槽内温度や被処理物の滞留時間を任意に設定できるため，ラジカル重合速度の異なる多種類のモノマーの放射線グラフト重合処理に対応が可能である。更に，液保持量の異なる基材の処理にも対応できるため，多品種の機能性材料の製造に適用可能である。また，基材へのモノマー溶液保持量は保持したモノマーの重合反応が巻取装置に到達した時点で完了する量に調整するため，モノマー溶液の無駄が少なく，洗浄工程が不要である。

　続いて，本装置に適用可能なモノマーの一部を図2に示す。これらは単独もしくは複数を混合して使用することが可能である。また，溶媒で希釈してグラフト重合量を調整することが可能である。メタクリル酸グリシジル（GMA）およびスチレン，クロロメチルスチレンはグラフト重合することにより種々の官能基を導入することが可能となり，前駆体モノマーと呼ばれる。ビニルベンジルトリメチルアンモニウムクロライド（VBTAC）およびスチレンスルホン酸ナトリウムはグラフト重合するとイオン交換性の官能基を導入することができるが，室温で固体のモノマーであるため，溶媒に溶解したモノマー溶液として使用する必要がある。N-ビニルピロリドン（NVP）はグラフト重合すると疎水性材料を親水化することができる。ジビニルベンゼン（DVB）は，他のモノマーと共重合して用いられ，枝ポリマーの耐熱性向上に寄与する。

　反応槽の温度を上昇させると，ラジカル重合速度が増加する半面，モノマー液が蒸発したり，幹ポリマー以外での重合反応が進行したりしてグラフト重合するモノマーの割合が減少するた

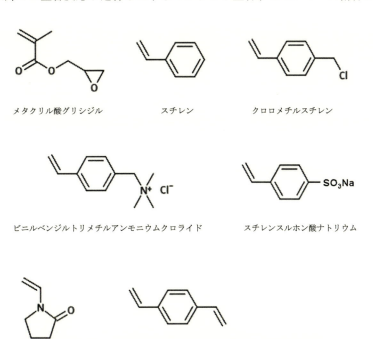

図2　連続式放射線グラフト重合装置で使用されるモノマー

め，グラフト重合量と反応温度の関係はあらかじめ把握しておく必要がある。

このようにして連続式放射線グラフト重合装置を利用して製造されたグラフト重合処理材料は，更なる官能基の導入もしくは変換処理を経ることで，最終的に機能性不織布とすることができる。

3　ケミカルフィルタ

まず，当社の実用化例として半導体製造工場用ケミカルフィルタを紹介する。

半導体製造工場クリーンルームにおいて，粒子状汚染物質に加えてガス状の化学汚染物質が製品に悪影響を及ぼすことはよく知られている。ガス状の化学物質のなかでもイオン性ガスの除去に効果を発揮するエアフィルタがケミカルフィルタである。このケミカルフィルタのフィルタメディアとしてイオン交換不織布を搭載したフィルタがEPIX（エピックス）フィルタである。このイオン交換不織布は，連続式放射線グラフト重合装置でグラフト重合処理し，さらにイオン性ガス吸着性能を有するイオン交換基を導入して合成する。現在市販しているEPIXフィルタの外観写真を図3に，そのフィルタを組み込んだファンフィルタユニットの外観写真を図4に示す。

EPIXフィルタに搭載する主なイオン交換不織布の化学構造を図5に示す。強酸性カチオン交換不織布および弱塩基性アニオン交換不織布はポリオレフィン不織布を基材として，GMAを放射線グラフト重合して，機能性官能基導入のための前駆体となるポリGMAグラフト不織布とする。このポリGMAグラフト不織布への機能性官能基導入反応で，スルホン酸基を導入したのが強酸性カチオン交換不織布であり，第三級アミノ基を導入したのが弱塩基性アニオン交換不織布である。一方，強塩基性アニオン交換不織布は，ポリオレフィン不織布に強塩基性イオン交換基の第四級アンモニウム基が結合したモノマーであるVBTACを放射線グラフト重合して合成する。

図3　EPIXフィルタ

第 10 章　放射線グラフト重合法による不織布への機能性付与とフィルタメディアへの応用

図4　ファンフィルタユニット

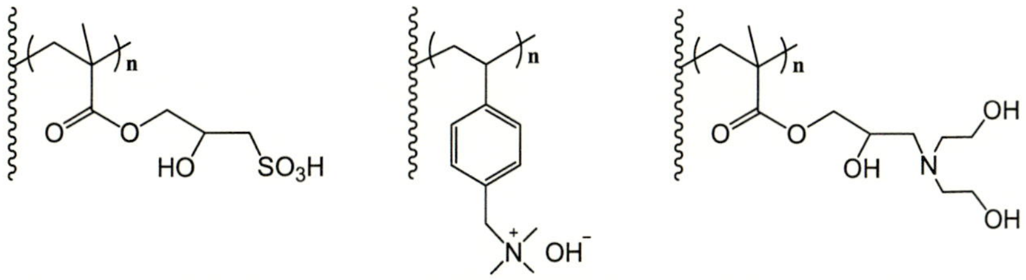

図5　EPIX フィルタに搭載されるイオン交換不織布の化学構造
　　　〜〜〜〜：基材高分子材料（幹ポリマー）

　イオン交換不織布は，除去対象となる汚染物質によって使い分けられる。強酸性カチオン交換不織布ではアンモニアやアミン類等の塩基性化学物質を，強塩基性アニオン交換不織布では塩化水素等の酸性化学物質を，そして弱塩基性アニオン交換不織布ではホウ素化合物等の化学物質を，それぞれイオン交換による化学吸着反応によって吸着除去することができる。しかも，その除去性能は極低濃度領域においても，損なわれることなく十分に効果が発揮される（図6）[2]。また，これらを自由に組み合わせることで複合的に多成分を除去することが可能である。さらに，化学吸着のため吸着物質の再放出は起こらず，フィルタから不純物の放出がないため，クリーンな半導体製造環境の実現に貢献している。

105

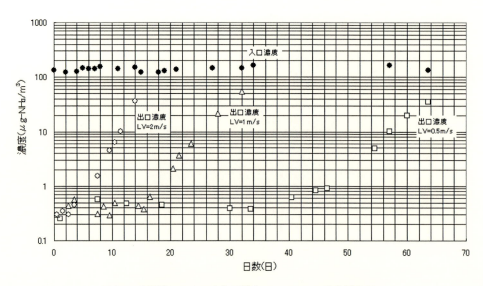

図6　強酸性カチオン交換不織布のアンモニア除去性能例

4　薬液浄化用金属除去フィルタ

次に紹介する実用化例は，半導体製造工場で使用される薬液浄化用金属除去フィルタである。

半導体製造工程において使用される超純水や有機溶剤といった薬液の純度は，製品の歩留まりに大きく影響を及ぼすため，厳しく管理されている。薬液に含まれる金属不純物は，金属種によっては溶存形態やその挙動に不明な点が多く，ごく低濃度であってもウエハ表面の金属汚染を引き起こすといわれている。この薬液中の金属除去用途として強酸性カチオン交換不織布がフィルタメディアに採用され，多孔性の除粒子膜と積層されたカートリッジフィルタ（図7）としてフィルタユニットに搭載されている。この強酸性カチオン交換不織布は，連続式放射線グラフト重合装置でグラフト重合処理し，さらに金属除去性能を有するスルホン酸基を導入して合成する。

強酸性カチオン交換不織布の合成工程は，まずポリエチレン不織布に官能基を導入するためのスチレンと耐熱性を向上するための橋架けモノマーであるDVBを放射線グラフト重合法で共重合し，次いでスルホン酸基導入反応を行う。この架橋型強酸性カチオン交換不織布はスチレンのみをグラフト重合した非架橋型強酸性カチオン交換不織布に比べ，高温条件下でもイオン交換容量が減少しにくく耐熱性に優れている（図8)[3]。そのため，常温の超純水よりも高い洗浄力を持つ温純水プロセスでの金属除去処理に適用できる。

強酸性カチオン交換不織布に導入されたスルホン酸基は，Fe^{3+}をはじめとする重金属イオンやNa^+等のアルカリ金属イオン，Ca^{2+}等のアルカリ土類金属イオンといったカチオンを吸着除去することができる。また，グラフト重合不織布の特徴として金属イオンを含む液の流れの近傍にイオン交換基が配置されているため，高流速においても金属除去性能を維持できる。さらに，

第 10 章　放射線グラフト重合法による不織布への機能性付与とフィルタメディアへの応用

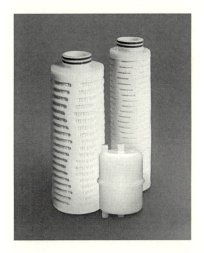

図 7　PROTEGO® Plus カートリッジフィルタ
※ PROTEGO® は Entegris, Inc. の登録商標です。

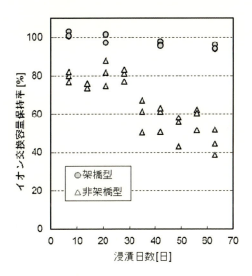

図 8　強酸性カチオン交換不織布の耐熱性評価
（試験条件：85℃純水浸漬）

除粒子膜と積層することでイオン状およびコロイド状の両方の金属不純物除去に対応できる[4]。

本フィルタユニットは，ウエハ洗浄用超純水の最終浄化用としてユースポイントで広く利用されているが，最近はメタノールやプロピレングリコールモノメチルエーテルなどの有機溶剤の浄化用としても利用され始めている[5]。

107

5 ヨウ素抗菌フィルタ

最後に，衛生マスク用ヨウ素抗菌フィルタを紹介する。

うがい薬や手指の殺菌剤に添加されているポビドンヨードは，ヨウ素の酸化作用を利用した抗菌成分であり，ヨウ素と水溶性のポリマーであるポリビニルピロリドンが錯形成することで水溶液中に安定に分散させることができる。このポビドンヨードと同様の化学構造を不織布に導入することで，乾燥状態でヨウ素の抗菌性を発揮するヨウ素抗菌フィルタを開発した。

ヨウ素抗菌フィルタ（図9）は，まずポリオレフィン不織布にNVPを放射線グラフト重合し，次いでヨウ素を付与して合成する。ヨウ素の付与量により抗菌効果の持続時間および強度を任意に調整することが可能である。グラフト重合工程では，連続式放射線グラフト重合装置を用いて，70時間以上途切れることなくグラフト重合処理不織布を製造した実績がある[6]。

このヨウ素抗菌フィルタは様々な細菌やウイルスに対して抗菌性を発揮するため[7]，衛生マスク用材料として採用された。

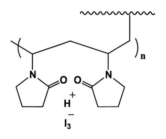

図9　ヨウ素抗菌フィルタの化学構造
～～～：基材高分子材料（幹ポリマー）

文　　献

1) 鷲尾方一ほか，低エネルギー電子線照射の技術と応用，p.144，シーエムシー（2000）
2) K. Fujiwara *et al.*, *Nucl. Instrum. Methods Phys. Res. B*, **265**, 150（2007）
3) S. Aoki *et al.*, *Proc.70th Annual Int. Water Conf.*, 855（2009）
4) 橋本幸雄ほか，電子材料，**42**, 49（2003）
5) 神山哲，電子材料，**49**, 58（2010）
6) S. Aoki *et al.*, *Radiat. Phys. Chem.*, **84**, 242（2013）
7) 藤原邦夫，エバラ時報，**216**, 11（2007）

[金属捕集]

第11章　放射線グラフト重合によるセシウム捕集材の開発

中野正憲[*1]，見上隆志[*2]，柴田卓弥[*3]，
笠井　昇[*4]，瀬古典明[*5]

1　はじめに

平成23年3月に発生した東日本大震災によって東京電力福島第一原子力発電所が被災し，放射性物質が広範囲に飛散した。周辺地域では，除染作業が進められてきたが，5年経過した今日もなお安心して利用できる生活用水の確保が課題とされている。本項では，被災地域の生活に欠かせない水を安心して利用できる，放射性セシウム（セシウム）用の捕集フィルター濾材（セシウム捕集材）及びこれを利用した家庭用給水器の開発を紹介する。

2　放射線グラフト重合技術[1)]の適用

水中に溶けている有害金属イオン，特に，水に溶けている微量のセシウムを吸着・除去する捕集材の作製方法として，電子線を活用したグラフト重合法を応用した。

その技術については，グラフトの基材及び重合反応モノマーを選定した上で，以下の操作を経て実施した。

① 放射線を照射し，グラフト重合の開始点となる活性ラジカル種を発生させる操作
② 反応性モノマーのグラフト重合
③ 必要に応じたグラフト側鎖へのイオン交換基の転化反応

ただし，筆者らは，このような製造プロセスを基本としながら，必要最小限の設備整備から着手し，得られるグラフト材料をその都度性能評価を行い，生産条件の最適化とスケールアップを

---

*1　Masanori Nakano　倉敷繊維加工㈱　企画開発部　主任部員
*2　Takashi Mikami　倉敷繊維加工㈱　東京支店　常務取締役
*3　Takuya Shibata　（国研）日本原子力研究開発機構　福島研究開発部門　楢葉遠隔技術開発センター　研究員
*4　Noboru Kasai　（国研）量子科学技術研究開発機構　量子ビーム科学研究部門　高崎量子応用研究所　先端機能材料研究部　専門業務員
*5　Noriaki Seko　（国研）量子科学技術研究開発機構　量子ビーム科学研究部門　高崎量子応用研究所　先端機能材料研究部　プロジェクトリーダー

図ってきた。

　この様に，セシウムを効率良く捕集する安全なセシウム捕集材の開発を目指したが，その需要供給量が明確でないという状況にも対応するために，筆者らは，次に述べる2つの方法において独自に生産プロセスを開発した。すなわち，「前照射法」と「バッチ式グラフト重合」である。

2.1　電子線照射による「前照射法」

　前照射法の活用により，設備面において，放射線照射の拠点とグラフト重合の反応拠点を分けることができ，照射などの操作を外部委託するなどして，初期の設備投資を抑えることができた。また，反応拠点を自社内に設けたことにより，グラフト重合に使用する装置と反応性モノマーや反応条件を適切に選択することができ，早期の開発につながった。なお，この「前照射法」に対して，基材と反応性モノマーを共存させた状態で電子線照射を行う「同時照射法」がある。この「同時照射法」では，工程は単純化される利点はあるものの，反応性モノマー自体が照射と同時に単独で重合を開始してホモポリマーを形成するため，その除去が困難であるという欠点があり，本開発での採用を見送った。

2.2　バッチ式グラフト重合

　50～100 L規模の反応装置によりバッチ式重合操作を行った。この反応装置を用いてグラフト重合条件を確立し，生産需要が増大すれば，機を見てこれを増設するとした。この検討方向において，筆者らが利用した放射線グラフト重合の設備及び操作条件，すなわち，
　　・電子線の照射条件
　　・グラフト重合装置と運転条件
などについて，その実施態様を表1にまとめて示した。　また，各々の実施態様について次節3以降に概略を述べた。なお，詳細な技術内容については，紙面の都合上，参考文献1～4）に譲りたい。

表1　放射線グラフト重合に関する基本的な生産設備及び操作条件

放射線の種類	電子線
線量	50 kGy
基材	オレフィン系繊維不織布
グラフト重合手法	バッチ方式
グラフト率（wt%） （グラフトポリマー量／基材重量）× 100	50～150

第11章　放射線グラフト重合によるセシウム捕集材の開発

3　基材の選定

　この放射線グラフト重合に用いる基材は，特に本項で述べるような，水に溶けているセシウムの捕集材として，以下の理由により繊維から構成される不織布が適していると考えられる。不織布は，合成繊維で構成され，繊維表面にてグラフト重合が開始される。不織布では，繊維材質，繊維径及び目付重量を液体（水）濾過用に適宜選ぶことができる。この様に，繊維で構成される不織布をグラフト基材とすると，繊維表面に高分子鎖（グラフト鎖）を密に導入することができるので，濾過液との接触面積が大きくなり，水中に溶存する金属イオンを高速かつ効率よく捕捉することができる。他方，液体濾過にビーズ状のイオン交換樹脂を選択し，これを充填したカラムに処理液を流すと，処理液中の捕捉ターゲットとする金属イオンがビーズ内部への拡散により捕捉される機能であるために，拡散速度が律速となり，一定以上の速度での使用が困難になる。この点について，吸着濾材の形態が繊維の場合とビーズ粒子状の場合の吸着機能の相違を図1に示した。

　基材の素材については，食品用途にも使用される溶出性の少ない安全な素材であることと放射線による劣化も少なく，かつ，活性ラジカルの消失も比較的少ないという理由から，ポリオレフィン繊維を（平均直径20 μm，写真1（a））を採用し，サーマルボンド法にて不織布を工業規模で製作した（写真1(b)）。その目付重量は，加工耐性を持たせるため，50〜100 g/m^{2}の範囲にて，適宜選択した。この様に調製した不織布基材を用いて，独自の放射線グラフト重合のプロセスを開発した。

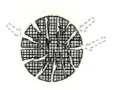 

【粒子状吸着材】　　　　　　　【繊維状吸着材】

液体の樹脂内部への浸透・拡散　　液体の繊維表面への接触
　⇒処理速度が遅い　　　　　　　⇒処理速度が速い

図1　粒子状吸着材と繊維状吸着材の吸着速度の相違

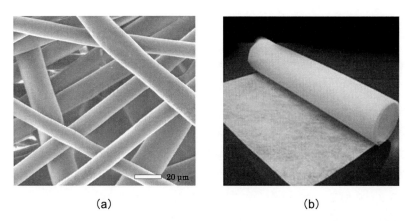

写真1 グラフト基材に用いたポリエチレン繊維（a）及びこれを用いて作製された不織布（b）

4 セシウム捕集材の開発

原発事故直後から，土壌の剥離や凝集剤を用いた手法により多くの放射性物質が除去され，生活環境における空間線量の引き下げが実施された。しかし，被災地の大半が森林部であり，十分な除染がなされていない箇所も多く残されているのが現状であった。そのため，これら森林や草木に付着したセシウムは，時間の経過とともに，生活用水などに利用されている井戸水や沢水などの水路に混入することが懸念されていた。ここで，セシウムが水に混入する形態としては，水に溶けているものと，水に溶けていない微細なダストに吸着したものとに大別できる。後者は物理的な濾過で除去できるが，前者の如く極微量で水に溶存しているセシウムを高効率に捕捉・除去する安全性の高い捕集材が求められていた。

4.1 技術内容

筆者らは，放射線グラフト重合技術を活用し，極微量で水中に溶存するセシウムを捕捉できる捕集材を，以下に述べる方法により開発した。

その製造プロセスは，前述した「前照射法」を採用し，電子線を基材に照射した。使用する基材は，フィルター濾材の基本骨格をなすものであるので，前3節で述べたポリオレフィン繊維を用いてサーマルボンド法による不織布を製作し，これを基材とした。弊社倉敷繊維加工㈱の不織布製造設備では，ノーバインダーで結晶性の高いポリオレフィン短繊維を均一に分散かつ繊維間同士を強固に結合することができるので，このポリオレフィン不織布は放射線グラフト重合には適していると考え，当使途のために量産化を実施した。

この基材に電子線を照射した後，セシウムを効率良く吸着できるリンモリブデン酸アンモニウム基（AMP：$[PMO_{12}O_{40}](NH_4)_3$）をグラフト重合法により固定化し，これを捕集材として用いた飲料水向け給水器の開発につなげた。

なお，従来から，セシウムを吸着する素材としては，ゼオライトやフェロシアン化物誘導体な

第11章　放射線グラフト重合によるセシウム捕集材の開発

どが知られているが，筆者らは，比較的安全衛生性の高いAMPを選定し，これを不織布上に強固に固定化する方法として放射線グラフト重合への応用を検討し，捕集材の開発を行った。

　本技術は，放射線の高いエネルギーを用いて，不織布繊維基材にラジカルを形成させ，その基材上に均一にAMPを強固に固定するものである。しかしながら，セシウムの吸着基となるAMPは，無機物であるが故，生成したラジカルと結合可能な反応活性点がなく，高分子化することが困難であるという問題があった。そこで先ず，AMPを固定化可能な足場を作製するため，放射線グラフト重合により，足場高分子側鎖を形成させ，次いでこの側鎖（グラフト鎖）に架橋反応により基材上にAMPを固定化するという手法を編み出した。この手法を用いたグラフト技術の詳細は，参考文献5～7）に述べられている。この技術により，繊維上にAMPを固定化し，水へ滲出を抑制して，飲料水用捕集材としての法規制基準（後述）を満たすことが可能となった。

4.2　セシウム捕集材の量産化

　上述の基礎検討の後，セシウム捕集材の量産化を倉敷繊維加工㈱静岡工場内に設けられているグラフト設備（50 L容量のバッチ式リアクター）において実施した。その実施態様は，
① 電子線を「前照射法」により，ポリエチレン製不織布基材に照射した後，
② グラフト重合させる反応性ビニルモノマー，AMP及び混合溶媒を，反応漕内にて該不織布を液相にて接触させるという工程を経てセシウム捕集材の生産を行った。

　このようにして得られたセシウム捕集材は，有効幅32 cm，長さ50 mを1バッチとする長尺物（写真2）であり，これを適宜裁断・積層するか，または筒状に巻き回して捕集材として使用するものである。なお，このセシウム捕集材は，食品衛生法（食品，添加物等の規格基準（厚生省告示第370号））及び，水道法（水道用器具の滲出性能試験JIS S3200-7・2004）による監視項目を満たすことを確認した。これは，AMPが本グラフト重合技術によって，ポリオレフィン基材に強固に固定され，接触する水中に滲出しないことを証するものである。

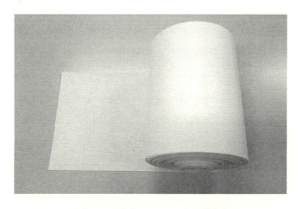

写真2　量産化したセシウム捕集材

5 セシウム吸着性能の評価

上記の如く開発された水中に溶存するセシウムの吸着を可能とするセシウム捕集材について，その捕集性能を以下の手順により評価した。なお，対象は，飲料水の管理基準（10 Bq/kg 以下）を超えたセシウムが検出された井戸水を用い，これを試験水とした。

① 試験水については予め 0.45 μm 径および 0.1 μm 径の市販濾過膜（物理濾過）と市販のアニオン及びカチオンタイプのイオン交換濾紙の双方とを用いて濾過処理を行った。その結果，一部のセシウムは除去されたものの，濾過後の残渣水中に 56 Bq/kg の可溶性のセシウムが溶存したままであった。

② そこで，この 56 Bq/kg のセシウムが残存した試験水に対して，著者らが開発したセシウム捕集材を用いてその除去効果を調べた。評価では，セシウムとの接触状況が異なる二つの方法，すなわち，バッチ捕集試験（静的濾過）とカラム通水捕集試験（動的濾過）を行い，試験前後のセシウム濃度をゲルマニウム半導体検出器を用いて測定して捕集・除去性能を確認した。バッチ捕集試験では，円形（約 φ35 mm，0.18 g）に切り出した捕集材を試験水が入ったポリ瓶に投入し，浸漬撹拌した。また，カラム通水捕集試験では，φ9 mm のカラム（注射器の筒）に捕集材 1.3 mL を充填し，注射器を用いて試験水を吸引して捕集材に接触させた。その結果，バッチ捕集試験では，試験後の試験水中のセシウムは検出限界以下であった。また，カラム通水捕集試験では，バッチ捕集試験の約 4 倍量の試験水を通液し，使用した捕集材量は 1/2，接触時間は 1/100 であったにもかかわらず，バッチ捕集試験と同様に，検出限界値以下まで除去できることを確認できた。その結果を表 2[8)]に示す。このことから，開発したセシウム捕集材は，高精度でセシウムの吸着除去（捕集）が可能であることを示すことができた。

表 2　セシウム捕集材を用いた捕集試験結果

	セシウム 134	セシウム 137	計
市販イオン交換濾紙で処理した水	19.0	37.0	56.0
セシウム捕集材で処理した水	N.D.（4.5 以下）	N.D.（4.4 以下）	N.D.

ゲルマニウム半導体検出器による測定
単位：Bq/kg　カッコ内が装置の検出下限値

6 セシウム捕集材の特徴と具体的用途について

開発したセシウム捕集材は，前掲写真 1(a)，(b) に示すような繊維で構成された濾材であり，その通水特性（流量と圧力損失とのバランスなど）は，不織布の繊維径，目付重量やかさ密度などを管理することにより適宜に設定することができるので，構成繊維上に導入されたセシウ

第11章 放射線グラフト重合によるセシウム捕集材の開発

ム吸着官能基と水との効率の良い接触が可能となる。

当初，セシウム捕集材は，原発のオフサイト環境中に飛散したセシウムの除染材料としての利用を想定し，使用してきたが，その一方で，井戸水や沢水を主に飲料水に利用している被災地域から，飲料水の健全性を担保する要望が寄せられた（平成23年11月に福島県下で開催された地下水サミットなど）。しかしながら，被災地域が，広域に分散しており，このため，特段の（大がかりな）セシウム除去装置ではなく，各家庭で手軽に利用できる浄水装置が必要なのではと思料した。

このような背景から，一般家庭で利用されているような水道蛇口に取り付ける「家庭用浄水器」をモデルとして，セシウム捕集材をその濾材に応用するという着想を得，商品の具体化に着手した。だだし，この浄水器は，残留塩素除去を目的とせず，セシウム除去に特化した製品としたため，製品命名のカテゴリとしては「セシウム除去用給水器」として商品化を行った。

写真3に製品の概観を示すが，蛇口取り付け部分（本体）に交換用カートリッジを接続させたものである。この交換用カートリッジ内部にセシウム捕集材を積層して収納し，かつ，ゴミ除去用のフィルターと重ね合わせる仕様とし，必要に応じて本体のコックを操作して交換用カートリッジ内に水を導入して，その通過水を使用できるようにした。なお，この交換カートリッジは一定期間を過ぎたら交換できる仕組みとした。この製品を「クランセール®」（KranCsair®）と命名し発売を開始した[9～11]。

この製品発売に先立ち，福島県下の一般家庭の協力の元，「クランセール®」のモニタリングテスト（写真4）を1年間通して実施して，その操作性，セシウムの捕集能力を調べ，製品としての実用性を検証した。当製品は，地下水や沢水などの環境水中に極く微量に溶けているセシウムを"漏らさず捉える"ことで，安心して使える（飲める）水を，このような簡便な"器具"により提供するものである。

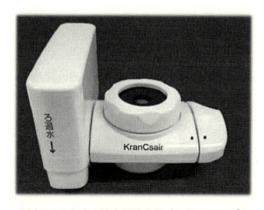

写真3　セシウム除去用給水器「クランセール®」

EB 技術を利用した材料創製と応用展開

写真 4　モニター試験におけるセシウム除去用給水器の使用状態

7　スケールアップ

　前述のセシウム除去用給水器は，家庭の蛇口に簡易に取り付け，設定された使用期間を経過後はカートリッジ部分を交換するタイプのものである。このようなタイプの蛇口取り付け型給水器とは別に，戸内への引き込み配管に接続して，戸内配水を一括してセシウム除去を行うための簡易給水装置を考案し，そのニーズに対応することにした。その一例として，セシウム捕集材を，通水孔付きのコアに巻き付け（写真 5），このようなフィルターを組み込んだ各種浄化ユニット（写真 6）を考案し制作した。
　また，現時点において，農業，畜産用ため池の水からのセシウムの除去など，大量に用水を処理するニーズに応えるため，10 インチ及び 20 インチ規模のワインド型カートリッジフィルターを開発した。現在，このカートリッジフィルターを充填したセシウムの除去塔を備えた水処理装置を試作し，ため池等での実証試験を計画中である。

写真 5　セシウム除去用ワインド型カートリッジフィルター

第 11 章　放射線グラフト重合によるセシウム捕集材の開発

(a)

(b)

写真 6　セシウム除去用カートリッジ（写真 4）を組み込んだ浄水ユニット各種

8　放射線グラフト重合の環境対策及び工業上の応用

　筆者らが開発した機能性グラフト捕集材は，様々な環境水を浄化するフィルターに応用することができる。特に，不織布を構成する繊維のもつ大きな比表面積を最大限に生かして，大きな吸着容量を付与することが可能になる。これまで，この特色を生かして，温泉水からのレアアースを回収する技術[12]，ホタテ貝中の内臓に含有されるカドミウム除去[13]や廃坑排水中のヒ素の除去[14]などへの応用が試行されている。特に，環境浄化を目的に適応する場合，法律で定められた環境基準などの高いハードルを超えなければならない。そのため，グラフト不織布の「漏らさず捉える」機能が有効的に発揮することができる。その他，グラフト捕集材の特徴として，水中に極微量で存在する金属イオンを高精度で捕捉することができる。例えば，半導体用シリコンウエーハを処理する薬液や洗浄液からも不純物の金属イオンを採ることができる。この半導体を精製する際に用いる各種薬液中には，エッチング後に溶け込んだニッケル，銅，鉄などが極微量で存在し，この僅かな量でもこれらの金属イオンがシリコンウエーハ内部に自由に拡散してしまうと研磨工程で凹状の欠陥が発生する原因となり生産歩留りを著しく悪くさせる。そのため，金属イオンの溶存量を ppt レベルの濃度まで除去することが必須となる。従来用いられてきたイオン交換繊維やイオン交換樹脂に高濃度アルカリ水溶液を通液させると，材料由来の不純物が混入する課題があった。加えて，イオン交換樹脂では薬液により材料が膨潤収縮するため，充填した材料内に空隙が生じ，ショートパスが発生する。そのため，十分な除去を達成することが困難で，効率性が悪くなる傾向がある。このような問題を解決するために，筆者らは，溶出不純物が極めて少ないポリエチレン製の繊維で構成した不織布を用い，放射線グラフト重合により各金属イオンに対して親和性の高い官能基を導入することによって，微量な金属イオンの除去に優れた液体用フィルターを開発した[15,16]。ここで開発したフィルターは，従来の吸着濾材に比べて，金属イオンの除去速度で数十倍以上の性能を示すことができたので，各サイズのカートリッジフィルターとしてモジュール化し，商品名「クラングラフト®」として販売を開始した。半導体製造工程においては，前述の超純水以外にもフォトレジスト，現像液，洗浄液などの多種多様の

117

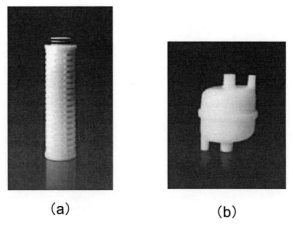

写真 7 製品：クラングラフト®
10 インチカートリッジフィルター（a），2 インチカプセルフィルター（b）

液体が使用されているが，これらの薬液に溶存している微量の Na, Cu, Fe, Al, などの夾雑金属イオンの除去にも利用されている。

現在，「クラングラフト®」は，スルホン基など強カチオン型交換基を含め，計 4 種類の官能基タイプを用意し，商品形態としては，2 種類の 10 インチ（写真 7（a））及びと 20 インチ型カートリッジと小型のカートリッジをポリエチレン樹脂製容器の中に封入したカプセルフィルター（写真（7b））の計 3 種類をラインナップしている。

9 今後の展望

本稿に紹介した放射線グラフト重合技術と，これを水に溶けている微量のセシウムや半導体薬液中の微量金属イオンの捕集材は，今後，様々な形で応用されるものと期待される。

例えば，環境水からのセシウム除去は，まだ途上にあり，大量の水の処理のためには，その前処理として，セシウムを吸着した泥土を"粗く"捕集し，次いで当グラフト捕集材により"漏らさず捕捉する"という機能を組み合わせることにより，下流に安心して放流できると考えられる。そのための水処理システムを構築することが目下の懸案である。

また，筆者らの開発した製造プロセスは，有機溶媒を使用せず，従って，作る側での環境負荷が少ないこと，さらには，バッチ生産の利点を活かして，様々な吸着機能を付与できる応変性のある開発展開が可能である。特に，これからの半導体分野は増々集積化が進むものと見られ，様々な使用薬液に夾雑する金属イオンの除去が，生産歩留まりに直接関与する。この様な放射線グラフト重合技術とその応用は，グローバルに見ても，日本が先じているとみられ，これからの海外との技術交流を視野にいれた開発活動になるものと予想される。

第11章　放射線グラフト重合によるセシウム捕集材の開発

文　　献

1) 玉田正男, 放射線加工による繊維状捕集材の開発, 高分子, **58**（6）pp397-400（2009）
2) 特許第5082038号,「グラフト重合された機能性不織布フィルター及びその製造方法」
3) 特許第5013333号,「グラフト重合された機能性不織布の製造方法」
4) 特許第4670001号,「エマルショングラフト重合法とその組成物」
5) A. Iwanade, N. Kasai, H. Hoshina, Y. Ueki, S. Saiki, N. Seko, Hybrid grafted ion exchanger for decontamination of radioactive cesium in Fukushima Prefecture and other contaminated areas, *J. Radioanal. Nucl. Chem.*, **293**, 703-709（2012）
6) 特願2011-136558,「布状の放射性物質吸着材及びその製造方法」
7) 特願2012-238802,「セシウム除去用フィルターカートリッジ及びその製造方法」
8) 内閣府原子力被災者生活支援チームプレス発表（http://www.meti.go.jp/earthquake/nuclear/2012911_01.html）
9) （独）日本原子力研究開発機構プレス発表（http://www.jaea.go.jp/02/press2012/p12110701/index.html）
「水中の放射性セシウム除去用カートリッジを製品化」
10) （独）日本原子力研究開発機構プレス発表（http://www.jaea.go.jp/02/press2013/p14032701/index.html）
「被災地域の復興の推進に向けた給水器の開発」
11) （独）日本原子力研究開発機構プレス発表（http://www.jaea.go.jp/02/press2014/p14070102/index.html）
「セシウム除去用給水器　クランセールの販売開始
12) 瀬古典明, 放射線を用いて開発した材料で温泉から有用金属を回収する方法, 放射線と産業, **111**, 52-55,（2006）
13) 中居久明, 瀬古典明, 玉田正男, 天間毅, 小熊正臣, ホタテ貝加工残渣の有効利用に関する研究（ボイルされたホタテ貝中中腸腺からのカドミウム除去）, *J. Ion Exchange*, **15**（1）, 10-15（2004）
14) H. Hoshina, M. Takahashi, N. Kasai, N. Seko, Adsorbent for arsenic（V）removal synthesized by radiation-induced graft polymerization onto nowoven cotton fabric, *Int. J. Org. Chem.*, **2**, 173-177,（2012）
15) T. Takeda, M. Tamada, N. Seko and Y. Ueki, "Ion exchange fabric synthesized by graft polymerization and its application to ultra pure water production", *Radiat. Phys. Chem.*, **79**, 223-226（2010）
16) M. Tamada, Y. Ueki, N. Seko, T. Takeda, S. Kawano, Metal adsorbent for alkaline etching aqua solutions of Si wafer, *Radiat. Phys. Chem.*, **81**, 971-974（2012）

第12章 希少金属回収のための高機能分離材料の開発

藤原邦夫*

1 はじめに

 レアアースは，スカンジウム，イットリウム，およびランタノイドからなる17の元素の総称である。レアアースは他の遷移金属と異なり，内部電子殻の一つである4f軌道が不完全にしか充填されておらず，その外側の電子配置には電子が完全に充填されているという特徴をもつ。また，レアアースの電子配置の最外側はすべてd^1s^2であり，この3個の電子が失われることによって3価のカチオンになる。このとき，3価のカチオンとなったレアアースイオンの電子配置の最外側は，すべてs^2p^6となる。そのため，レアアース同士では，吸収および発光スペクトルや磁気モーメントといった化学的性質が類似している。
 レアアースの代表的な材料に永久磁石や光ファイバーがあり，中でも永久磁石の一つであるネオジム磁石は磁力が最も強く，ハードディスクドライブ，ハイブリッド車，MRIなどに利用されている。レアアースは日本では産出していないため，廃棄された製品からレアアースを回収する必要性が高まっている[1]。レアアースの代表的な回収法に，液液抽出法および固相抽出法がある。しかしながら，それぞれ有機溶媒を大量に使用することおよびレアアースを高濃縮に分離できないという問題がある。
 本稿では，放射線グラフト重合法を適用して，疎水性リガンドを導入した繊維を作製し，そこに抽出試薬を担持した固相抽出材料について説明する。レアアースの分配係数を回分試験によって評価し，有機溶媒に溶解させた抽出試薬での分配係数と同様になることを示した。さらに，溶出クロマトグラフィーによるレアアースの分離性能を市販の抽出試薬担持ビーズと比較した。そして，この固相抽出材料を用いた廃ネオジム磁石合金からの各成分の分離回収プロセスへの応用を試みた。

2 放射線グラフト重合法を用いた固相抽出材料

 レアアースを相互分離するための固相抽出材料には，イオン交換基[2]またはキレート形成基[3]を固定したビーズや，疎水性相互作用を介して抽出試薬を担持したビーズ（抽出試薬担持ビーズ）[4]などがある。特に，抽出試薬担持ビーズは，抽出試薬を溶解した有機溶媒中にビーズを浸

---

* Kunio Fujiwara ㈱環境浄化研究所 研究開発部 部長

第 12 章　希少金属回収のための高機能分離材料の開発

漬するという簡単な操作で作製できる点，および抽出試薬のレアアースに対する選択性が保持される点で優れている。現在では，ドイツの LANXESS 社[4]やアメリカの Eichrom 社[5]から，それぞれ抽出試薬担持ビーズが販売されている。しかしながら，抽出試薬担持ビーズでは，レアアースを高速および高濃縮に分離できないという問題がある。レアアースの回収プロセスで用いられる液液抽出法を固相抽出法に代えるためには，この問題点を解決する必要がある。なお，放射線グラフト重合法を利用して，多孔膜に抽出試薬を担持した固相抽出材料を放射性核種の分析に利用する先行研究がある[6]。本研究では，繊維基材に酸性抽出試薬であるリン酸ビス（2-エチルヘキシル）（HDEHP）を担持した固相抽出材料を検討した。

2.1　HDEHP 担持繊維の作製

HDEHP 担持繊維の作製経路を図 1 に示す。作製は次の 4 つの工程からなる。まず，基材である 6-ナイロン繊維（以後，ナイロン繊維と呼ぶ）に電子線を 200 kGy 照射し，ラジカルを生成した。つぎに，そのナイロン繊維を 5 v/v% GMA / メタノール溶液に 40℃で浸漬した。グラフト重合前後の重量増加率（グラフト率）は 120%であった。さらに，40 v/v%ドデシルアミン / 2-プロパノール溶液に 70℃で浸漬し，疎水性部をもつドデシルアミノ基（以後，C12N 基と略記する）を導入した。最後に，この繊維を 10 v/v% HDEHP / 2-プロパノール溶液に 40℃で 2 時間浸漬し，C12N 基のアルキル鎖に疎水性相互作用を介して HDEHP を担持した。得られた抽出試薬担持繊維を HDEHP 繊維と呼ぶ。HDEHP の担持量は 0.43 mol/kg-product であった。

2.2　グラフト鎖上に担持した HDEHP と溶液 HDEHP の抽出特性の類似性

HDEHP 繊維を，濃度を 290 mg-Nd^{3+} および 40 mg-Dy^{3+}/L（ネオジム磁石中のレアアース組成比と同一）に調整した 0.01～1 M 塩酸溶液に投入し，平衡に達したとみなせる 1 時間まで

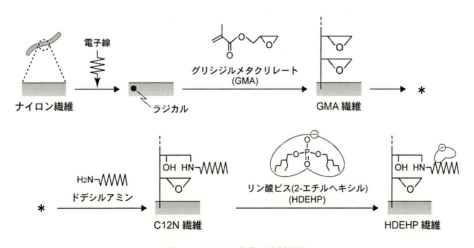

図 1　HDEHP 繊維の作製経路

振とうした。溶液中のネオジムおよびジスプロシウムイオンを ICP-AES を使って定量した。分配係数 K_d を式（1）から算出した。比較のため，放射線グラフト重合法で製造したイミノジ酢酸基を有するキレート繊維（IDA 繊維）および 0.5 M HDEHP／ドデカン溶液での溶媒抽出での分配係数も測定した。ただし，分配係数 K_d の算出では，繊維の重量を HDEHP 溶液の体積［mL］で代用した。

$$分配係数 K_d \,[\mathrm{mL/g}] = [(C_0 - C_1)V / W_4] / C_1 \tag{1}$$

ここで，C_0 および C_1 は，それぞれ初期および平衡での塩酸溶液中のネオジムまたはジスプロシウムイオンの濃度［mg/L］である。V および W_4 は，それぞれ塩酸溶液の体積［mL］および繊維の重量［g］である。分配係数の対数と塩酸濃度との関係を図 2 に示す。

HDEHP 繊維はネオジムとジスプロシウムに対する分配係数の対数の差が大きいのに対し，IDA 繊維では差が認められなかった。また，HDEHP 繊維の分配係数の対数は 0.5 M HDEHP／ドデカン抽出溶媒の分配係数の対数と一致した。したがって，HDEHP 繊維は IDA 繊維と比較して，ネオジムとジスプロシウムの分離に適していること，またグラフト鎖中のドデシルアミノ基（$-\mathrm{HNC_{12}H_{25}}$）と溶媒抽出でのドデカン（$\mathrm{C_{12}H_{26}}$）が，HDEHP に対して同様の役割を果たしていることがわかった。言い換えると，グラフト鎖に固定されている疎水性基は有機溶媒"様"

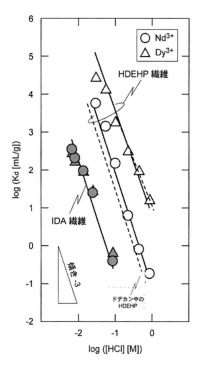

図 2　分配係数の対数と塩酸濃度との関係

第12章 希少金属回収のための高機能分離材料の開発

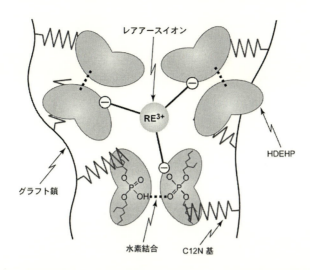

図3 二量体を形成しているHDEHPのレアアースに対する推定捕捉構造

の挙動を示すことを表している。HDEHPは有機溶媒中で二量体を形成することが知られている[7]。したがって，図3に示すように，疎水性基を有するグラフト鎖相の中で，HDEHPは二量体を形成し，3価カチオンを捕捉していると推察される。

2.3 HDEHP繊維充填カラムを用いた溶出クロマトグラフィーによるネオジムとジスプロシウムの分離

HDEHP繊維に濃度を290 mg-Nd^{3+}および40 mg-Dy^{3+}/Lに調整した0.01 M塩酸溶液を通液し，ネオジムおよびジスプロシウムイオンを4.0 mmol/L-bed負荷させた。次に，0.2，0.3，および1.5 M塩酸を段階的に通液し，ネオジムおよびジスプロシウムイオンを溶出させた。通液流速は（2）式で定義される空間速度SVを10～100 h^{-1}の範囲に設定した。負荷および溶出分離するため使用したクロマト装置を図4に示す。比較のため，LANXESS社からスチレンジビニルベンゼン樹脂ビーズに同一の抽出試薬HDEHPを担持した製品LEWATIT VP OC 1026（以下，LEWATITビーズ）[4]を用いて，同様の試験を行った。

$$\text{空間速度 } [h^{-1}] = （流量）/（カラムへの繊維の充填体積） \quad (2)$$

HDEHP繊維とLEWATITビーズの物性及び溶出クロマトの分離条件を表1に示す。カラム下端からの流出液を一定時間ごとに採取して，流出液中のネオジムおよびジスプロシウムをICP-AES装置を使って定量し，溶出クロマトグラムを作成した。結果を図5に示す。負荷量4.0 mmol/L-bedおよび空間速度10～100 h^{-1}の範囲で，HDEHP繊維充填カラムはLEWATITビーズ充填カラムと比較して，ピークが高く，半値幅が小さいという優れた分離性能を示した。

HDEHP繊維およびビーズを充填したカラム内での溶出操作時における各イオンの移動を図6

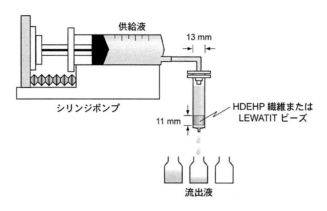

図4 溶出クロマトグラフィーの実験装置

表1 HDEHP繊維とLEWATITビーズの物性および溶出クロマト分離の条件

	HDEHP繊維	LEWATITビーズ
SEM画像		
形状	繊維（非多孔性）	多孔性ビーズ
材質	6-ナイロン	ポリスチレン-ジビニルベンゼン
直径 [μm]	80-90	300-1,600
HDEHPの担持量 [mol/kg-products]	0.43	0.91
担持材料の充填量 [kg-products/L-bed]	0.30	0.44
HDEHPの充填量 [mol/L-bed]	0.13	0.40
レアアースの総負荷量 [mmol/L-bed]	4.0-16	4.0-16
レアアースの負荷率 [%]	10-40	3.0-12
通液の空間速度 [h^{-1}]	10-100	10-100

に示す。イオンの拡散移動距離の最大値は，HDEHP繊維ではその繊維径80～90 μmであり，LEWATITビーズではその直径300～1,600 μmであるため，HDEHP繊維はLEWATITビーズと比較して値が一桁小さい。また，比表面積はHDEHP繊維充填カラムの方がLEWATITビーズ充填カラムと比較して数倍大きい。このように，拡散移動距離と比表面積の理由から，HDEHP繊維充填カラムから得られる溶出クロマトグラムのピークは高く，半値幅が小さい。

繊維およびLEWATITビーズ充填カラムともに，負荷したネオジムおよびジスプロシウムイオンを100%溶出し，それぞれを分離することができた。流出液の各フラクションのリンの濃度はSVによらず，すべて検出限界（0.1 mg-P/L）以下であった。

第 12 章　希少金属回収のための高機能分離材料の開発

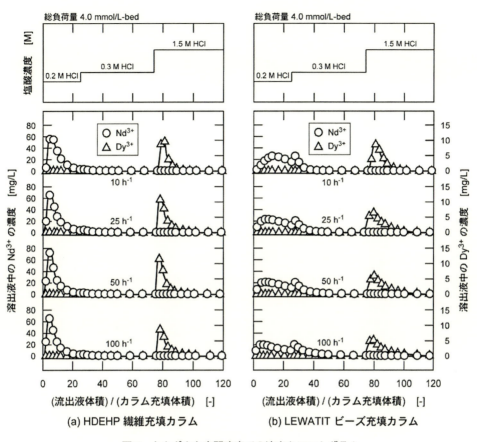

図5　さまざまな空間速度での溶出クロマトグラム

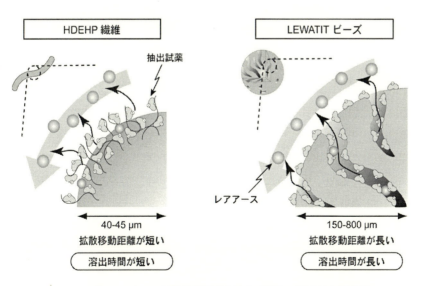

図6　イオンの拡散移動距離と溶出時間との関連性を示す図

3 HDEHP繊維を用いたネオジム磁石金属成分分離回収プロセス

ネオジム磁石合金の切削メーカから，廃切削粉（組成 Fe：82％，Nd：22％，Dy：4％及び B：2％）を入手し塩酸溶解後，凝集沈殿により鉄を除去し，0.1 M塩酸溶液となるよう調製した。この液を処理原液として，HDEHP繊維を用いた分離回収プロセスの検討を行った。HDEHP繊維は図7に示すボビン（約1 kg）を照射および反応の最小単位とした。ガンマ線照射済みのボビンを専用の反応釜に収納した後，窒素雰囲気下でモノマー溶液を接触させ，図1に示す工程に基づきHDEHPの担持まで行った。図7にはボビンを収納する反応釜を示す。釜の後方にHDEHP繊維吸着塔（左側2塔，200 ϕ × 2,000 h）とホウ素吸着塔（右側1塔，200 ϕ × 2,000 h）を設置した。電気透析技術を利用した酸回収装置は溶出設備とともに階下に設置した。全体の処理フローは図8のとおりであり，ネオジム，ジスプロシウム及びホウ素の回収と溶出に使用した塩酸の回収も実施できるクローズドシステムとした。ホウ素は回収する必要はないが，廃棄するにあたって，処理が必要である。凝集沈殿等の既存の技術では汚泥量が増えるなど問題点が多い。本研究では，固相抽出材料の創生と利用が重要課題であるため，ホウ素吸着繊維も図9に示すように放射線グラフト重合法を利用して製造した[8]。HDEHP繊維とホウ素吸着繊維との直列通液処理が可能となっている。ホウ素は磁石成分中の含有量が小さいため，通液—溶出のサイクルがHDEHP繊維と合わないが，プロセスでは溶出できる設備とした。

ネオジム磁石成分の分離回収プロセス全体からみると，HDEHP繊維へ鉄が持ち込まれないような前処理方法の最適化が非常に重要である。また，低濃度塩酸溶離液中のNdと高濃度塩酸溶離液中のDyの2種類のレアアースと塩酸を濃縮回収するための電気透析方法の検討など課題が明らかとなった。HDEHP繊維の大量製造面においては，吸着容量増加のためにHDEHP担持量を大きくすると，釜での通液抵抗が大きくなるため，担持量を大きくし過ぎないことが重要であること，およびカラム充填に際しては，繊維の加工，充填方法や充填塔の設計などさらに工

図7　グラフト重合用ボビン，反応釜，および吸着塔

第 12 章　希少金属回収のための高機能分離材料の開発

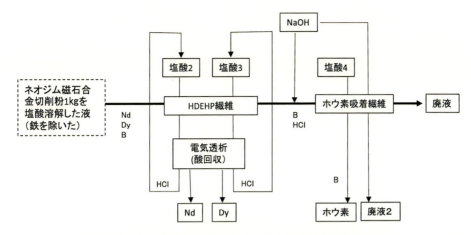

図 8　ネオジム磁石合金溶解液からの各金属の分離回収プロセス

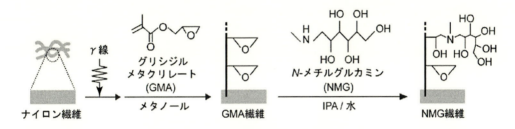

図 9　ホウ素吸着繊維の作製経路

夫が必要であることが分かった。

4　まとめ

　繊維に放射線グラフト重合法を利用して疎水性基を導入し，抽出試薬を担持した固相抽出材料を創出した。この材料は抽出試薬と同等の分配係数を示し，ネオジム及びジスプロシウムの吸着分離ができることが分かった[9]。溶離は 3 種類の濃度を変えた塩酸を段階使用し，各金属ともに 99％以上の回収効率を得た。ネオジム磁石合金の切削粉溶解液を対象に，HDEHP繊維とホウ素吸着繊維の 2 種類の固相抽出材料を核とした分離回収プロセスを構築し，問題点を明らかにした。

　本研究はレアアース価格が急騰した 2011 年に経産省の補助事業（レアアース・レアメタル使用量削減・利用部品代替支援事業）の一環として，実用化研究が千葉大学工学部共生応用化学科バイオマテリアル研究室（斎藤恭一教授），実証研究が株式会社環境浄化研究所（代表取締役／須郷　高信）及び協力会社のサンエス工業株式会社（代表取締役／清水威）で行われた。

1年後の実証事業終了時点では，レアアース価格が急落し，現在は低値安定しているため，本事業の成果は費用対効果の点から実施は難しい。しかしながら，レアアース以外にも白金，パラジウムなど数多くの希少金属が現代産業に欠かせない金属であり，いずれも輸入に頼っている。本稿で説明した放射線グラフト重合法を利用した固相抽出材料はこれら金属の分離回収に利用できると確信している。

文　　献

1) 足立吟也ほか，希土類の材料技術ハンドブック，p3，*NTS*（2008）
2) F. W. E. Strelow *et al*, *Talanta*, **37**, 1155-1161（1990）
3) 吉田 烈ほか，日本化学会誌，**5**，549-554（1993）
4) LANXESS, *Product information LEWATIT VP OC 1026*（2011）
5) E. P. Horwitz *et al*, *Anal. Chim. Acta*, **266**, 25-37（1992）
6) 澤木健太ほか，膜（MEMBRANE），**32**，109-115（2007）
7) D. F. Peppard *et al*, *J. Inorg. Nucl. Chem.*, **7**, 231-244（1958）
8) 中村祐樹ほか，日本海水学会誌，**70**（3）（2016）印刷中
9) 佐々木 貴明ほか，化学工学論文集，**40**，404-409（2014）

[機能性繊維]

第13章　電子線グラフトによる繊維機能化技術の開発

大島邦裕*

1　はじめに

　経済産業省工業統計表によると，2014年の我が国の繊維産業における製造品出荷額は3兆8,223億円（図1）[1]，従業員数は約27万人（図2）[1]であり，それぞれ全製造業の1.3％，4.1％を占めている。1995～2014年の20年間で，繊維産業の出荷額，従業員数は共にほぼ3分の1に減り，事業所数も3分の1以下（図3）[1]に落ち込んでいる。

　原因は，この20年間で繊維製品の急激な海外への生産拠点の移転の影響が大きく，加えて国内の需要不振，コスト面での国際競争力の低下による輸出の激減が挙げられる。一方，我が国の繊維産業は約160地域の産地から成り立っており，繊維産業の衰退は繊維産地の衰退にもつながり，このままの状況では地域経済に与える影響は非常に大きい。更に，現在は落ち着いているものの過去には原油高の影響による原燃料コストの大幅な上昇や2008年のリーマンショック以降は，デフレスパイラルに陥り，メーカーは大変厳しい状況にある。この状況を打開するためには，海外では真似のできない我が国独自の革新的技術による繊維製品の高機能化，高付加価値化が急務となっている。

　これまで天然繊維素材に様々な機能を付与する場合，加工薬剤の使用や合成繊維などの機能性

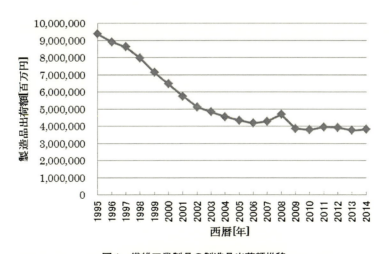

図1　繊維工業製品の製造品出荷額推移

---

*　Kunihiro Ohshima　倉敷紡績㈱　技術研究所　主席研究員

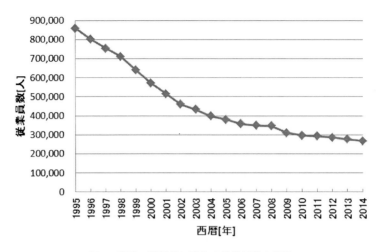

図2 繊維工業製品に関わる従業員数の推移

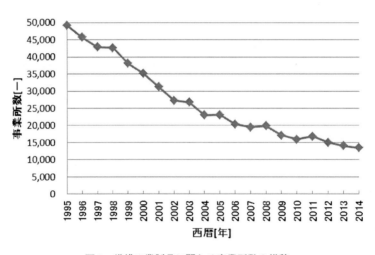

図3 繊維工業製品に関わる事業所数の推移

繊維との複合化が一般的な手法であった。加工薬剤を用いる場合は，繊維への物理的吸着や架橋剤を介した結合により行われている。しかし，加工薬剤を繊維に物理的に吸着させる方法では，洗濯により加工薬剤が徐々に脱落し，初期の効果が低下するという問題点があり，架橋剤を用いて繊維と加工薬剤を結合させる方法は，架橋剤から人体に対する有害性が指摘されているホルムアルデヒドが遊離するなどの問題点がある。一方，合成繊維などの機能性繊維と天然繊維の混紡による複合化の場合は，薬剤を繊維に練り込んでいるため，洗濯による効果の低下を防ぐメリットはあるが，コットンなどの天然繊維の持つ本来の風合いが損なわれる，素材が限定される等の問題があり，いずれも消費者が十分満足しているとは言えない。そのような中で天然繊維のみで永続的に機能を発揮する素材の開発が求められていた。更に繊維の染色・加工は製造工程で水，

第 13 章　電子線グラフトによる繊維機能化技術の開発

染料，加工薬剤，エネルギーを大量に消費し，廃液を生み出している資源エネルギー大量消費型産業と言われている。上記問題点を解決するため，架橋剤や加工方法の改良が行われているが，根本的な解決には至っていない。

そこで電子線グラフト重合技術の活用が衣料用繊維素材に試みられているが，不織布にグラフト加工を行い衣料用芯地として使用した消臭スーツ "デオドラントスーツ" が㈱オンワード樫山よりリリースされた[2]以外は認められていない。

2　地域新生コンソーシアム研究開発事業について～産官学連携～

福井県工業技術センターと福井大学は，共同で電子線照射技術を見直し，1996 年より繊維の機能加工に応用する研究に着手していた。

従来の方法（同時照射法）では，モノマーを繊維内部まで含浸させなければ十分なグラフト率が得られなかった。この場合，膨潤性の高いハロゲン系溶剤など環境によくない溶剤を使用する必要があった。また，水や低級アルコールなどでは繊維が膨潤し，モノマーが十分に含浸せず，十分なグラフト率を得ることができない他，繊維表面に付着しているモノマーの局部的な揮散によるグラフトムラやホモポリマーの生成が見られるという問題を有していた。福井県工業技術センターと福井大学で確立した「フィルムシール方式電子線グラフト重合法」[3]は上記の問題を解決し，生産効率が高く，低コストの連続生産を実用化する可能性が非常に高く，従来の繊維加工の概念を変える加工技術である。

そこで，上記シーズ技術に関して，衣料用繊維に直接グラフト加工を行うことにより，衣料用繊維としての実用を意識した実機レベルの装置を試作開発し，工業生産の可能性を実証するため，公益財団法人ふくい産業支援センター，福井県工業技術センター及び国立大学法人 福井大学を中心として日華化学㈱，ローディア日華㈱，サカイオーベックス㈱，倉敷繊維加工㈱，倉敷紡績㈱でコンソーシアムを組み，経済産業省公募事業 平成 15 年度地域新生コンソーシアム研究開発事業にて平成 15 年 6 月～平成 17 年 3 月の約 2 年間にわたり実用化の実証試験を実施した。その結果得られた成果[4,5]を下記に記す。

①連続生産可能な電子線グラフト重合装置の開発（図 4）。
　　照射幅 1,600 mm のフィルムシール方式電子線グラフト重合装置を試作し，加工均一性等を実証。
②繊維加工用機能性モノマーの開発や水難溶性モノマーの乳化技術の確立。
③最適加工条件とそのデータベース化
　　綿，ポリエステル綿混，ウール，ポリエステル，ナイロン，トリアセテート，レーヨン，ポリエチレン等の素材に対するグラフト加工条件を確立。しかし，開発装置ではポリエステルの加工は不可。
④50～100 回の洗濯耐久性を実証し，高耐久性機能加工を実現。

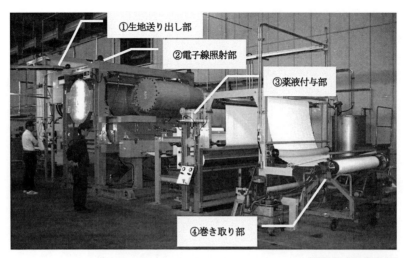

(弊社徳島工場設置)

図4 連続生産可能な電子線グラフト重合装置

<装置仕様>
照射幅：1,600 mm　最大加速電圧：200 kV　最大処理量：1,000 kGy·m/min
加工速度：10～70 m/min　電子線均斉度：±7.5％
(巻き取り後，反応－洗浄－乾燥は，既存の染色加工設備を利用。)

3　EBRIQ®について

当社では，これら地域新生コンソーシアム研究開発事業の成果を受け，事業終了後，営業－技術－マーケティンググループが三位一体となった社内プロジェクトを立ち上げ，衣料用繊維として使用できる実用レベル，即ち強力，染色堅牢度（染色性，色合わせ含む），風合い及びコストを意識した商品開発を行った。

その結果，平成20年6月に電子線グラフト重合加工ブランド名「EBRIQ®（イブリック）」(Electron Beam（電子線）＋Fabric（生地）＋IQ（インテリジェンス）を由来とする造語）をリリースした（図5）。

4　EBRIQ®のメカニズムと特長

EBRIQ®は，医療用ディスポ製品の滅菌や高分子材料の架橋など最先端分野で活用されている電子線を天然繊維の改質に応用したグラフト重合技術である。電子線の照射によりコットン等の天然繊維の表面を活性化させ，そこに機能薬剤を分子レベルで強固に結合させることができることが大きなポイントである（図6）。

そのため，次の3つの特長を出すことができる（図7）。

第 13 章　電子線グラフトによる繊維機能化技術の開発

図5　EBRIQ®ブランドロゴ

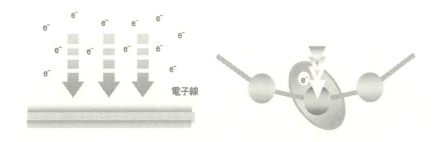

①生地に電子線を照射　　　　　　　　②分子を活性化
　　　　　　　　機能物質が反応しやすいように分子を活性化する

③機能性物質を結合　　　　　　　　④分子レベルで強固に結合
機能性物質が反応し、活性化した分子と結合　　高い洗濯耐久性が得られる。

図6　EBRIQ®加工メカニズム

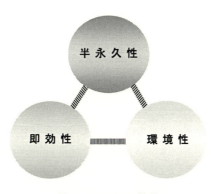

図7　EBRIQ®の特長

133

(1) 繰り返しの洗濯でも繊維からの機能薬剤が脱落することがなく，半永久的に機能性を持続することができる。
(2) 機能薬剤が繊維の表面で効率的に働き，即効性や高性能の機能が実現できる。
(3) 反応効率が高く加工薬剤のロスが少ないので，少量の加工薬剤で高い効果が得られ，環境への負担を軽減できる。

5　EBRIQ®シリーズのラインアップ

EBRIQ®は，表1に示すように結合させる機能薬剤により，様々な機能を半永久的に付与することができる。

6　EBRIQ®の各機能について

EBRIQ®シリーズの各機能について，以下詳細を示す。

6.1　EBRIQ®消臭

EBRIQ®消臭は，機能性薬剤としてカルボキシル基を有する反応性モノマーを用いることにより，基材の繊維にカルボキシル基を導入することができ，このカルボキシル基がアンモニアと化学的に中和反応することにより，消臭機能が得られる。その性能を図8及び図9に示す。図8及び図9に示す通り，即効性があり，且つ高い洗濯耐久性が認められる。

6.2　EBRIQ®抗菌

EBRIQ®抗菌は，機能性薬剤として抗菌性モノマーを用いることにより，基材に抗菌性を示す官能基を導入でき，抗菌機能が得られる。その性能を表2に示す。表2に示す通り，耐久性のある抗菌性が認められる。

表1　EBRIQ®シリーズラインアップ

機　能	機　能　概　要
消　臭	アンモニアやアミンなどを素早く大量に吸着・消臭する。
抗　菌	繊維上の細菌（黄色ブドウ球菌や肺炎桿菌など）に対して優れた抗菌効果を持つ。
湿潤発熱	空気中の水蒸気を吸収して発熱する。
防　炎	綿100%の防炎加工が可能。日本防炎協会認定取得。
接触冷感	未加工品との Qmax の差 $\Delta Qmax$ が $0.02\ W/cm^2$ 以上。 Qmax：接触温冷感測定値［W/cm^2］（瞬間的な熱移動量を測定。）
保　湿 （潤布）	天然由来の保湿成分を固定化。
機能複合	春夏用：接触冷感＋消臭＋抗菌。　　秋冬用：湿潤発熱＋消臭＋抗菌。

第13章　電子線グラフトによる繊維機能化技術の開発

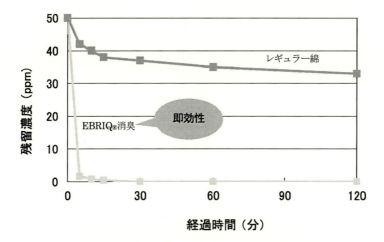

図8　EBRIQ®消臭のアンモニア消臭試験結果

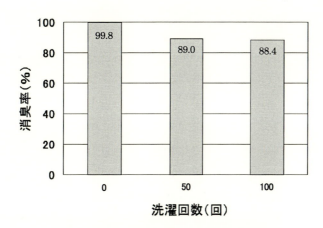

図9　EBRIQ®消臭のアンモニア消臭耐久性

表2　EBRIQ®抗菌の各菌種に対する抗菌活性値

洗濯回数 ［回］	黄色葡萄球菌	MRSA （メチシリン耐性黄色葡萄球菌）	肺炎桿菌
0	3.4	3.5	4.4 以上
10	3.7	3.5	4.4 以上
50	3.7 以上	3.5	4.4 以上

注）抗菌性基準：抗菌活性値が2.0以上で抗菌性あり

6.3　EBRIQ®湿潤発熱

EBRIQ®湿潤発熱は，基材に湿潤発熱性を示す官能基を持つ機能性薬剤を導入することによって得られる。その性能を図10に示す。図10に示す通り，レギュラー綿と比較して，最大温度差2℃という高い湿潤発熱性能が認められる。

EB技術を利用した材料創製と応用展開

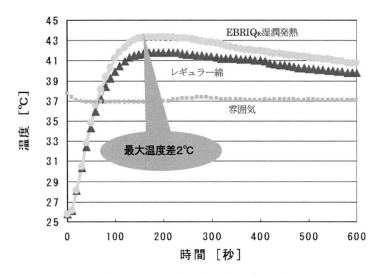

図10 EBRIQ®湿潤発熱の湿潤発熱性能

絶乾状態（室温，0％RH）から湿潤状態（37℃，90％RH）に移した際の生地の温度上昇を経時的に計測。

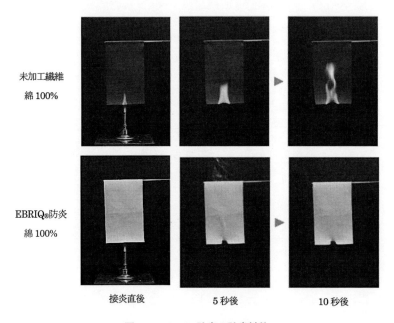

図11 EBRIQ®防炎の防炎性能

6.4 EBRIQ®防炎

EBRIQ®防炎は，機能性薬剤として防炎性を持つモノマーを用いることにより，基材に防炎性を示す官能基を導入でき，防炎性能が得られる。その性能を図11に示す。図11に示す通り，接炎後，未加工繊維は炎が広がるのに対し，EBRIQ®防炎はすぐに消火することから，高度な防

第13章 電子線グラフトによる繊維機能化技術の開発

炎性能が認められる。

6.5 EBRIQ®接触冷感

EBRIQ®接触冷感は,機能性薬剤として基材の水分率を上げるモノマーを用いることにより,接触冷感性を示す官能基を導入でき,接触冷感性能が得られる。その性能を図12に示す。図12に示す通り,未加工繊維と比較してQmaxの値に0.02 W/cm²以上の差があり,耐久性のある接触冷感性能が認められる。

6.6 EBRIQ®保湿

EBRIQ®保湿は,"ANYTIME®(エニータイム)〜潤布(うるぬの)〜"として,化粧品にも使用される素材を本技術で固定化することにより,保湿性を付与した加工である。そこで,人工的に肌を荒らした後,EBRIQ®保湿を装着すること(対照として未加工繊維を装着)により肌への影響を調べた結果を図13及び14に示す。図13及び14より,未加工繊維と比較して,角層水分量が上昇し,皮膚バリア性の指標である経皮水分蒸散量が抑制されていることから,荒れた肌に対して改善する傾向が認められた。

6.7 EBRIQ®機能複合

EBRIQ®機能複合は,上記機能の複合として,春夏向けは接触冷感・消臭・抗菌,秋冬向けは湿潤発熱・消臭・抗菌としてリリースした。

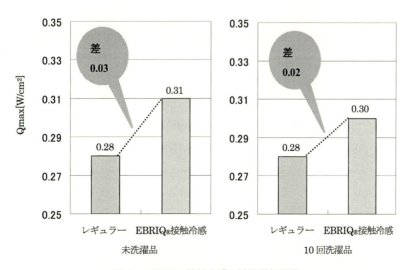

図12 EBRIQ®接触冷感の性能評価結果

Qmax:接触温冷感測定値(瞬間的な熱移動量を測定)
通常,未加工品との差が0.02 W/cm²あれば,涼しいと感じると言われている。

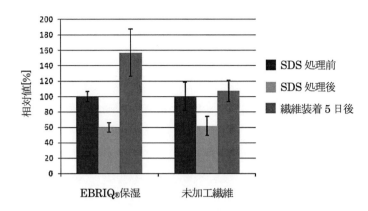

図13 EBRIQ®保湿の角層水分量に及ぼす影響
※ 3% SDS（ラウリル硫酸ナトリウム）を30分間貼付し，肌荒れを惹起した後，EBRIQ®保湿及び未加工繊維を装着。
角層水分量を測定。値が大きい程，良い。
SDS処理前を100%とし，SDS処理後，装着5日後の値を換算。

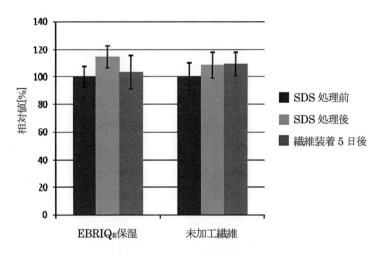

図14 EBRIQ®保湿の経皮水分蒸散量に及ぼす影響
※ 3% SDS（ラウリル硫酸ナトリウム）を30分間貼付し，肌荒れを惹起した後，EBRIQ®保湿及び未加工繊維を装着。
経皮水分蒸散量を測定。値が小さい程，良い。
SDS処理前を100%とし，SDS処理後，装着5日後の値を換算。

第13章　電子線グラフトによる繊維機能化技術の開発

7　今後について

　電子線グラフト重合技術により改質された繊維は，機能性を発現するグラフト鎖が繊維に化学結合していることから，洗濯等に対する耐久性が非常に高いことが特長である。素材としては綿などの天然繊維からポリエチレンやポリプロピレンなどの不活性な合成繊維にまで，また，形態としては，布帛，ニット及びワタ（原料）にも加工が可能であり，特にワタ（原料）に加工することにより，その利用幅が大きく広がることが期待される。各種の官能基を導入することができ，また，繊維表面からその内部に至るまで改質領域も制御できることから，表裏異機能等，様々な機能化を展開できるものと思われる。

　現在，高機能化繊維の開発では世界トップレベルの技術力を有する我が国の繊維加工業界が，今後もその技術水準を維持するためには，電子線照射技術も不可欠な戦術の一つと思われる。この技術が更に広がり進展することを期待したい。

文　　献

1) http://www.meti.go.jp/statistics/tyo/kougyo/archives/index.html
2) 斉藤恭一，須郷高信，化学セミナー　猫とグラフト重合，p.8，丸善㈱（1996）
3) 特許第3293031号　"フィルムシール方式によるグラフト化繊維の製造法"
4) 平成15年度地域新生コンソーシアム研究開発事業　"連続生産を目指した電子線グラフト重合法による繊維機能化技術の開発"成果報告書2004
5) 平成16年度地域新生コンソーシアム研究開発事業　"連続生産を目指した電子線グラフト重合法による繊維機能化技術の開発"成果報告書2005

第14章 機能性衣料品，介護用品および衛生材料への応用

須郷高信*

1 はじめに

日本初の国産動力炉が発電に成功した1963年には，放射線エネルギーの工業利用に関する研究センターとして，日本原子力研究所高崎研究所（原研高崎）（現：量子科学技術研究開発機構高崎量子応用研究所）が設立された。1965年には高圧のエチレンガスに Co-60 γ 線を照射してポリエチレンを重合する産官学のプロジェクトが世界に先駆けて発足し，第一期生として参画した。

気体のエチレンから固体のポリエチレンが無触媒の状態で直接生成するため，反応条件に大きく依存し，超微粒子や綿菓子状の不思議な形態が得られた。著者は放射線気相重合で得られたポリエチレンの特性を解明する担当になった。重合体は気体から固体への成長過程で結晶構造が生成するため，既存のポリエチレンとは異なった物性を示した。γ 線照射場で気相重合したポリエチレンは分子量が50万程度に成長し，直鎖状ポリエチレン構造では物理的特性が説明できなくなっていた。当時の高崎研究所には最新の ESR，NMR および XMA が導入され，ポリエチレンの重合過程での長鎖状側鎖が成長する反応機構が明らかになってきた。この知見を検証するため，既存の直鎖状ポリエチレンに加速電子を高密度で照射した後，気体のビニルモノマーを導入して，成長鎖ラジカルの挙動を ESR で追跡した。これが，前照射法による放射線グラフト重合を利用した機能性材料開発に専念する機会となった。この知見を発展させ，既存のポリエチレン素材に前照射グラフト重合法で導電性ポリエチレン膜の連続合成技術の開発を進めた。

国の基礎研究成果を民間企業へ技術移転する実用化事業が推進され，1978年に新技術開発事業団（現：科学技術振興機構）から開発委託を受け，1983年には前照射グラフト重合技術を応用した長寿命電池用隔膜の工業化に成功し，腕時計用安定電源として現在でも利用されている。ポリエチレン素材への電子線照射は架橋構造を伴うため充放電型二次電池用隔膜としても20年の長寿命化を達成し，電車用大型バックアップ電源として採用されるようになった[1,2]。

1985年から荏原製作所との共同研究として放射線グラフト重合技術を応用したイオン交換不織布の製造技術の研究を進めた。1990年代には半導体の集積回路（IC）の高密度化が進み半導体製造工程での超清浄空間と超純水の高度化技術の要求が高まった。従来の活性炭フィルタの使用では高密度 IC の精度は限界に達した。そこで，クリーンルーム内の極微量のガスを除去する

---

* Takanobu Sugo ㈱環境浄化研究所　代表取締役社長

第14章 機能性衣料品，介護用品および衛生材料への応用

ためのケミカルフィルタの合成技術を確立し，金属触媒が不要な放射線グラフト重合による精密フィルタの実用化を達成した。

2000年には電子線照射とグラフト重合工程を一体化した電子線前照射型連続グラフト重合装置を稼働させ，5万メートルの連続生産を達成し，現在でも安定に稼働を継続している[3,4]。

1996年にはグラフト重合と二次反応を一体化した幅2mの連続合成装置を稼働させ，アクリロニトリルをグラフト重合した後にアミドキシム基を導入し，海水ウラン選択捕集材料や希少資源選択捕集材料の合成技術を確立した[5]。

1999年には青森県下北半島7km沖合での海洋実証試験と陸上での分離濃縮プラントを完成させ，1kgの高純度イエローケーキと五酸化バナジウムの分離精製に成功した[6,7]。2000年には沖縄県恩納村での海洋実証試験に成功し，海洋資源利用に関するコスト試算を行った[8]。1998年からは倉敷紡績，倉敷繊維加工との共同研究により機能性繊維製品の実用化研究を進めた。

1982年からは斎藤恭一教授（現：千葉大学大学院工学研究科共生応用化学科 教授，当時：東京大学工学部化学工学科）との協力研究を開始し，海水ウランの選択捕集材料の開発，タンパク分離膜，重金属やレアメタル選択分離材料などの研究により30年以上経過した現在でも産学連携事業を積極的に推進している[9〜11]。

1999年には，「暮らしに役立つ放射線」を目指し，原研ベンチャー支援制度の第一号に認定され，原研構内に株式会社環境浄化研究所を設立した。現職と企業経営を兼職して，放射線グラフト重合技術を応用した機能性製品を開発し，衣料品，介護用品，衛生材料，除染材料や工業材料などの普及活動を進めた[12,13]。

2 消臭機能材料の合成

図1に消臭機能材料の合成工程の一例を示す。既存の繊維素材にグリシジルメタクリレート（GMA）をグラフト重合した後，スルホン基やアンモニウム基を導入し，イオン交換繊維を合成した。前照射グラフト重合法は重合性モノマーが直接照射されることが無く，単独重合が抑制さ

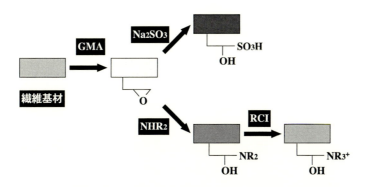

図1 放射線グラフト重合法を利用したイオン交換樹脂の合成工程

れるため重合度の制御が容易であり，反応性の高いアクリル酸（AAc）やビニルベンジルトリメチルアンモニウムクロライド（VBTAC）など，目的に応じた幅広い選択が可能となった。繊維基材は綿やウールの天然素材の他，ポリエチレンやナイロンなどの合成繊維が利用できるため，各種機能性材料の合成が可能となり，暮らしに役立つ放射線利用技術を実用化することができた。

図2にアンモニア，図3はトリメチルアミンに対する消臭性能を示す。アンモニアおよびアミン系悪臭は汗や体臭，排水溝などの生活臭，魚貝類，肉類などの他，食品加工工場や畜産業などで大きな環境汚染の問題になっている。従来技術で広く利用されている活性炭などは主に物理的吸着効果を応用したものであり，湿度や水分，温度などの影響を受けやすく，吸着した悪臭成

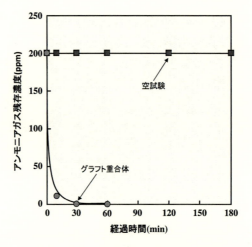

図2　アンモニアに対する消臭性能評価結果

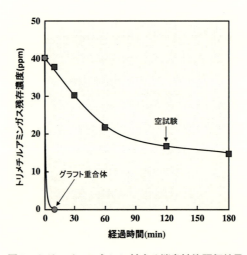

図3　トリメチルアミンに対する消臭性能評価結果

第14章　機能性衣料品，介護用品および衛生材料への応用

分を環境の変化に伴って再放出することが大きな課題となっていた。放射線グラフト重合法で合成した消臭材料は水中でも効果を発揮するため，温度や湿度などの環境変化の影響をほとんど受けないことが大きな特徴である。

　図4に洗濯耐久性の結果を示す。綿糸へのアクリル酸グラフト重合繊維は洗濯回数100回後でも消臭機能の低下は10％以下であり，衣料品や介護用品などへの応用に適している。

　図5，6，7はホルムアルデヒド，酢酸，硫化水素に対する消臭効果を示す。放射線グラフト重合による消臭繊維は悪臭に合わせた官能基の選択と共重合反応が可能であり，または異なる官能基を導入したグラフト重合繊維を混紡することで高機能化繊維の製品化が可能となった[14, 15]。

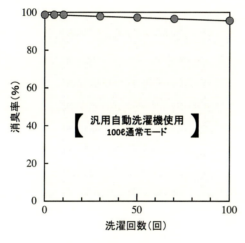

図4　洗濯耐久性試験結果

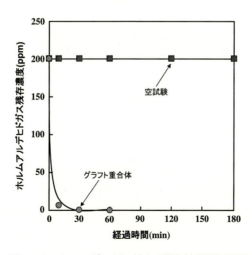

図5　ホルムアルデヒドに対する消臭性能評価結果

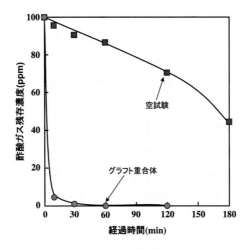

図6　酢酸に対する消臭性能評価結果

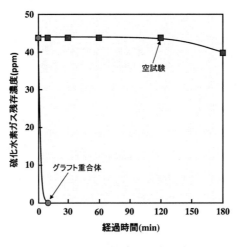

図7　硫化水素に対する消臭性能評価結果

3　機能性衣料品および生活介護用品の実用化事例

　写真1に消臭原糸を織り込んだ衣料品の一例を示す。これらの衣料品は染色技術とファッション性を兼ね備えるとともにマーケッティングが重要な要素となる。本製品は繊維，アパレル，流通の各業界の協力を得て全国規模での店舗展開を進めた結果，財団法人店舗システム協会から衣料品・日用品部門のビジネスモデル奨励賞を拝受するに至った。写真2，3，4は大手通販紙面の一部を引用した。写真2左の寝具は長期間使用するものであり，消臭機能と洗濯耐久性が重要視される。本品は100回の洗濯耐久性が実証済であり，十分な機能を発揮することが確認された。この技術を発展させて介護医療施設の寝具への応用が進められた。写真2右の失禁ショー

第14章　機能性衣料品，介護用品および衛生材料への応用

　　（ミントンハウス）　　　　　（ウイッテム）　　　　　（ニット製品）

写真1　消臭原糸を織り込んだ消臭衣料品の一例

写真2　グラフト重合繊維製品の一例

写真3　消臭紙製品の一例

ツは吸水，消臭機能に合わせてファッション性が重要視されるため，各専門企業との協力を得て製品化を進めた．写真3は高伸縮性紙ロールに印刷と裁断加工技術を応用した軽失禁パンツである．伸縮性に優れた紙製品のため，軽量でフィット性が高く，介護のイメージを一新させた素材として好評を得ている．写真4は男性用介護パンツの実用化事例を示す．男性用は吸水能力の要求が大きいため，150 ccまでの大容量型トランクスとして吊式吸水層を設置し，長時間外出に対応可能な健康長寿社会への貢献を目指した．機能性繊維製品は優れた性能が評価され，高齢者だけでなく若年層にも支持されるようになり，年間売上高で上位にランクインすることがで

きた。

　高齢化社会が進むに伴ってペットが家族の構成に加えられ，屋内で生活を共にするだけでなくドライブや旅行に参加するようになってきた。ペットブーム時代の生活環境の向上を目指して，高機能ペット用品の開発を進めた。写真5にお出掛け用ペットシーツの一例を示す。旅行中の車内やホテルではペット臭の対策が厳しくなるため高性能な消臭吸水機能材料の需要が高まってきた。グラフト重合技術を応用して，猫砂や犬猫用の消臭衣類の商品化を進めた。

　消臭などの多機能性繊維製品の需要は高齢者の時代から若年層へと拡大の傾向にあり，放射線グラフト重合技術を発展させ，有力百貨店との提携により，紳士，婦人，インナー，寝具，介護，スポーツ，ペット用品などの各種高機能繊維製品「DeoRex」ブランド（意匠登録済）で生活用品市場への参入を果たした[16]。

　国立研究機関の基礎研究から生まれた放射線利用技術が，地域特有の企業と連携し，合成，染

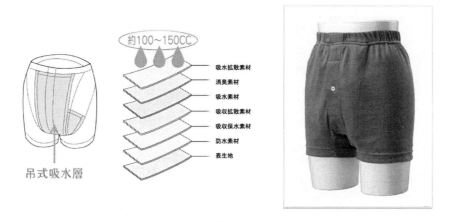

写真4　グラフト重合による介護用品の一例

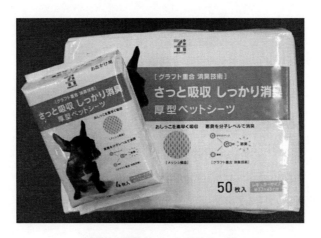

写真5　機能性ペット用品の一例

第 14 章　機能性衣料品，介護用品および衛生材料への応用

色，紡織，アパレルの各専門分野がそれぞれの特性を出し合ってネットワークを構築してコストの低減化を進めることで新興のベンチャー企業が大手市場への参入を図ることができた。

4　衛生材料への応用

　咽喉のうがい薬で知られているポビドンヨード（商品名：イソジンガーグル）はウイルスやMRSA，セラチア菌などの抗生剤に耐性のある細菌や真菌などに対して殺菌作用が高く，世界各地の医療機関で利用されている。ポビドンヨードは水溶液で使用し，乾燥に伴って効果が低下するため使用方法や使用期間に限界があった。この問題点を解決する目的で，放射線グラフト重合技術を応用して，ポビドンヨード（ポリビニルピロリドン・ヨウ素錯体）を繊維や織布，不織布，フィルタ素材などに安定に固定化する技術を開発した。図 8 に共グラフト重合工程の概念図を示す。この技術を発展させて既存の繊維加工素材にビニルピロリドン（NVP）と VBTAC との共重合体を工業生産することができた。

　グラフト重合ポビドンヨードフィルタの殺菌性能を医学系大学研究機関で測定した結果，図 9 に示すように，院内感染菌として大きな社会問題になっている MRSA に対して優れた殺菌効果を発揮することが確認されるとともにセラチア菌に対しても同様な結果が得られた。図 10 に示

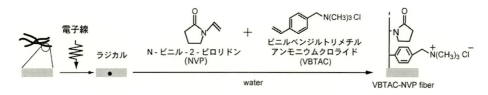

図 8　共グラフト重合工程の概念図

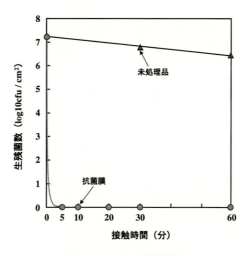

図 9　MRSA の生残菌数

すように，インフルエンザウイルス（A型）に対しても感染価の著しい低下が確認され，風邪対策マスクとして有効であることが認められた[17]。

写真6は風邪対策マスクの商品化の一例である。繊維素材にNVPとVBTACの共重合体を生成することにより，40 mV以上のゼータ電位が得られ，静電吸着による微粒子の捕捉効果が確認された。メルトブロー成形による不織布技術とグラフト重合技術を融合することにより0.1 μm

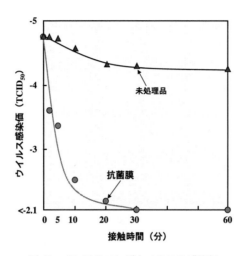

図10　インフルエンザウイルスの感染価

写真6　風邪対策マスク製品の一例

第 14 章　機能性衣料品，介護用品および衛生材料への応用

の微粒子を 99％カット（財団法人カケンテストセンター測定）するとともに風邪対策マスクとして有効であることが確認された。この技術を発展させて，大気汚染対策（PM 2.5 やウイルス対応）のマスクや高機能空気清浄装置など高機能性繊維材料を応用した環境浄化製品の企業化を進めた。

5　おわりに

　放射線グラフト重合技術は既存の素材の特性を損なうことなく新しい機能を導入する方法として優れている。既存の繊維素材に新しい機能を付与することで，防塵性，吸水性，速乾性，印刷性，消臭性が向上し，衣料，寝具，介護，スポーツ，ペット用品など，機能性繊維製品の市場は益々拡大の傾向になっている。電子線照射法は織布，不織布，繊維，膜，フィルタ素材などの既存の材料の高機能化技術として福島原発事故の放射性汚染物質や鉱山廃水中のカドミウム，六価クロム，希少金属など環境浄化や資源回収技術として今後の発展が期待される[18, 19]。

文　　献

1) 須郷高信，化学工業，**49**, 53（1998）
2) 丹宗紫朗，ユアサ時報，**59**, 35（1985）
3) 藤原邦夫，エバラ時報，**216**, 11（2007）
4) 藤原邦夫，放射線化学，**88**, 33（2009）
5) 須郷高信，日本海水学会誌，**20**, 51（1997）
6) 須郷高信，日本海水学会誌，**66**, 19（2012）
7) 須郷高信，日本海水学会誌，**67**, 85（2013）
8) 須郷，玉田，瀬古，清水，魚谷，鹿島，日本原子力学会誌，**23**, 125（2001）
9) 斎藤恭一，須郷高信，猫とグラフト重合，丸善出版（1996）
10) 斎藤恭一，須郷高信，グラフト重合のおいしいレシピ，丸善出版（2008）
11) 斎藤恭一，藤原邦夫，須郷高信，グラフト重合による高分子吸着材革命，丸善出版（2014）
12) 須郷高信，放射線化学，**90**, 3（2010）
13) 須郷高信，放射線化学，**100**, 47（2015）
14) 須郷高信，包装技術，**28**, 12（1990）
15) 須郷高信，空気清浄，**34**, 1（1996）
16) 須郷高信，加工技術，**7**, 403（2014）
17) 須郷高信，分離技術，**35**, 8（2005）
18) 須郷高信，繊維機械学会誌，**66**, 1（2013）
19) 須郷高信，放射性物質汚染対策，NTS, 161（2012）

第15章　電子線エマルショングラフト重合及びこれを利用したバイオディーゼル燃料転換用触媒の開発

瀬古典明[*1], 植木悠二[*2]

1　はじめに

　冒頭で概説のある放射線グラフト重合は，高分子加工法の一つで，様々な機能を付与できる優れた手法である。しかしながら，グラフト重合により得られる材料を実用化するためには，その合成コストの低減が重要な課題となっている。グラフト材料の大凡の製作コスト内訳を図1に示す。この図から製作には照射費用が大半を占めており，製造の低コスト化にはこの照射に係る費用を低減することが重要であることがわかる。そこで，材料合成時の低線量化が可能な新しいグラフト重合法の開発を進めた。グラフト重合には気相重合，含浸重合など，グラフト重合時に反応溶媒を不要とする手法があるが，均質な材料に仕上げるためにはモノマーを良溶媒に溶解させて用いる液相法が一般的であり，モノマーとの相溶性の関係から多くは有機溶剤が用いられる。放射線グラフト重合で使用するモノマーは，水に不溶なものが多く，メタノールなどの有機溶媒で希釈して用いることが常法である。しかし，水に不溶なモノマーも系に界面活性剤を混ぜることでモノマーを水中に均一に分散させることができる。そして，この原理を利用した乳化

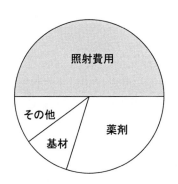

図1　グラフト重合材料の合成にかかる費用内訳

[*1]　Noriaki Seko　（国研）量子科学技術研究開発機構　量子ビーム科学研究部門　高崎量子応用研究所　先端機能材料研究部　プロジェクトリーダー

[*2]　Yuji Ueki　（国研）量子科学技術研究開発機構　量子ビーム科学研究部門　高崎量子応用研究所　先端機能材料研究部　主幹研究員

第15章　電子線エマルショングラフト重合及びこれを利用したバイオディーゼル燃料転換用触媒の開発

（エマルション）状態でグラフト重合が進行することがわかってきた。この水系で重合すると，著しく反応効率が向上することに加え，反応溶媒として使用してきた有機溶剤が不要となるため，反応後に生成される廃液も大幅に低減できることから，環境負荷低減に大きく寄与できる重合プロセスである。

本章ではこの新しい電子線エマルショングラフト重合とこの手法を活用して開発したバイオディーゼル燃料（BDF）転換用触媒について述べる。

2　電子線エマルショングラフト重合

放射線を用いたグラフト重合では，グラフト重合後に様々な官能基（吸着機能や触媒機能）が導入可能なエポキシ基を有するグリシジルメタクリレート（GMA）をモノマーとして用いることと多い。そこで，エマルショングラフト重合の特徴をこのGMAの反応による系で紹介する。

GMAの電子線エマルショングラフト重合では，汎用性の高いドデシル硫酸ナトリウム（SDS）及びポリオキシエチレンソルビタンモノラウレート（Tween20）を界面活性剤として用い，各々混合させて得られるGMA溶液中に形成するモノマーの粒子（ミセル）を調べることで，その反応効率を評価した。基材のポリエチレン繊維に電子線を照射後，GMAのエマルショングラフト重合を行い，反応時間と反応率（グラフト率：反応前後の繊維の重量比により算出）の関係を有機溶媒の反応系と比較した。GMAとSDSの相溶性試験では，GMA濃度5％でSDS濃度を0.2％から12％に変化させて行ったところ，SDS濃度が0.5％以上で混合溶液は透明になった。この5％GMA/0.5％SDSの系におけるグラフト重合の検討では，図2に示すように，エマルション系では反応が促進され，3時間の反応でグラフト率は150％に達し，従来の有機溶媒の系に比較して，約10倍の速さで重合が進行することがわかった[1]。また，モノマーと界面活性剤で形成するエマルション溶液中のミセルの径が増大するにつれ，グラフト率が低下する傾向が見られたことから，モノマーと界面活性剤の組み合わせ及びそれらの濃度調整により，ミセル径を制御することでグラフト反応速度も制御可能になることが示唆された。

そこで，さらにミセル径を小さくするために，Tweenシリーズの界面活性剤を用いてミセルの径との関係を調べた結果，図3に示すように，GMAのミセル径は0.1〜0.5 μm程度であり，特に，Tween20を用いた際に最も小さくなる傾向を示した。この最小径が得られるGMA/Tween20の系では，図4に示すように，従来の有機溶媒を用い，かつ200 kGyという照射条件の反応系に比較して，電子線エマルショングラフト重合では30 kGyの線量で目的とするグラフト率を得ることができた[2]。さらに必要なグラフト率を得るためのグラフト重合時間も大幅に短縮することが可能である上，グラフト材料の合成時の反応溶媒を有機溶剤から水に代えることだけで，廃液の発生量を20分の1に低減することを可能にした。この成果を基に，微量の金属を除去できるスルホン酸基を導入したグラフト材料の合成プロセスの最適化に成功し[3]，市販樹脂材料に比べて2,000倍程度高速に処理ができる，半導体の製造プロセスで必須な洗浄用の超純水

151

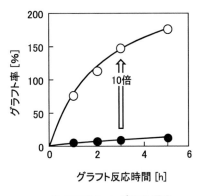

図2 水系エマルショングラフト重合と有機溶剤系グラフト重合による反応効率の相違
○:エマルショングラフト重合
●:有機溶媒によるグラフト重合

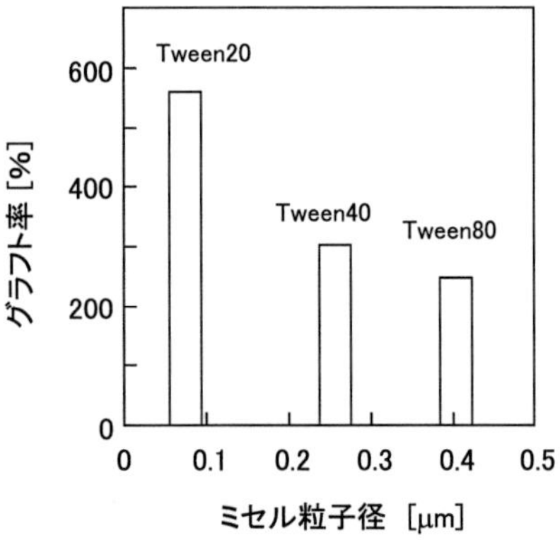

図3 グラフト率のミセル径依存性

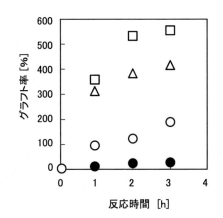

エマルショングラフト重合;○:10 kGy, △:30 kGy, □:40 kGy
有機溶媒によるグラフト重合;●:200 kGy

図4 エマルショングラフト重合によるグラフト率の改善効果

フィルターの実用化に繋げた。

　低線量化を実現できたことは，工業的，環境的にも非常に有利であると言える。例えば，放射線照射に対して強度劣化が否めない植物由来のセルロースなどを基材に適応できるようになると，基材種の適用範囲が非常に広くなる。つまり，グラフト材料の基材を合成高分子から天然高分子に代えることで，環境に優しいエコマテリアルを安価で創ることができるようになる。具体的には，セルロース誘導体の繊維を用いたエマルション重合を例に説明する。セルロース製の不織布をエマルショングラフト重合の基材に選択しGMAをグラフト重合した後，このGMAのグラフト材料にアミノ基の導入を試みた。その結果，基材に導入したアミノ基により，水銀などの

第15章 電子線エマルショングラフト重合及びこれを利用したバイオディーゼル燃料転換用触媒の開発

重金属に対して極めて良好な吸着性能を示す吸着材を得ることができた[4]。ここで，エコマテリアルという特徴は，使用済みの材料を生分解によって廃棄できるという点にある。グラフト率100％〜150％程度のグラフト重合体にアミノ基を導入した材料は，基材に対してグラフト高分子鎖の割合が多くなり，セルロースの有する生分解能を保持することが困難であることが予想されたが，図5に示すとおり，グラフト鎖を構成するアミノ基およびエステル基の分解により生分解することを見出した[4]。この成果は，特に，東南アジア諸国で特産物として扱われているケナフやジュートといった植物由来の高分子繊維の有効活用法として提案したい。現在，これら産物の用途には限界があり，そしてその多くは廃棄されていることが多い。仮に，これら天然高分子からなる，特に廃棄物を利用した吸着材などへの材料利用が可能になれば，これらの諸国における今後の経済成長に寄与することができると思われる[5,6]。

次に，電子線エマルション重合反応では，形成したミセル粒子が反応初期においては基材表面と接触して反応が開始するため，表面の機能化に優れており，その反応速度は極めて速い。そのため，これまでのグラフト重合においてモノマーとしての利用が困難であった酢酸ビニルなどの適応が可能となる。酢酸ビニルモノマーのグラフト重合への利用率は極めて低いものではあるが，材料の表面のみを機能化するには充分なグラフト率を得ることができる。この様な例として，ポリヒドロキシブチレート（PHB）の生分解性制御に関する研究を例に挙げる[7,8]。生分解性が高いPHBは，微生物により産生できる材料として注目されているが，故にその分解性により応用範囲に制限があった。PHBは酵素により表面から優先的に分解されるが，その生分解機能を抑制することで，石油系のプラスチックと同様に長期間安定して使用できる可能性を秘めている。そこで，PHBの表面を非生分解性成分である酢酸ビニルで覆い，その生分解速度の制御を図った。グラフト率が5％までは徐々に生分解機能を消失し，5％以上で分解性を示さなくなった。しかし，グラフト重合した酢酸ビニルのグラフト部分を室温で8時間アルカリ処理し，加

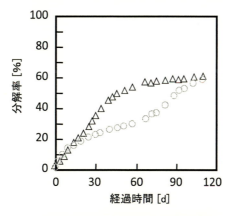

○：グラフトしたセルロース製不織布
△：セルロース製不織布基材（未修飾）

図5 グラフトセルロースの生分解性能

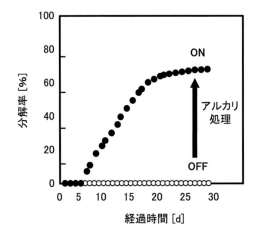

○：酢酸ビニルをグラフトしたPHBの生分解率
●：グラフト化PHBのアルカリ処理後の生分解率

図6　グラフト化PHB及びアルカリ処理後のPHBの生分解性能

水分解してポリビニルアルコール鎖に転換すると，再び生分解性が発現することがわかった（図6）。これにより，完全にPHBの生分解能をOFF-ON制御できることを示すことができた。

3　バイオディーゼル燃料

　これまでのグラフト重合では，吸着機能の導入，生分解性の制御などの機能を付与する目的が多く開発が進められてきたが，最近ではこの機能性基に触媒作用を持たせる研究例も増えてきた。そして，その利用が現実的となってきたことから，この触媒作用を活用したバイオディーゼル燃料（BDF）転換用グラフト触媒について記載する。

　BDFは，菜種油や廃食油などの動植物性油脂とアルコールとの化学反応により得られる脂肪酸エステルの総称であり，その物理的・化学的性質は軽油に比較的近い。また，BDFは，原料となる油脂が動植物性由来であるため二酸化炭素の排出量がゼロカウントである（カーボンニュートラル），軽油に比べて排ガスがクリーンである（低SOx・低黒煙），既存のディーゼルエンジンを改良することなく使用可能である，軽油との混用が可能であるなどの優れた特長も併せ持つ。そのため，地球温暖化防止対策やエネルギー源の多様化の観点から更なる普及が期待されている環境調和型軽油代替燃料である。2014年時点での世界のBDF生産量は約300億リットルに達し，近年では，これまでBDF生産をリードしてきた欧米に加え，南米・アジア諸国でのBDF導入も積極的に進められている。

　原料となる油脂には，トリグリセリドと遊離脂肪酸の2種類の成分が含まれており，現在は，反応溶液に溶ける触媒を用いる均一触媒法（溶液触媒法）の一部のみが工業プロセスとして実用化されている。現行の均一触媒法では，まず硫酸などの酸触媒を用いて遊離脂肪酸をBDF化

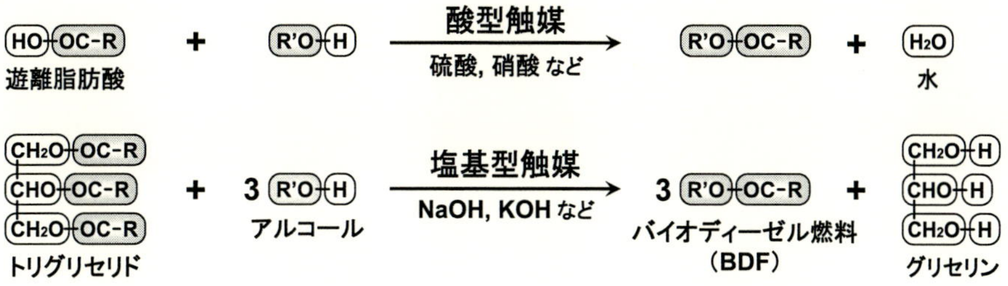

第15章 電子線エマルショングラフト重合及びこれを利用したバイオディーゼル燃料転換用触媒の開発

図7 遊離脂肪酸, 及び, トリグリセリドのBDF化反応

（エステル化）した後，残存するトリグリセリドを水酸化ナトリウムなどのアルカリ触媒を用いてBDF化（エステル交換）する二段階反応法が主流である（図7）。しかし，この均一触媒法では，反応溶液中に溶解した各種溶液触媒を分離・除去するための煩雑な処理工程を必要とする，触媒の再利用が不可能である，また，触媒除去のための水洗工程において，大量の酸・アルカリ廃液が発生するため，BDF製造設備と一緒に廃液処理設備の導入も必須となるなど，製造コストの高騰や環境負荷の増大に係わる問題を抱えている。近年では，上記の問題を解決すべく，リパーゼ酵素法，超臨界メタノール法，金属酸化物法，固体触媒法などの新たなBDF製造方法が研究されている。なかでも，多孔性イオン交換樹脂を触媒として利用する不均一固体触媒法は，触媒が反応溶液に溶解することがないために触媒分離工程を簡略化することができる，また，樹脂により油脂中の不純物である色素成分を吸着除去することができるため高純度なBDFを得ることができるなどの優れた特長を有している[9,10]。しかし，樹脂細孔内部に反応部位の大半が存在するイオン交換樹脂では，細孔内への試料拡散過程が反応律速となるため，反応速度は低下するという欠点がある。そこで筆者らは，粒子状樹脂と比較して効率的，かつ，迅速に目的物質を捕捉可能なグラフト吸着材を利用すれば，反応速度の向上を達成できるものと考え，電子線エマルショングラフト重合法を利用した新規BDF転換用グラフト触媒の開発を試みた。

3.1 BDF転換用塩基型グラフト触媒

世界におけるBDF製造では，そのほとんどが未使用の新油（菜種油：欧州，大豆油：米国，ブラジル，アルゼンチン，パーム油：インドネシア）が原料として利用されている。一方，食用油脂の9割以上を輸入に頼っている日本では，新油を原料としたBDF製造は現実的ではなく，廃食油を原料とした検討が中心となっている。原料となる廃食油の組成比としては，可食成分であるトリグリセリドが95％以上，非可食成分である遊離脂肪酸が5％以下であることが一般的である。そこで，筆者らは，初めに廃食油の主成分であるトリグリセリドをBDFに転換可能な塩基型グラフト触媒の開発を進めた。

図7に示す均一アルカリ触媒法では，触媒中に含まれる水酸化物イオン（OH^-）が真の触媒として機能する。そのため，グラフト鎖上に水酸化物イオンを固定化することができれば，グラフト重合体がBDF転換用触媒として機能するものと思われる。そこで，水酸化物イオン固定化

グラフト重合体(塩基型グラフト触媒)の作製を試みた。塩基型グラフト触媒の作製経路を図8に示す。基材にはポリエチレン製不織布を用い,前述した電子線エマルション重合法によりモノマーである4-クロロメチルスチレンを不織布上に固体化した。その後,アミノ化処理,アルカリ処理を順次実施し,水酸化物イオンを固定化した塩基型グラフト触媒を作製した[11]。

作製した塩基型グラフト触媒の転換性能は,トリグリセリドの一つであるトリオレインとエタノールとのエステル交換反応により評価した。反応温度50℃にてエステル交換反応を行った結果を図9に示す。また,比較のため市販の多孔性陰イオン交換樹脂の結果も併せて示す。どちらの触媒においても反応時間の経過とともにトリオレインがBDFに転換されるものの,その反応速度は,グラフト触媒の方がイオン交換樹脂よりも2.5倍高いことがわかった。この反応速度の違いは,前述のとおり,各種触媒における対象物質の移動過程の違いに起因するものである。つまり,樹脂細孔内への物質拡散過程が反応速度の律速段階となるイオン交換樹脂に対して,グラフト触媒では,対象物質がグラフト鎖に担持された水酸化物イオン近傍まで対流によって強制的に輸送されるため,拡散移動抵抗を無視することができ,より速い反応速度が実現できた。

また,廃食油は,原材料となる穀物などの種類により多種多様なトリグリセリド成分を含み,塩基型グラフト触媒を実際の廃食油処理に使用するためには,構成脂肪酸の異なる様々なトリグリセリド成分をBDFに転換できなければならない。そこで,4種類の植物性油脂(アマニ油,ベニバナ油,菜種油,パーム油)と1種類の動物性油脂(牛脂)を出発原料とするBDF化反応を実施した。その結果,油脂の種類により若干反応速度の差はあったものの,天然油脂中に含まれる各種トリグリセリド成分をすべてBDFに転換することに成功し,塩基型グラフト触媒が天

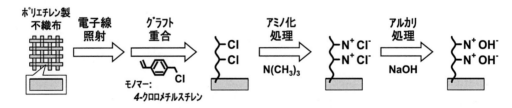

図8 塩基型グラフト触媒の作製経路

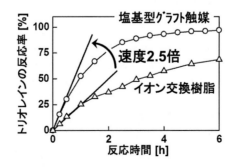

図9 塩基型グラフト触媒によるトリオレインのBDF化

然油脂を出発原料とする BDF 製造にも適応可能であることがわかった。

3．2　BDF 転換用酸型グラフト触媒

図 7 に示すように遊離脂肪酸の BDF 化では，触媒中に含まれるプロトン（H^+）が真の触媒として機能する。そのため，グラフト鎖上にプロトンを固定化することができれば，グラフト重合体が BDF 転換用触媒として機能する。そこで，プロトン固定化グラフト重合体（酸型グラフト触媒）の作製を試みた。

電子線エマルション重合法を利用した酸型グラフト触媒の作製経路を図 10 に示す。基材であるポリエチレン製不織布に電子線を照射した後，モノマーである p-スチレンスルホン酸エチルを不織布上に固体化し，さらに，アルカリ加水分解，酸処理を順次実施して，プロトンを固定化した酸型グラフト触媒を作製した。

作製した酸型グラフト触媒の転換性能は，遊離脂肪酸の一つであるオレイン酸とエタノールとのエステル化反応により評価した。反応温度 50℃ から 80℃ にてエステル化反応を行った結果を図 11 に示す。図 11 に示すように，反応時間の経過とともに遊離脂肪酸が BDF に転換され，酸型グラフト触媒が BDF 転換用触媒として機能した。また，酸型グラフト触媒の反応温度依存性を調べたところ，反応温度の上昇により反応速度が向上した。本試験において，オレイン酸の反応率が 90％ 以上に達する時間は，50℃ では 27 時間，60℃ では 12 時間，70℃ では 8 時間，80℃ では 4 時間となった。

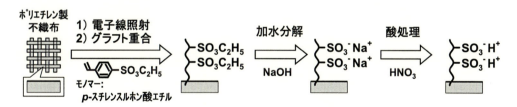

図 10　酸型グラフト触媒の作製経路

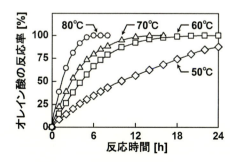

図 11　酸型グラフト触媒によるオレイン酸の BDF 化

3.3 酸型・塩基型グラフト触媒による廃食油のBDF化

これまでの結果は，トリグリセリドまたは遊離脂肪酸といった単一の油脂成分に対するBDF化反応の結果であり，BDFの出発原料である廃食油にはトリグリセリドと遊離脂肪酸の2種類の油脂成分が混在している。そこで，作製したグラフト触媒を用いて混合油脂のBDF化を試みた。

初めに，トリオレインとオレイン酸を混合させたモデル廃食油を利用してBDF化を試みた。本実験では，モデル廃食油にエタノールを添加し，グラフト触媒存在下にて70℃でBDF化反応を実施した。モデル廃食油の最適な処理手順を検討したところ，現行の均一触媒法と同様に，まず酸型グラフト触媒を用いてオレイン酸をBDF化（エステル化反応）した後，残存するトリオレインを塩基型グラフト触媒を用いてBDF化（エステル交換反応）する二段階反応法を用いることにより，すべての油脂成分をBDFに転換可能であることがわかった（図12）。

次に，トリグリセリドと遊離脂肪酸の種類や組成比の異なる4種類の実廃食油を用いてBDF化反応を試みた。その結果，どの廃食油においても，酸型グラフト触媒，及び，塩基型グラフト触媒で順次処理することにより，すべての油脂成分をBDFに転換することができた。

3.4 塩基型グラフト触媒の再生処理

実用化に向けた課題の一つに，触媒の繰り返し使用時における触媒活性の維持がある。そこで，グラフト触媒の繰り返し使用が転換性能（廃食油のBDF化）に及ぼす影響について調べた。酸型グラフト触媒では，繰り返し使用しても触媒活性は初期性能を維持していたものの，塩基型グラフト触媒では，繰り返し使用に伴い，徐々に触媒活性が低下した（図13）。この触媒失

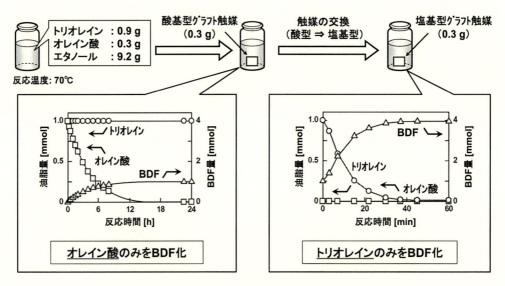

図12　酸型・塩基型グラフト触媒によるモデル廃食油のBDF化

第15章　電子線エマルショングラフト重合及びこれを利用したバイオディーゼル燃料転換用触媒の開発

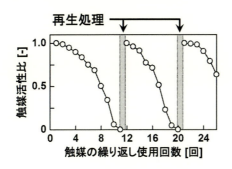

図13　塩基型グラフト触媒の繰り返し使用と再生処理

活の原因は，油脂中の不純物である色素成分と塩基型グラフト触媒に固定化されている水酸化物イオンとの置換反応（色素成分の吸着）により，塩基型グラフト触媒上の水酸化物イオンが消費されるためである。そこで，色素成分の除去，及び，水酸化物イオンの再固定化により触媒活性の再生を試みた。塩基型グラフト触媒の再生方法は，BDF転換用陰イオン交換樹脂の再生方法[9]を参考に，①クエン酸-エタノール溶液（色素成分の除去），②水酸化ナトリウム水溶液（水酸化物イオンの再固定化），③エタノール（コンディショニング処理）の順で処理した。その結果，図13に示すように塩基型グラフト触媒の触媒活性は，初期状態まで回復し（繰り返し使用回数：12回目），触媒の繰り返し使用が可能となった。また，BDF化-再生処理サイクルを繰り返し行っても，塩基型グラフト触媒の物理的・化学的な特性に変化はなく，グラフト触媒は長期間使用可能であることもわかった[12]。

4　おわりに

　反応効率が著しく向上する電子線エマルション重合は，グラフト材料の大幅な製造コストの低減と環境負荷の軽減を両立することができる革新的な手法であり，グラフト材料を実用化するためには必須の技術と考えられる。さらに，電子線エマルション重合を駆使すれば，これまで利用が困難であった耐放射線性の低い天然高分子や反応性の乏しいモノマーも使用可能となり，新規材料の創製や新機能の創出に繋がるものと期待される。本章では，グラフト重合体への新機能付与の一例としてBDF転換用グラフト触媒を紹介した。この触媒への応用例は，これまでグラフト重合体の利用がなかった触媒分野やエネルギー分野に対して，放射線利用の有用性・利便性を示した結果である。本成果が，今後の放射線利用研究の応用展開の一助となることに期待したい。

文　　献

1) Emulsion grafting of glycidyl methacrylate onto polyethylene fiber, N. Seko, N. T. Y. Ninh and M. Tamada, *Radiat. Phys. Chem.*, **79**, 22-26 (2010)
2) Syntheses of amine-type adsorbents with emulsion graft polymerization of glycidyl methacrylate, N. Seko, L. T. Bang and M. Tamada, *Nucl. Instr. and Meth. B*, **265**, 146-149 (2007)
3) Ion exchange fabric synthesized by graft polymerization and its application to ultra pure water production, T. Takeda, M. Tamada, N. Seko and Y. Ueki, *Radiat. Phys. Chem.*, **79**, 223-226 (2010)
4) Biodegradable metal adsorbent synthesized by graft polymerization onto nonwoven cotton fabric, A. Sekine, N. Seko, M. Tamada and Y. Suzuki, *Radiat. Phys. Chem.*, **79**, 16-21 (2010)
5) Adsorption of metals by adsorbent containing hydroxamic acid groups synthesized by radiation induced graft polymerization, S. Phiriyatorn, H. Hoshina, N. Seko and M. Tamada, *J. Ion Exchange*, **21**, 157-160 (2010)
   Abaca/polyester nonwoven fabric functionalization for metal ion adsorbent synthesis via electron beam-induced emulsion grafting, J. F. Madrid, Y. Ueki and N. Seko, *Radiat. Phys. Chem.*, **90**, 104-110 (2013)
6) Emulsion grafting of vinyl acetate onto preirradiated poly (3-hydroxybutyrate) film, Y. Wada, M. Tamada, N. Seko and H. Mitomo, *J. Appl. Polym. Sci.*, **107**, 2289-2294 (2007)
7) Biodegradability of poly (3-hydroxybutyrate) film grafted with vinyl acetate: Effect of grafting and saponification, Y. Wada, N. Seko, N. Nagasawa, M. Tamada, K. Kasuya and H. Mitomo, *Radiat. Phys. Chem.*, **76**, 1075-1083 (2007)
8) Biodiesel production using anionic ion-exchange resin as heterogeneous catalyst, N. Shibasaki-Kitakawa, H. Honda, H. Kuribayashi, T. Toda, T. Fukumura, T. Yonemoto, *Bioresource Technol.*, **98**(2), 416-421 (2007)
9) Biodiesel production from waste cooking oil using anion-exchange resin as both catalyst and adsorbent, N. Shibasaki-Kitakawa, T. Tsuji, M. Kubo, T. Yonemoto, *BioEnergy Res.*, **4**(4), 287-293 (2011)
10) Rapid biodiesel fuel production using novel fibrous catalyst synthesized by radiation-induced graft polymerization, Y. Ueki, N.H. Mohamed, N. Seko, M. Tamada, *Int. J. Org. Chem.*, **1**(2), 20–25 (2011)
11) Optimization of grafted fibrous polymer as a solid basic catalyst for biodiesel fuel production, Y. Ueki, S. Saiki, T. Shibata, H. Hoshina, N. Kasai, N. Seko, *Int. J. Org. Chem.*, **4**(2), 91–105 (2014)

[膜]

第16章　燃料電池用高分子電解質膜の開発

廣木章博[*1], 吉村公男[*2]

1　はじめに

　放射線グラフト重合技術を活用した世界初の製品が世に出たのは，およそ30年前。その製品とは，長寿命電池用膜である。当時，ボタン型電池の＋極と－極を隔離する膜材料には導電性のセロハンが用いられていたが，作動環境のアルカリ条件下で劣化してしまうため，導電性膜の長寿命化が課題となっていた。導電性セロハンに代わる耐久性に優れた膜材料として，機械特性・化学的安定性に優れる汎用ポリエチレンフィルムにイオン伝導性をもつアクリル酸をグラフトした電池用膜が開発された。この電池用膜は，現在においても，変わらず製造されており，ボタン型電池は，誰もが一度は手にしたことのある安価な電源となっている。

　長寿命電池用膜誕生とちょうど同じ頃，経産省（当時の通産省）の省エネ政策「ムーンライト計画」に基づき，我が国で燃料電池の開発がスタートしている。燃料電池は，温室効果ガスである二酸化炭素を排出しないクリーンで高効率な発電システムとして，近年，大変注目を集めている。燃料電池は，電解質の違いにより固体高分子型，リン酸型，溶融炭酸塩型，固体酸化物型に分類される。中でも，電解質に高分子電解質膜を使用する固体高分子型燃料電池は，常温作動が可能で小型軽量化が容易であることから，有望な電力供給源として実用化が期待され，研究開発が盛んに行われている。熾烈な開発競争が行われる中，2014年末，水素を燃料とする固体高分子型燃料電池を搭載した一般家庭向け自動車が発売されたことは記憶に新しい。長年の研究開発が結実し，普及しつつある燃料電池ではあるが，使用されているプロトン伝導性の高分子膜に課題がないわけではなく，依然として，高性能で低コストな膜材料の開発が続けられている。

　放射線グラフト重合技術は，生産性・コスト面で優れた有益な技術であることから，電池用膜の誕生後も様々な製品開発に活用されてきている。10数年ほど前からは，放射線グラフト重合技術を活用した高性能・低コストな燃料電池用膜材料の研究開発が盛んに行われている。

　本章では，基材のもつ特性を活かしながら，別の機能を付与できる放射線グラフト重合技術を適用し，研究開発が進められている燃料電池用高分子電解質膜について概説する。

[*1]　Akihiro Hiroki　（国研）量子科学技術研究開発機構　量子ビーム科学研究部門　高崎量子応用研究所　先端機能材料研究部　主幹研究員

[*2]　Kimio Yoshimura　（国研）量子科学技術研究開発機構　量子ビーム科学研究部門　高崎量子応用研究所　先端機能材料研究部　主任研究員

2 固体高分子型燃料電池

2.1 作動原理

固体高分子型燃料電池は，図1に示すように，電極（炭素／白金触媒），プロトン交換膜（高分子電解質膜）で構成されており，燃料となる水素の酸化反応と酸化剤となる酸素の還元反応により電気を起こす仕組みとなっている。これは，小学生の頃，理科で習った水の電気分解（電気を使い，水から水素と酸素を発生させる）反応の逆であり，水素と酸素から水が生成する反応により電気を取り出している。ただし，水素と酸素が直接反応することはなく，水素は白金触媒の作用によりプロトンと電子に解離，生成したプロトンは高分子電解質膜中を移動し，空気極でプロトン，酸素，電子が反応することで水が生成する。このとき外部回路に電子が流れるため，電気を取り出すことができる。詳細については，数多くの解説本や総説があるので参考にされたい[1,2]。

2.2 プロトン伝導性高分子電解質膜

燃料電池システムで重要な部材が，プロトン伝導性の高分子電解質膜（PEM）である。PEMは，燃料（水素）極で発生したプロトンを空気（酸素）極まで移動させる電解質としての役割と，水素が酸素と直接接触しないようにする隔膜としての役割を果たしている。このため，PEMの導電性とガスバリア性が電池特性に大きな影響を及ぼすこととなる。燃料電池用高分子膜として，最も広く知られている製品がデュポン社のパーフルオロスルホン酸膜「Nafion」である。Nafionは，プロトン伝導性や耐久性に優れているが，合成経路が煩雑であることから製造コストの低減が課題となっている。

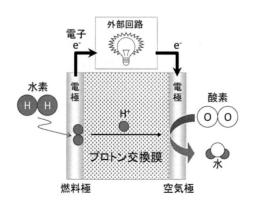

燃料極： $2H_2 \rightarrow 4H^+ + 4e^-$
空気極： $O_2 + 4H^+ + 4e^- \rightarrow 2H_2O$
全反応： $2H_2 + O_2 \rightarrow 2H_2O$

図1 プロトン交換膜形燃料電池の作動原理

第 16 章　燃料電池用高分子電解質膜の開発

2.3　放射線グラフト重合技術による PEM の作製

　放射線グラフト重合技術による PEM の作製手順としては，①フッ素系高分子基材に放射線照射，②スチレンのグラフト重合，③生成したポリスチレングラフト鎖のスルホン化が一般的である（図 2）。具体的な基材としては，化学的安定性，耐熱性などの観点から，ポリテトラフルオロエチレン（PTFE）やテトラフルオロエチレン-ヘキサフルオロエチレン共重合体（FEP）などの全フッ素系高分子，ポリフッ化ビニリデン（PVDF）やエチレン-テトラフルオロエチレン共重合体（ETFE）などの部分フッ素系高分子が挙げられる。また，機械特性や熱安定性を改善した放射線架橋 PTFE（cPTFE）なども利用されている[3,4]。これらの膜基材に対して，不活性ガス雰囲気下でガンマ線や電子線等の放射線を照射した後，不活性ガスでバブリングしておいたスチレンモノマー溶液に浸漬し，スチレンをグラフト重合する。グラフト後にトルエンなどで洗浄し，未反応モノマーやホモポリマーを除去する。得られたグラフト膜をクロロスルホン酸/ジクロロエタン溶液に浸漬し，スチレンのベンゼン環にスルホン酸基を導入することで，イオン伝導性のポリスチレンスルホン酸をグラフト鎖にもつ高分子膜が作製される。この放射線グラフト重合技術を用いた作製法の特長は，吸収線量やグラフト反応条件を変えることで，グラフト鎖の導入量（グラフト率）を制御し，グラフト率に応じた広範囲のイオン交換容量（IEC）の膜を簡便に調製できることである（図 3）。

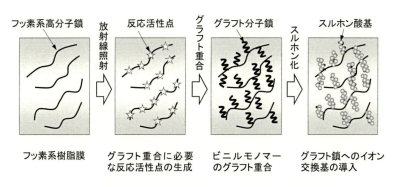

図 2　放射線グラフト重合技術による PEM の作製手順

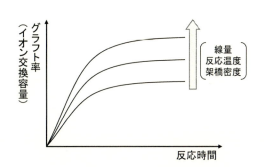

図 3　グラフト率（イオン交換容量）の制御

(1) フッ素系高分子膜を基材とした PEM

SatoやLiらは，PTFEを基材としたPEM作製において，電子線の線量，グラフト反応時間や温度に応じて，グラフト率を制御している[4〜6]。グラフト率は，反応初期に急激に，その後緩やかに増加し，最終的にほぼ一定となる。このとき，初期のグラフト率の増加速度は，反応温度が高いほど速くなる。ほぼ一定になるグラフト率は，50-60℃で最大となる。架橋構造の有無（cPTFEとPTFE）で比較すると，cPTFE-PEMの方が高いグラフト率を示す。また，cPTFE作製時の架橋線量が高いほど高いグラフト率を示す。このようなグラフト率の増加は，架橋構造形成に伴いY型やH型の架橋点が生成し，ラジカル生成のG値が高くなることに起因している。グラフトしたcPTFE膜中のグラフト鎖の構造や分布については，顕微FT-IR, TGA, NMRや広角X線散乱などにより検証されている。

(2) 部分フッ素系高分子膜を基材とした PEM

Tapらは，ETFE基材膜を用い，スチレンのグラフト率を制御することで，IEC = 1.3〜2.9 mmol/g の ETFE-PEM を作製している[7]。膜のプロトン伝導度は，相対湿度30%，80℃で最大0.13 S/cmに達し，代表的な高分子電解質膜であるNafion（0.09 S/cm）よりも高い。IEC = 2.4 mmol/g の ETFE-PEM を用いた発電性能試験の結果，含水が抑制される環境下（相対湿度30%，80℃）でも最大出力密度は 1,085 mW/cm^2（Nafionの約3倍）に達し，Nafionを凌

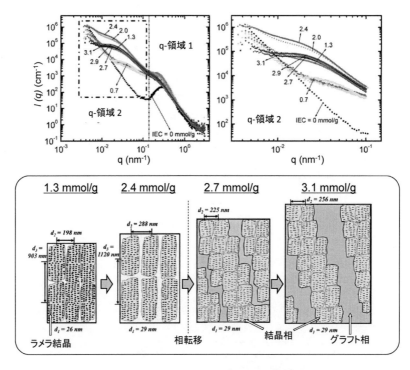

図4　SAXSプロファイルと膜中の階層構造モデル

第 16 章　燃料電池用高分子電解質膜の開発

駕する性能を示している。このような優れた伝導特性発現メカニズムについては，小角 X 線散乱（SAXS）による電解質膜中の階層構造解析から明らかにしている。SAXS プロファイルでは，相関長 d_1 = 19〜29 nm，及び d_2 = 225〜300 nm の位置にピークが観測され，それぞれラメラ結晶間，及びラメラ結晶を含む結晶領域の間隔に由来すると考えられている（図 4）。IEC との相関性（グラフト率依存性）を見ると，d_2 は，IEC が 2.4 mmol/g までは増加，さらに高い IEC では減少している。これは，グラフト率 70％（IEC = 2.5 mmol/g）付近で相転移現象が起こり，高い IEC では，イオンチャンネルを形成するポリスチレンスルホン酸グラフト相が結晶相間に形成され，結晶相が凝縮するためである。結果として，イオン伝導経路（結晶相間のグラフト相）が確保されるため，高い IEC の ETFE-PEM は低含水状態でも，高イオン伝導性を示すこととなる。

(3) 芳香族系高分子膜を基材とした PEM

フッ素系高分子のみならず，芳香族系高分子膜を基材とした電解質膜も報告されている。Hamada らは，高温低加湿下で高いイオン導電性と機械強度を併せ持つ電解質膜の合成を目指し，スーパーエンプラの一つであるポリエーテルエーテルケトン（PEEK）を基材にして，ガンマ線グラフト重合により電解質膜（PEEK-PEM）を作製している[8]。ここでは，スチレンに代わりスチレンスルホン酸エチルをモノマーに用い，グラフト後に加水分解することで，イオン伝導性を付与している。IEC が 3.08 mmol/g の PEEK-PEM は，水の蒸発により導電性が低下する高温低加湿下（80℃，相対湿度 30％）で，ナフィオンと同等の導電率を示す（図 5）。一方，破断強度は，膨潤により機械特性が低下する高温高加湿下（相対湿度 100％，80℃）でも 14 MPa を示し，Nafion の 1.4 倍と高強度である。合成した PEEK-PEM の XRD 測定により，

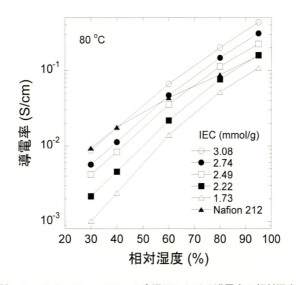

図 5　種々の IEC の PEEK-PEMs の高温下における導電率の相対湿度依存性

グラフト率の増加とともに結晶化度の低下が確認されているが,グラフト鎖分を除してPEEK基材の結晶化度に着目すると,PEEKの高い結晶性が維持されており,その結果,グラフト後も膜は高い機械強度を示したと考えられる。また,PEEK-PEM (IEC = 2.45 mmol/g) を用いた燃料電池の最大出力密度は,低加湿下(相対湿度30%)で,Nafionの2.5倍に達している。これは,報告されている芳香族系高分子電解質膜の中で,世界最高レベルである。

2.4 電子線照射技術の活用

導電性制御やプロトン伝導経路の構造解析などの電解質膜研究では,ガンマ線照射グラフト重合法を用いた報告が多い。実用化を視野に入れ,製造プロセスを考慮すると,^{60}Coなどの放射性物質を線源とするガンマ線よりも電子線を用いるグラフト膜作製の方が優位である。放射線グラフト重合に用いるガンマ線と電子線の高分子材料への照射効果はほぼ同じであることが,物理・化学過程の研究から明らかになっていることから,電子線を用いたPEMの開発研究も進められている。特徴的な研究を以下に紹介する。

(1) フッ素系ポリマーアロイ膜

既報のPTFEグラフト膜は,厚さ25 μm程度の膜基材を用いていたが,電解質膜の内部抵抗を低くするためには,より薄い膜の使用が望ましい。そこでOshimaらは,自ら設計・製作した成膜装置を用い,厚さ7-15 μm程度のPTFEやcPTFEを作製し,次いで,電子線照射,スチレンのグラフト重合,スルホン化処理により電解質膜を合成している[9]。ガンマ線照射により調製したPEMと同様に,グラフト反応時間の増加に伴いグラフト率は増加し,IECは,3.0 mmol/gに達している。cPTFE-PEMの水素透過係数は,25℃,100%加湿化で1.1×10^{-9} cm^3 STP cm/cm^2 cmHg s(Nafionの約半分の値)であり,作製したcPTFE-PEMが高IEC,且つ水素のクロスオーバーを低減した優れた膜であることを実証している。さらに,PTFE/FEPやPTFE/PFAのポリマーアロイを成膜し,それぞれのPEMを作製している[10, 11]。PTFE/PFA-PEM (IEC = 3.3 mmol/g) では,水素と酸素を用いた燃料電池発電試験において,60℃で最大出力密度630 mW/cm^{2}を得ている。

(2) FEP-PEMとNafionとのハイブリッド膜

PEMと電極との接合状態が発電性能に影響することから,Satoらは,良好な界面を形成するために,電子線グラフト重合技術により作製したFEP-PEMを粉砕し,Nafion分散液と混合した後,キャスト法により成膜して,ハイブリッド電解質膜(FN-PEM)を作製している[12]。得られたFN-PEM(FEP-PEMの含有量56 wt%,IEC = 1.6 mmol/g)は,水素と酸素を用いた燃料電池発電試験において,60℃で最大出力密度861 mW/cm^{2}を記録している。さらに,FEP-PEMの含有量を10 wt%にしたFN-PEM (IEC = 2.0 mmol/g) では,60℃,相対湿度16%で最大出力密度1,003 mW/cm^{2}と,Nafion112の1.5倍に達している[13]。

(3) 傾斜機能付与高分子電解質膜

PEM中の水の分布が膜の性能に影響を及ぼすことから,FujitaやTsuchidaらは,電子線が

第16章　燃料電池用高分子電解質膜の開発

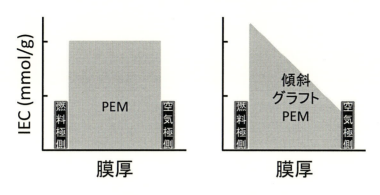

図6　PEM膜中のIECの分布

膜中を通過する際，膜の深さ方向に対して急激なエネルギー付与（ラジカル発生量）の低下が生じることに着目し，導電性基の導入量を膜厚方向に対して制御したFEP-PEMを作製している（図6)[14~17]。深さ方向に減少するIECや含水率を示す傾斜PEMは，傾斜をもたないPEMに比べ，水の流出を抑制することから拡散分極が減少，結果として，高い出力密度を示すこととなる。さらに，MEAを組む際の膜の向きにより，発電性能に差が生じ，燃料極側が高含水率のMEAの方が，空気極側が高含水率のMEAに比べ，30℃での出力密度は高くなる。これは，ビークル機構がアシストされるためと考えられている。このとき最大出力密度は，421 mW/cm^{2}を記録している。傾斜FEP-PEMは，Nafion212よりも膜厚が約1.5倍にもかかわらず，30℃，無加湿条件下でNafion212よりも高い出力密度であり，低コストで製造可能な優れた電解質膜と言える。

3　アルカリ形燃料電池

PEM形燃料電池では，作動環境が酸性条件下となるため，強酸性でも溶解しない白金などの高価な貴金属を触媒に使用する必要がある。これは，PEM形燃料電池の低コスト化を妨げる要因となっている。そんな中，近年，白金を使用せず，安価な金属（コバルト，鉄など）触媒を使用可能なアルカリ形燃料電池が注目されてきている[18]。

3.1　PEM形燃料電池との違い

PEMに代わりアニオン伝導性の高分子膜（AEM）を用いるアルカリ形燃料電池は，図1のプロトン（H$^+$）の流れとは反対に，空気極から燃料極に水酸化物イオン（OH$^-$）が移動して発電する。各電極での反応は，以下の通りである。

燃料極：　$2H_2 + 4OH^- \rightarrow 4H_2O + 4e^-$

空気極：　$O_2 + 2H_2O + 4e^- \rightarrow 4OH^-$

全反応：　$2H_2 + O_2 \rightarrow 2H_2O$

AEM形燃料電池では，アルコールや水加ヒドラジンなどの液体燃料を使用することも可能である。液体燃料を用いた場合，燃料極から空気極に向けた燃料のクロスオーバーが問題となるが，イオン伝導を担うOH^-は空気極から燃料極に移動するため，クロスオーバーの向きとは逆になる。このため，燃料のクロスオーバーが（特に高負荷時に）抑制されることが予想される。この点は，H^+イオンが燃料極から空気極に移動し，燃料のクロスオーバーを助長するPEM形燃料電池との違いであり，利点である。

3.2 AEMの作製とその性能

放射線グラフト重合技術によるAEMの作製手順は，図2のPEMとほぼ同様であり，スルホン化の代わりにアニオン化（アミン，イミン等のN-アルキル化によるアンモニウム，イミニウムの形成）を行うことで作製される。

Poyntonらは，ETFE基材膜を用い，電子線照射，クロロメチルスチレンのグラフト重合，トリメチルアンモニウム基の導入によるアニオン化を行い，AEM（ETFE-AEM）を作製している[19]。ETFE-AEM（IEC = 2.25 mmol/g）に対する水素と酸素を用いた発電試験において，セル温度50℃で最大出力密度230 mW/cm^2を記録している。

Mamloukらは，基材にポリエチレン膜を用い，ガンマ線を照射してトリメチルアンモニウム基をアニオン伝導基とするAEMを作製している[20]。IEC 1.77 mmol/gのAEMを用い，空気極に純酸素を供給した場合に823 mW/cm^2の最高出力を得ている。通常のキャスト法などで作製したAEMは，出力密度が50～196 mW/cm^2程度であることから，放射線グラフト重合技術により作製したAEMが如何に高性能であるかわかる。

Yoshimuraらは，水加ヒドラジンを液体燃料とする燃料電池自動車に用いるAEMの開発を企業と共同で行っている。その中で，ETFE基材膜に対する放射線グラフト重合法により，イミダゾリウム基をアニオン伝導基とするAEMを作製している[21]。作製したAEM（IEC = 1.20 mmol/g）は，高アルカリ耐性と高導電性を併せ持ち，水加ヒドラジン燃料電池の最大出力は，非白金触媒使用条件下で75 mW/cm^2を示している。開回路電圧が低いことから，燃料クロスオーバーが出力低下の原因であると考えられ，液体燃料の移動抑制に効果がある傾斜グラフト法の適用により，劇的な性能向上が期待される。

4 おわりに

ガンマ線や電子線グラフト重合技術を活用した燃料電池用高分子電解質膜の最近の研究動向を述べてきた。紹介した電解質膜の中には，すでに実用化されているNafionを凌駕する高性能の

第 16 章　燃料電池用高分子電解質膜の開発

膜も開発されており，今後の実用化が待ち望まれる。高分子電解質膜は，燃料電池に限らず，水電解による水素製造，レドックスフロー電池，塩水と淡水の濃度差を利用した逆電気透析発電など様々な発電デバイスへの適用が検討されている。仕様を自在に制御できる放射線グラフト重合技術を活用すれば，その可能性は無限大である。放射線グラフト重合技術を活用した高分子電解質膜の更なる発展に期待したい。

文　　献

1) 高橋武彦，燃料電池，共立出版（1994）
2) L. Gubler *et al.*, *Adv. Energy Mater.*, **4**, 1300827（2014）
3) T. Yamaki *et al.*, *Radiat. Phys. Chem.*, **67**, 403（2003）
4) K. Sato *et al.*, *Nucl. Instr. and Meth. in Phys. Res. B*, **208**, 424（2003）
5) J. Li *et al.*, *Eur. Polym. J.*, **40**, 775（2004）
6) J. Li *et al.*, *Eur. Polym. J.*, **41**, 547（2005）
7) Tap *et al.*, *Macromolecules*, **47**, 2373（2014）
8) Hamada *et al.*, *J. Mater. Chem. A*, **3**, 20983（2015）
9) A. Oshima *et al.*, *Res. Chem. Intermed.*, **31**, 585（2005）
10) S. Asano *et al.*, *Nucl. Instr. and Meth. in Phys. Res. B*, **236**, 437（2005）
11) F. Muto *et al.*, *Nucl. Instr. and Meth. in Phys. Res. B*, **265**, 162（2007）
12) Y. Sato *et al.*, *Nucl. Instr. and Meth. in Phys. Res. B*, **265**, 213（2007）
13) A. Oshima *et al.*, *Radiat. Phys. Chem.*, **80**, 164（2011）
14) H. Fujita *et al.*, *J. Photopolym. Sci. Technol.*, **23**, 387（2010）
15) H. Fujita *et al.*, *Radiat. Phys. Chem.*, **80**, 201（2011）
16) R. Tsuchida *et al.*, *Journal of Power Sources*, **240**, 351（2013）
17) R. Tsuchida *et al.*, *Fuel Cells*, **2**, 284（2014）
18) J. R. Varcoe *et al.*, *Energy Environ. Sci.*, **7**, 3135（2014）
19) S. D. Poynton *et al.*, *Solid State Ionics*, **181**, 219（2010）
20) M. Mamlouk *et al.*, *Int. J. Hydrogen Energy*, **37**, 11912（2012）
21) K. Yoshimura *et al.*, *J. Electrochem. Soc.*, **161**, F889（2014）

<(2) 架橋>

第17章 電子線(EB)架橋による超耐熱性炭化ケイ素連続繊維の開発と航空機エンジン部品への応用

岡村光恭*

1 はじめに

　炭化ケイ素繊維(以後SiC繊維)はセラミックスでありながら細くてしなやかな繊維束である。ウィスカーに代表される無機の短繊維とは異なり軽くて強いだけでなく長繊維であり，複合材中の繊維の配向を自由に設計できることや織布・三次元織りにもできるなど，複合材料の強化材としては非常に有用である。SiC繊維の外観は炭素繊維に類似しているが高温空気中でも安定なことから，特に高温酸化性雰囲気中や燃焼ガス中で使用されるセラミックス複合部品への展開が図られてきている。

　航空機関係では炭素繊維で複合強化された樹脂素材がボディや翼，エンジンのファンブレード等に用いられて軽量化に貢献しているのはよく知られている。SiC繊維でもようやく複合強化されたセラミック複合材がエンジン内部部品に使用されるようになってきているが，この航空機エンジン内部部品に使用されているSiC繊維の製造には電子線処理による架橋プロセスが必須である。本稿ではSiC繊維製造において重要な役割を担っている電子線架橋技術に触れながら開発の歴史と最近の用途展開について概説する。

2 SiC繊維の特性

　表1にSiC繊維「ニカロン」のプロダクトラインとその特性を示す。この表は「ニカロン」の開発経緯を端的に表している。つまりニカロンからハイニカロン，そしてハイニカロンタイプSへと開発が進められたのであるが，その原点は1975年に遡る。

　SiC繊維は有機ケイ素ポリマーを熱分解することによりセラミックスに転換する方法で製造される。この方法は東北大学の矢島教授(故人)により1975年に発明され[1]，以来ポリカルボシランを原料とするSiC繊維の工業化が進められ1983年には日本カーボン㈱より「ニカロン」が，1986年には宇部興産㈱より「チラノ繊維」が相次いで上市され，現在に至るも商業ベースでのSiC繊維製造は実質的には世界でも，この二社のみである。

　なお，「ニカロン」事業は2012年に日本カーボン，GE，サフランによる合弁企業であるNGSアドバンストファイバー㈱に譲渡されている。

---

　* Mitsuyasu Okamura　NGSアドバンストファイバー㈱　技術部　技術部長

EB技術を利用した材料創製と応用展開

表1　ニカロン製品ラインナップ

	ニカロン	ハイニカロン	ハイニカロン　タイプS
フィラメント数	500	500	500
フィラメント径	14 μm	14 μm	12 μm
グレード	CG（標準品） HVR LVR カーボンコート	標準グレード	標準グレード カーボンコート
製品形態	ボビン 織布	ボビン 織布	ボビン 織布
不融化法	熱酸化架橋	電子線架橋	電子線架橋
弾性率（Gpa）	200	270	380
酸素含有率（wt%）	12	1.0	0.8
化学組成 （C/Si 比率）	1.31	1.39	1.05

　このSiC繊維の特徴を端的に示すものとして，バーナー火炎による耐久性テスト[2]がある。これは繊維束に錘を付けバーナーで炙り破断するまでの時間を測定するものであり，極めてシンプルな試験である。図1に結果を示すが「ニカロン」の場合307gの荷重下でもおよそ1,200℃の炎で炙っても7時間以上耐えたのに対して，炭素繊維は破断までわずか24秒，アルミナ繊維は12g荷重で10秒で破断，アルミノシリケート繊維では同じく12g荷重で1.5秒で破断した。

　このようにSiC繊維は高温酸化雰囲気での耐性は他の繊維に比較して極めて優れている。この試験に用いられた「ニカロン」は1983年に確立された製法により製造されたSiC繊維である。SiC繊維の製造工程の概略を「ニカロン」を例に図2に示す。

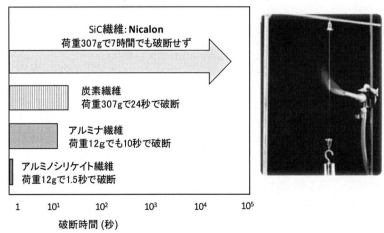

図1　バーナー火炎による耐久性テスト

第17章 電子線（EB）架橋による超耐熱性炭化ケイ素連続繊維の開発と航空機エンジン部品への応用

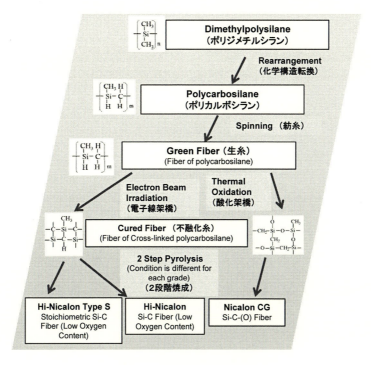

図2 ニカロンの製造工程概略

　SiC繊維は上市当初から注目を集め，当時運行していたスペースシャトルの外壁セラミックスタイル用耐熱シールに使用されたのを始め，もの珍しさもありスキー，テニスラケット，ゴルフクラブ等のスポーツ用品にも使用されたが，ディーゼルパーティクルフィルター等の量的に期待された用途にはそれほど浸透せず，織布やフェルトに加工したものを熱処理炉のメッシュベルトやバーナーノズルの耐熱材料に使用すること等も試みられたが，ビジネス的には成功とは言えない状況が続いていた。その原因としては強化プラスチック用繊維では母材を超える耐熱性は必要なく炭素繊維が先行していたこと，SiC繊維単体では高温酸化雰囲気中（例えば1,000℃を超える空気中）で徐々にではあるが酸化が起き長期的には強度低下の恐れがあること，高価格であること等が挙げられる。

3　セラミックス複合材（CMC）への検討

　SiC繊維をセラミックスの強化材として使用するというアイディアは繊維開発当初から検討されていた。セラミックスは脆くて壊れやすいものであるが，繊維で強化することにより破壊抵抗を格段に改善することができる。1980年代の初めにはニカロンとガラスの複合材料が優れた高温強度，破壊靭性を示すことが報告された（図3）[3]。

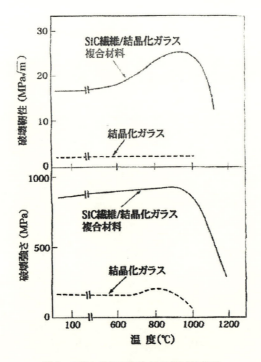

図3 SiC/ガラス複合材の機械的特性

その後,より高い温度域での使用を目指してマトリックスを SiC とする方法が検討され,SiC 繊維の前駆体ポリマーを含浸・焼結する方法(PIP法)[4],有機ケイ素化合物を気体化し浸透焼結させる方法(CVI法)[5],金属 Si を溶融させ炭素との反応により SiC 化する方法(MI法)[6]等が相次いで発表された。また SiC 繊維とマトリックスの界面の複合材に及ぼす影響についての研究も進み,窒化ホウ素によるコーティング法[7]が開発された。一方,このような複合材製造技術の進歩は耐熱性の不足という初期 SiC 繊維の欠点を浮き彫りにすることになった。

4　電子線不融化による低酸素含有率 SiC 繊維の開発

MI 法はプロセスが簡便で緻密なマトリックスを形成することができるが,金属 Si を溶融するため 1,420℃を超える温度が必要となる。また窒化ケイ素コーティングでも 1,500℃前後の温度が必要であるが,このような高温下では SiC 繊維中の酸素が繊維の劣化を促進することが分かってきた。図4と図5[8]に SiC 繊維中の酸素含有量とアルゴンガス中で 1,500℃に1時間暴露した後の引張り強度と弾性率の関係を示す。初期の SiC 繊維は空気中の酸素を利用した熱酸化架橋より不融化しており繊維中に 10% 強の酸素が含有される。如何に酸素含有量を低減するかが大きな課題として浮上してきたのである。

電子線照射による不融化は不活性ガス中で電子線照射を行い,そのエネルギーによりラジカル

第17章　電子線（EB）架橋による超耐熱性炭化ケイ素連続繊維の開発と航空機エンジン部品への応用

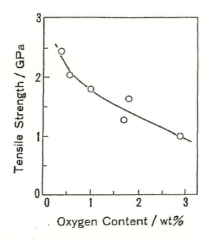

The effect of oxygen content on tensile strength of SiC fibers after the thermal exposure test at 1773 K for 1 hour in argon.

図4　1,500℃アルゴンガス雰囲気中暴露後の引張り強度 vs 酸素含有率

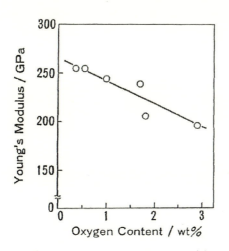

The effect of oxygen content on Young's modulus of SiC fibers after the thermal exposure test at 1773 K for 1 hour in argon.

図5　1,500℃アルゴンガス雰囲気中暴露後の引張り弾性率 vs 酸素含有率

を発生させて架橋反応を進める方法であり酸素を必要としない（図6）。一方，SiC繊維に適した電子線照射関連設備の設計や適切な照射条件の確立等解決すべき課題が山積みであったが，日本原子力研究所高崎研究所（当時）への委託研究等を通して製造条件を確立するに至った。

熱酸化架橋されたポリカルボシランと電子線架橋されたポリカルボシランの赤外線吸収スペクトルを図7に示す[8]。赤外線スペクトルから熱酸化架橋品では –OH 基ピークの増大が顕著であ

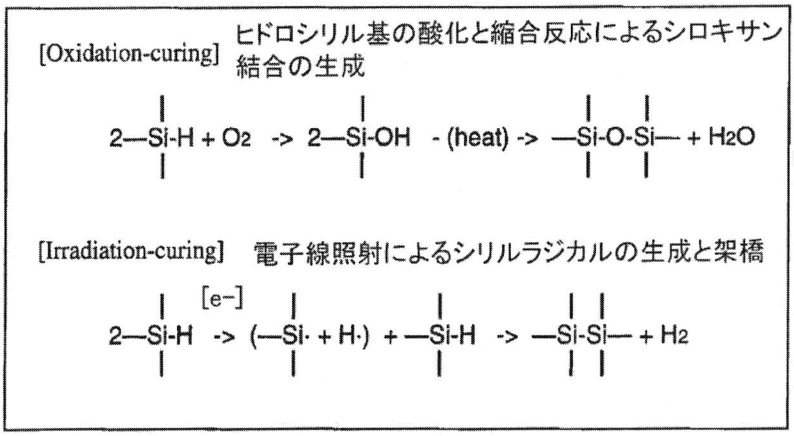

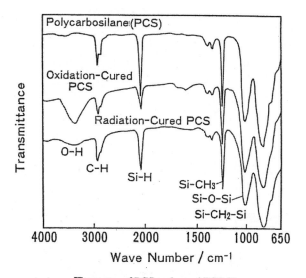

図6 推定される架橋（不融化）の反応式

IR spectra of PCS and cured PCS fibers.

図7 熱酸化架橋PCSと電子線架橋PCSの赤外線スペクトル

ることが分かる。

不融化の程度の目安として，ゲル（THFのようなポリカルボシランの良溶媒での不溶分）%がある。図8[8]に照射線量とゲル%の関係と，異なるゲル%のものから作成されたSiC繊維の観察写真を示す。この試験の場合，ゲル化は4 MGy付近より始まり15 MGyでほぼ完了している。またゲル化度の高いものから作成された繊維は結び目を作ることができるが，ゲル化度の低いものから作成されたものは結び目を作ろうとしても破断してしまい，結び目を作ることはできないことより十分にゲル化したものから製造されたSiC繊維は，そうでないものよりしなやか

第17章　電子線（EB）架橋による超耐熱性炭化ケイ素連続繊維の開発と航空機エンジン部品への応用

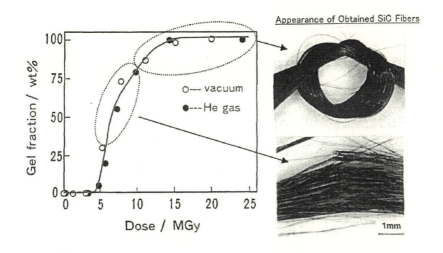

図8　ゲル% vs 電子線照射線量及び SiC 繊維の外観観察

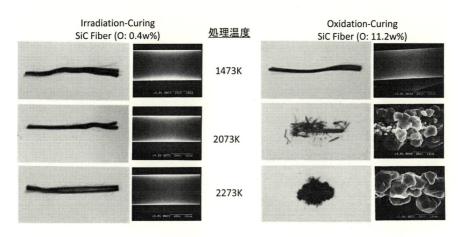

図9　アルゴンガス中で1時間暴露後の繊維形状観察とフィラメントの電子顕微鏡観察

であることが分かる。

　電子線架橋による不融化されたものより得られた SiC 繊維と従来の熱酸化架橋により不融化されたものから得られた SiC 繊維をアルゴンガス中で1時間高温暴露した結果を図9[9)]に示す。

　従来の SiC 繊維では 1,800℃での暴露により繊維状から粉末状に変化している。またフィラメントの電子顕微鏡観察でも粗大化した SiC 結晶の集合体が認められる。一方電子線架橋から作られた低酸素 SiC 繊維では 2,000℃での暴露後もしなやかな状態を維持しており，電子顕微鏡観察でも表面は平滑なままであり SiC 結晶の集合体も認められず，高い耐熱性を示すことが確認された。

177

余談ではあるが，特に高温耐熱性を必要としないのであれば，少量の酸素を含む雰囲気中で電子線照射を行い酸化架橋させる「電子線酸化架橋」で不融化する方法もある。この場合必要となる線量は酸素を介在させない場合の数百分の1で済むこと，常温雰囲気中で行えることから効率的な生産が可能となることが以前から知られていたが，最近では2.4 GPaの引張り強度の糸が得られたとの報告がある[10]。

5　高弾性率SiC繊維の開発

　低酸素含有率SiC繊維の弾性率は初期SiC繊維より多少は高いものの純粋なSiCに比較するとかなり低いレベルである。強化繊維の弾性率を高めることは複合材の強度向上に寄与するので，SiC繊維の弾性率を高めることはその用途を広げることになる。低酸素含有率SiC繊維でも炭素とケイ素の原子数（C/Si）比はおよそ1.3と余剰な炭素が含まれており，この点では熱酸化架橋による初期SiC繊維と同じである。そこで電子線不融化した後，焼成時の条件を変えC/Si比を変えたものを作成しSiC繊維の物性とC/Si比の関係を調べた。その結果を図10に示す[8]。C/Si比が1に近い，つまり化学量論組成であると弾性率と密度が高いことが分かる。

　図11に同一温度で焼成されたC/Si比の異なるSiC繊維のXRD測定の結果を示す[11]。C/Si比が小さくなるほど結晶子サイズが大きくなる傾向にあることが分かる。ちなみに結晶子サイズが大きいほうが耐クリープ性に有利である。図12から分かるように結晶子サイズが大きい方が高温での応力緩和が少なく（mが1に近いほど緩和がないことを意味している），耐クリープ性に優れることが分かる。ただC/Siが0.84，つまりSiがリッチな場合は高温における応力緩和が激しい。このことからも化学量論組成が耐クリープ性に有利であることが分かる[12]。

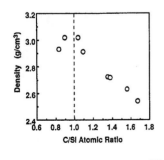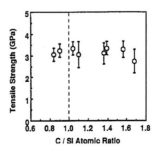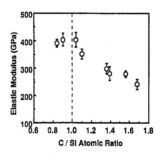

図10　SiC繊維のC/Si比と物性との関係

第 17 章　電子線 (EB) 架橋による超耐熱性炭化ケイ素連続繊維の開発と航空機エンジン部品への応用

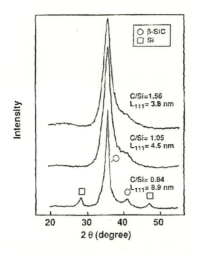

XRD patterns of SiC fibers pyrolyzed at 1573 K.

図 11　SiC 繊維の C/Si 比と結晶子サイズ

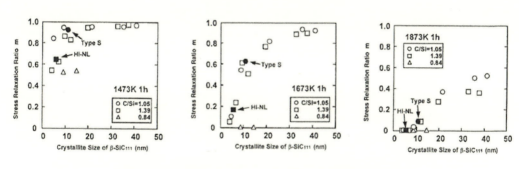

図 12　SiC 繊維の結晶子サイズと高温での応力緩和率 (m)

6　航空機エンジンへの展開

　酸素含有率が低く弾性率の高い化学量論組成を持つ SiC 繊維（ハイニカロンタイプ S）が開発され，これまで困難であった繊維への窒化ホウ素コーティングや MI 法による複合化が可能となったのは 1990 年代後半である。しかしこの SiC 繊維で強化された CMC 部品の実用化には更に 20 年近い年月を必要とした。その理由は価格的には熱酸化架橋の SiC 繊維より高価であり日本においては適切なアプリケーションを見つけられなかったこと，海外では発電用ガスタービンや航空機エンジンの内部部品に検討されたため基本技術確立後，更に数年にわたる信頼性確認試験が必要とされたこと等である。結果的に世界初の CMC 製民間用途部品は米国 GE 社の航空機部門により開発され，GE 社とサフラン社の合弁企業である CFM インターナショナル社が製造している 200 人乗りクラスの旅客機用エンジン CFM56 の後継機種である LEAP エンジンの

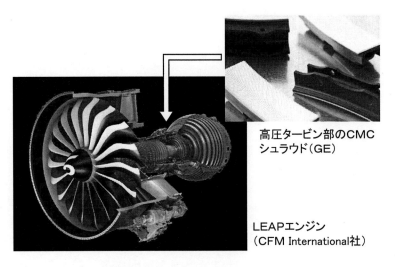

写真 1　LEAP エンジンとシュラウド

シュラウド（写真 1）に採用されるに至った。CMC 部品は現行ニッケル基耐熱合金と比較して重量は約 1/3，最高使用温度が約 1,100℃ から約 1,350℃ と高く冷却系を簡素化でき，燃料効率を大幅に改善するとことができる。GE 社ではシュラウドの他のエンジン（GEnx,GE9x）への展開，シュラウド以外の内部部品への CMC の展開を進めている[13]。このように CMC の実用化においては航空機エンジン分野が先行しているが，類似の構造を持つ発電用ガスタービンや原子力発電分野の事故耐性被覆管（Accident Tolerant Fuel Cladding）等への展開が期待されている。

供給面では NGS アドバンストファイバー㈱がこれらの需要増に対応するため富山工場のハイニカロンタイプ S の生産能力を 10 倍に引き上げるべく新工場を建設中である。また米国においても NGS アドバンストファイバー㈱からのライセンス供与によりハイニカロンタイプ S を生産する計画が進められており安定供給の体制も整備されつつあり，今後の飛躍が期待されている。

文　　献

1) S. Yajima and J. Hayashi : *Chem. Lett.*,1975, 931
2) H. Ichikawa : *New Materials*, **9**, 54（1990）
3) 新原皓一：セラミックス，**21**, 581（1986）
4) J. Jamet, J. R. Spann, R. W. Rice, D. Lewis and W. S. Coblentz : *Ceram. Eng. Sci. Proc.*, **5**［7-8］, 677（1984）

5) T. M. Besman, B. W. Sheldon and D. P. Stinton : *Science*, **253**, 1104 (September 1991)
6) K. L. Luthra, R. N. Singh and M. K. Brun : *Am. Ceram. Soc. Bull.*, **72**[7],79-85 (1993)
7) A. W. Moore, H. Sayier, S. C. Farmer and G. N. Morscher : *Ceram. Eng. Sci. Proc.*, **16** [4], 37 (1995)
8) M. Takeda, Y. Imai, H. Ichikawa, T. Ishikawa, T. Seguchi, and K. Okamura, *Ceram. Eng.Sci. Proc.*, **12** (7-8), 1007 (1991)
9) M. Takeda, Y. Imai, H. Ichikawa, T. Ishikawa, N. Kasai T. Seguchi, and K. Okamura, *Ceram. Eng.Sci. Proc.*, **13** (7-8), 209-217 (1992)
10) Zhiming Su, Litong Zhang, Yongcai Li, Siwei Li, and Lifu Chen, *J. Am. Ceram. Soc.* **98**, 2014 (2015)
11) M. Takeda, J. Sakamoto, Y. Imai, H. Ichikawa, and T. Ishikawa, *Ceram. Eng. Sci. Proc.*,**15** (4), 133 (1994)
12) M. Takeda, J. Sakamoto, A. Saeki and H. Ichikawa "Mechanical and Structural Analysis of Silicon Carbide Fiber Hi-Nicalon Type S", *Ceram. Eng. Sci. Proc.*, **17** (4), 35 (1996)
13) CFM International : http://www.cfmaeroengines.com/files/brochures/LEAP-Brochure-2015.pdf, GE 日本 : http://gereports.jp/post/132139569884/made-in-rocket-city

第18章　床材への利用

齋藤信雄*

1　はじめに

　電子線（Electron Beam：EB）は，UV（紫外線）の約1,000倍のエネルギーを持ち，安全で環境負荷の少ないクリーンなエネルギーである。EBの工業的利用は，架橋や滅菌，硬化等さまざまな分野で行われてきた（表1[1]）。その中で樹脂を硬化し塗膜を形成するEB硬化技術に関しては，熱硬化，紫外線硬化等の他の硬化技術と比較して，その特徴を生かすことによりさまざまな展開が可能となる。本章ではEB硬化技術を用いたコーティング技術，及びその技術を応用し開発した床用化粧シートの特徴と有用性について述べる。

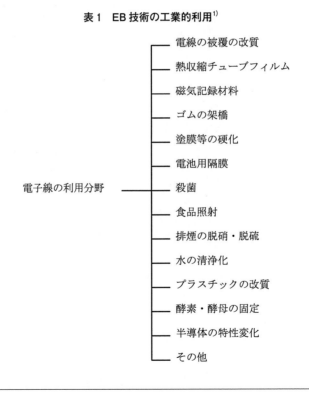

表1　EB技術の工業的利用[1]

＊　Nobuo Saito　大日本印刷㈱　住空間マテリアル事業部　開発本部　開発第3部　第2グループ

第18章　床材への利用

2　EBコーティング技術

EB硬化型樹脂を塗布し，EB照射して硬化させるEBコーティング技術は塗膜形成技術のひとつであり，高光沢，高平滑表面，耐水性，耐薬品性，及び耐傷性を付与できる等の特徴をもち，従来は高光沢紙，感熱紙オーバーコート，写真用RC印画紙，熱転写受容紙等の製造に用いられてきた。表2[2)]に示すように，このEBコーティング技術が他のコーティング技術と比較し，省エネルギー，健康・快適，高機能化，性能の耐久持続性に優れるという特徴に着眼し，住宅の内装建材の開発を行ってきた。具体的にその優位性と特徴を以下に挙げる。

2．1　従来の塗膜形成技術に対する優位性
① エネルギーの利用効率が高く，省エネルギーの環境対応型処理システムである。
② 無溶剤塗工が可能な環境保全型乾燥システムである。
③ 瞬時に硬化するため高速大量生産に優れているとともに品質の安定性が高い。
④ 透過性が高いため，厚い塗膜や着色した塗膜の硬化が可能である。
⑤ 使用する基材へ熱的なダメージを与えにくい。

2．2　EB硬化塗膜の特徴
① 樹脂（モノマー，オリゴマー）の配合技術により，架橋密度が高く，耐傷つき性，耐汚染性，高硬度等の塗膜から，柔軟性を付与し成形性をもたせた塗膜設計など，設計の自由度が高い。
② EB硬化塗膜中に，さまざまな機能添加剤を配合することにより，機能添加剤を固定化させ，性能の持続性を向上させることが可能。
③ 紫外線硬化型塗膜に必要な光開始剤が不要であり，また紫外線吸収剤等を塗膜中に添加することが可能なため，耐候性に優れた製品設計が可能。

上述の特徴を生かし，また組み合わせることにより，要求性能の異なるさまざまな内装材に対してその製品に適した塗膜設計を行うことが可能である。

表2　各種塗膜形成方法の比較

	熱硬化	紫外線硬化	EB硬化
キュアリング温度	80〜250℃	40〜80℃	室温
キュアリング雰囲気	空気	空気	不活性（窒素ガス）
キュアリング時間	数秒〜十数分	数秒〜数十秒	1秒以下
溶剤希釈率	50％以上	無溶剤化可能	無溶剤化可能
硬化物の厚さ	特に制限はなし	薄膜	加速電圧依存
触媒他	要（硬化剤・触媒他）	要（光重合開始剤）	不要
着色化	可	不可	可

2.3 EB硬化型樹脂の分類

　最表層に保護層としてEB硬化型樹脂のコーティング層を設ける場合，EBの照射により重合架橋反応する官能基を分子中に含むオリゴマー，モノマーを主成分とする樹脂を用いる。樹脂としては，分子中にアクリロイル基，アクリロイルオキシ基等のラジカル重合性不飽和基，エポキシ基等のカチオン重合性官能基を有する化合物に大別できる。ラジカル重合性不飽和基を有するオリゴマーは，エポキシアクリレート，ウレタンアクリレート，ポリエステルアクリレート等があり，カチオン重合性官能基を有するオリゴマーは，エポキシ樹脂，ビニルエーテル系樹脂のプレポリマーが挙げられる（表3）。

　エポキシアクリレートは，エポキシ樹脂のオキシラン環にアクリル酸を反応させエステル化することにより合成され，耐熱性や電気特性，硬度に優れる反面，耐候性に乏しい。

　ウレタンアクリレートは，ポリオール成分（アクリルポリオール，ポリエステルポリオール，ポリエーテルポリオール，ポリカプロラクトンジオール等）と，ポリイソシアネート成分（トリレンジイソシアネート，ヘキサメチレンジイソシアネート，メタキシレンジイソシアネート等）を反応させて得られる末端にイソシアネート基を有する化合物に，2-ヒドロキシエチルアクリレート（HEA），2-ヒドロキシエチルメタクリレート（HEMA）等を反応させることで，末端にアクリロイル基を有する単官能または多官能のアクリレート化合物として得られる。ポリオール成分とポリイソシア成分の組み合わせによって，さまざまな物性の硬化塗膜を形成できる。ただし，ウレタン結合由来の水素結合の強い凝集力は，強靭な硬化塗膜を形成する一方で，高い粘性を示すため，コーティングする際は，有機溶剤やモノマーで希釈し低粘度化して使用する必要がある。

　ポリエステルアクリレートは，多価カルボン酸と多価アルコールの縮合によって得られるポリエステルプレポリマーの水酸基をアクリル酸でエステル化することによって得られる。ウレタンアクリレートと同様に原料成分の組み合わせによって，幅広い物性の硬化塗膜が得られるが，エステル結合に起因する耐アルカリ性，耐候性等の低さが短所となる。

　これらの樹脂に表4に示したような各種添加剤を配合し，求められる性能を満足するように設計する。添加剤は樹脂の高い架橋密度により固定化することができ，さらに添加剤にEB反応

表3　EB硬化型樹脂の分類

	ラジカル重合性	カチオン重合性
モノマー	アクリレートモノマー （単官能，2官能，多官能）	脂環式エポキシ系樹脂 グリシジルエーテルエポキシ系樹脂 ビニルエーテル系樹脂
オリゴマー	エポキシアクリレート ウレタンアクリレート ポリエステルアクリレート ポリエーテルアクリレート アクリルアクリレート シリコーンアクリレート	脂環式エポキシ系樹脂 グリシジルエーテルエポキシ系樹脂 ビニルエーテル系樹脂

第 18 章　床材への利用

表 4　EB 硬化型樹脂の配合例

		用途	原料
樹脂	モノマー	希釈剤 架橋密度制御	アクリレートモノマー （単官能，2 官能，多官能）
	オリゴマー	塗膜性能に寄与 架橋密度制御	エポキシアクリレート， ウレタンアクリレート， ポリエステールアクリレート
添加剤	フィラー	艶コントロール 耐傷付き性，耐摩耗性向上	無機フィラー（シリカ等） 有機フィラー（樹脂ビーズ等）
	機能性付与	塗膜機能発現 （撥水，撥油，防汚，耐候性改善等）	無溶剤化可能
	着色剤	塗膜の着色	顔料，染料
	コーティング性改善	コーティングした塗膜の平滑性，均一性付与	レベリング剤 消泡剤等
	希釈溶剤	粘度調整	有機溶剤

基を持たせることにより機能の長期持続性を図ることも可能となる。

2. 4　EB 硬化塗膜の製造方法

　EB 照射は酸素存在下で行うと，反応種として生成したラジカルが酸素と反応して比較的安定なパーオキシラジカルを生成し不活性化すること，また酸素への EB 照射でオゾンが生成することから，不活性ガス雰囲気中で EB 照射を行う必要性がある。

　建材・家具用化粧フィルムでは，一般的にロール状で巻き取ったものを大量生産するため，装置がウェブ状に加工できるシステムとなる。EB 照射時の硬化阻害の観点から，ウェブ状の開放系の装置構成でありながら，EB 照射部については速度に依存せず安定的な不活性ガス雰囲気下にする。

　EB 硬化型樹脂のコーティングは，使用する樹脂の性状（流動性等）と必要塗付量に合わせて，一般的なコーティング方式であるグラビア方式，ロールコート方式等の選択を行い，塗工する基材に対して樹脂層を形成し，適宜乾燥工程を経たのちに EB 照射することにより硬化塗膜を得る。

　EB の照射条件は，ベースフィルム等の劣化や損傷を抑えながら，EB 硬化型樹脂中の分子を十分に架橋，硬化させるため，通常，加速電圧 100～300 keV の電子を 0.1～30 Mrad 程度とする。

　先に述べたように，EB 硬化型樹脂は無溶剤塗工が可能であるが，この無溶剤塗工は樹脂粘度の低いモノマーを希釈溶剤の代わりとして使用することにより可能となる。最終製品の塗膜の要求性能によっては，オリゴマー等の粘度の高い樹脂系のみで製品設計を行う必要性も出てくる場合があり，その際には塗工可能レベルまで低粘度化する目的で，一般的な希釈溶剤（酢酸エチル等）を使用することもある。

3 EB硬化技術を用いた床用化粧シートの開発

一般居室用の床材として広く使用されるカラーフロアは，ラワン合板の表面に突き板（天然木を薄くスライスしたもの）を貼り合わせ，その上から塗装を施したものである。しかし，天然材料特有の色のばらつき，日光の直射や温度差による耐候劣化（日焼け）や干割れ，また水平面用途に求められる耐傷性，耐汚染性，耐薬品性等が塗装の品質，性能に依存する。

著者らは，EB硬化技術を用いることにより上記のような課題を解決できる工業化フローリングシート"EB-F（EBフロアシート）"を製品化している。

"EB-F"の構成は，図1に示すように着色ベースのオレフィンフィルム，木目柄，透明なオレフィンフィルム，EB硬化型樹脂のコーティング層からなる。最表層に施されるEB硬化型樹脂の樹脂組成や架橋密度をコントロールすることにより，耐傷付き性，耐汚染性，耐候性や耐衝撃性に関して，天然木の塗装と比較し優れた性能を示す（図2～図5）。

床材として求められる耐傷付き性，耐汚染性を付与するには，多官能のモノマーやオリゴマーを配合し架橋密度を高くすればよい。ただし，架橋密度を高くしすぎると，塗膜の柔軟性が低下し，床としての使用を想定した際，物を落としたときの衝撃，椅子や机の脚部に高い荷重がかかった場合にコーティング層が割れる懸念が生じる。EB硬化型樹脂の官能基数，分子量を調整し，硬化塗膜の硬度と柔軟性を両立させることが必要である。

ベースフィルムおよび透明オレフィンフィルムに用いるオレフィンはポリオレフィンのことである。ポリオレフィンは，ポリエチレン（PE）・ポリプロピレン（PP）など，炭素（C）と水素（H）のみで構成され，燃焼時に塩化水素ガスやダイオキシンがほとんど発生せず，水（H_2O）と二酸化炭素（CO_2）などになる安全性や環境配慮性に優れた樹脂の総称である。

また，シックハウス症候群の原因とされるホルムアルデヒド，トルエン，キシレンなど厚生労働省の指針対象物質，国土交通省の「住宅品質確保促進法」での測定物質に対して，EBコー

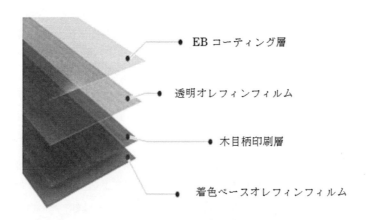

図1　EB-F製品構成図

第18章 床材への利用

EB-F　　　　　　　　　　　　カラーフロア

図2　耐傷付き性

 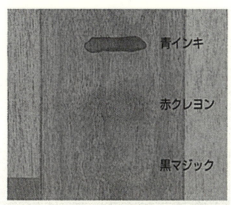

耐汚染試験：旧・JAS特殊合板汚染A試験準拠（青インキ、赤クレヨン、黒マジックを塗布し4時間放置後中性洗剤もしくはアルコールにて拭き取り）

図3　耐汚染性

耐候性試験：スーパーUVテスターにて100時間照射
EB-F　　　　　　　　　　　　カラーフロア

図4　耐候性

デュポン衝撃試験：JIS K5400（デュポン式）準拠（500g荷重×300mm高さ）

EB-F　　　　　　　　　　　　　　　カラーフロア

図5　耐衝撃性

ティング樹脂層はもちろん印刷インキ等の全ての材料に使用していないため，安全性・信頼性の高いインテリア部材として利用可能となっている。

4　結論

これからの住空間においては，製品に関する「健康・快適」や「環境」というニーズがますます高まってくると考えられる。開発を進めてきた EB コーティング技術は，従来のコーティング技術と比較して，製品の製造工程における省エネルギー，CO_2 の排出量削減などで環境に対して大きな効果がある。また，コーティング樹脂が3次元架橋の高架橋な塗膜を形成するため，メンテナンス性（耐傷性，耐汚染性等），性能の耐久持続性等に優れた技術である。

住宅内装材の機能付与の観点から，これからも EB コーティング技術をさらに進化させ，顧客満足度の高い製品を市場に供給していきたいと考える。

文　献

1) 三浦喬晴："低エネルギー電子線照射の応用技術"，p.57，シーエムシー（2000）
2) 2000年幕内恵三："ポリマーの放射線加工"，p.158，ポリマーダイジェスト（2000）
3) なお，製品等については下記の URL を参照願います：
　http://www.dnp.co.jp/kenzai/product/brand/brand05/index.html

第19章 「量子ビームナノインプリント」による高分子の改質と微細加工

大山智子*

1 はじめに

　電子線（EB）・ガンマ線・イオンビームなどの量子ビームは，放射線化学反応を通して原子・分子レベルで材料の形状や性質を加工する「ものづくり」のツールとして，多様な研究・開発分野で新しいナノテクノロジーを切り拓いている。
　例えば，半導体集積回路（LSI）製造におけるパターニングプロセス（リソグラフィ）においては，加工分解能が限界を迎えつつあるArFエキシマレーザー（波長：193 nm）の液浸露光に代わり，近く電離放射線領域の極端紫外光（EUV，波長：13.5 nm）が導入される予定である[1]。EUVの導入により，最小加工線幅は7 nmまで縮小されると見込まれており，LSIの超高集積化によるエレクトロニクス全般の技術革新が期待されている。また，高い加工分解能のみならず，改質・機能性付与による新奇材料創製という観点からも量子ビームは魅力的である。マイクロ・ナノスケールの加工によって作製される種々の材料（微細加工体）は，先端医療・光学・計測など実に幅広い分野で応用されており，ニーズもますます多様化している。加工形状の微細化だけでは不可能な高度化・高機能化を実現する突破口として，量子ビーム照射による化学的・物理的性質の加工技術に注目が集まっている。
　このように，量子ビームは高い分解能で材料の「形状」と「化学的・物理的性質」を加工できる最先端のツールである。本稿ではその特徴を活かした微細加工技術の一例として，新技術「量子ビームナノインプリント」を紹介する。

2 ナノインプリント技術

　インプリント（押印）とは，その名の通りパターンが刻まれたハンコ（モールド）を材料に押し当てて微細形状を転写する技術である。その概念は早くも1970年代にNTT（当時の日本電信電話公社）の近藤らによって提唱されていたが，当時は既存の加工技術とあまりにかけ離れていたこともあって，残念ながら日の目を見ることはなかったようである[2]。それから約30年後，Stephen Y. Chou教授らが「ナノインプリント」として加工技術を確立し，ポリメタクリル酸

---

* Tomoko Gowa Oyama　（国研）量子科学技術研究開発機構　量子ビーム科学研究部門　高崎量子応用研究所　先端機能材料研究部

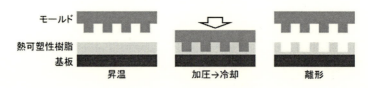

図1　熱ナノインプリントの工程

メチル（PMMA）のナノ加工（〜25 nm）を世に示したことで一躍注目を集めることとなった[3]。その後飛躍的な発展を遂げたナノインプリントリソグラフィ（NIL）は，高い加工分解能に加え，繰り返し加工による大量生産が可能であることが特徴であり，今では光学素子やディスプレイ材料，バイオデバイスなどの製造に欠かせない加工技術となっている。

　NILには主に，熱を使う技術とUV光を使う技術がある。図1に示す熱NILは熱可塑性樹脂や熱硬化樹脂を対象とするもので，PMMAやポリスチレンなどの汎用プラスチックやポリカーボネートなどのエンジニアリング・プラスチック，ガラスなどを加工することができる。材料の選択肢が広い反面，ガラス転移点（もしくは結晶融解温度）以上への昇温・冷却プロセスと数MPa程度の加圧が必要なため，スループットという点で難がある。一方，UV NILはUV照射によって光硬化性樹脂を加工するもので，スループットが高く，国際半導体技術ロードマップ[1]でも次世代半導体製造技術の候補として挙げられ，EUVリソグラフィと並び精力的に研究されている。

3　量子ビームを用いた微細加工技術

　本稿のテーマである量子ビームNILは，従来の熱やUVに代わって量子ビームが誘起する架橋・重合といった反応を利用して材料を加工する技術である。その詳細は次項で述べるが，その前に比較として，量子ビームを用いた他の加工法（図2）について紹介しておく。

　量子ビームが高分子材料に照射されると，分解，架橋・重合，物理スパッタ（後述）などの反応が誘起され，特定の処理と組み合わせて，もしくは直接的に，材料の形状を加工することができる。前者は量子ビームを集束したり，マスクを用いて照射したりすることで局所的に化学反応を誘起した潜像を作り，その潜像を現像液に可溶化・不溶化させて微細形状を得るリソグラフィ技術に代表される。例としてはEBリソグラフィ[4]，X線リソグラフィ[5]，EUVリソグラフィ[6]，集束プロトンビーム描画（PBW）リソグラフィ[7]などが挙げられる。一方，後者は化学処理や熱処理を必要とせず，直接的に照射部を削り出すもので，集束イオンビーム（FIB）を用いたダイレクトエッチングなどがある。FIBは，加速したイオンを直径数nm〜数100 nmの細いビーム状に絞って試料上を走査させる照射装置である[8]。入射イオンとの衝突によって試料の構成元素が弾き出される物理スパッタという現状を利用し，モールドやマスク，化学処理を用いないダイレクトな材料加工が可能である。FIBの3次元的なエネルギー付与分布を活かして分解部・架

第19章 「量子ビームナノインプリント」による高分子の改質と微細加工

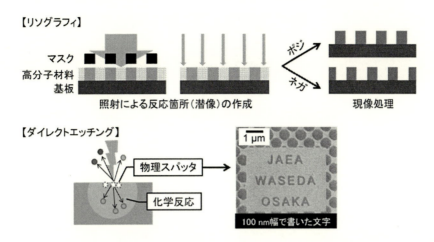

図2 量子ビーム照射によるリソグラフィとダイレクトエッチングの工程
右下は4.2項で述べるポリ乳酸の加工体

橋部を同時に作り出し，現像液中でナノビーズやナノ薄膜を剥離する手法も報告されている[9]。

EUVリソグラフィなどを除き，こうした技術のほとんどは一筆書きで精密な「一点物」を作るような用途に向いており，大量生産には不向きである。そのため，繰り返し加工による大量生産が可能なNILの特徴と，量子ビーム照射効果を組み合わせた加工技術として「量子ビームNIL」が考案された。

4 量子ビームナノインプリントリソグラフィ

量子ビームNILは，従来の熱やUVに代わって量子ビームによる架橋・重合反応を利用して材料を加工する技術である。熱硬化・UV硬化ができない材料が主なターゲットだが，形状の加工に加え，材料の化学的・物理的性質も加工することができる。その特徴を，実際の加工例とともに紹介する。

4.1 ポリテトラフルオロエチレンの微細加工

量子ビームナノインプリントの先駆けと言える研究が，早稲田大学と大阪大学が確立した架橋ポリテトラフルオロエチレン（polytetrafluoroethylene, PTFE）の微細加工技術である。これは加工時に熱と量子ビームを同時に用いることから，"thermal and radiation process for fabrication of RX-PTFE（TRaf process）"と命名された[10]。

代表的なフッ素樹脂であるPTFE（図3）は優れた耐熱性・耐薬品性・電気絶縁性などを持っており，その化学的安定性から，様々な産業分野における電線被覆，パッキン，ガスケット，配管（防汚性），化学プラント（耐薬品性），ベアリングパッド（低摩擦性），リチウムイオン電池

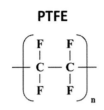 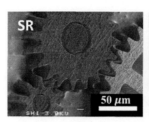 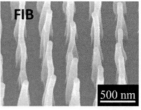

図3 PTFEの構造式と,シンクロトロン放射光 (SR)[14]・集束イオンビーム (FIB)[16]を用いた架橋PTFEの微細加工例

パッキン(電気絶縁性)などに用いられている[11]。PTFEは放射分解型の高分子であるが,特殊な環境下(不活性ガス中・溶融状態)で放射線照射を行うことで架橋反応が起こることが分かっている[12]。架橋PTFEはPTFE自体の特性に加えて力学特性・耐熱性・耐放射線性が向上するため,その利用分野は原子力関連分野,航空宇宙産業分野まで広がっている。

しかしながら,こうした優れた特性を有するがゆえに,熱や化学薬品を用いた架橋PTFEの微細加工は極めて困難である。有効な方法の1つは前項で述べた量子ビームによるダイレクトエッチングで,シンクロトロン放射光 (SR)[13,14]やFIB[15,16]を用いたマイクロ・ナノ加工が報告されている(図3)。SRによる加工は,高アスペクト比のシャープなマイクロ加工が可能である反面,加工精度がマスクの加工精度やマスクとの密着性に依存するなどの問題があった。一方,FIBではマスクレスでサブミクロンの加工が可能だがスループットが低い。そのため,FIBで作製された架橋PTFEの微細加工体は,その非密着性を活かして離型剤不要のNILモールドとして活用することが検討された[17]。

こうした様々な加工技術の開発を経て新たに考案されたのが,直接架橋PTFEの微細加工体を大量生産しようというTRafプロセスである。加工法は小林らの論文[10]に詳しいが,概要は以下の通りである。

TRafプロセス
① PTFE分散液をSiモールド上にスピンコートする
② 窒素ガス中・340℃の溶融状態でEBを600 kGy照射し,PTFEを架橋・成型する
③ モールドから剥離し,架橋PTFEの微細加工体を得る

図4に実際に作製された架橋PTFEの微細加工体を示す。サブミクロンのライン加工や,文字のような複雑な形状も,精度よく作製できていることが分かる。なお,TRafプロセスにおいては架橋PTFEの非粘着性により,離型剤は必要ない。得られた架橋PTFEの微細加工体は,その優れた種々の特性を活かし,他のプラスチック材料の利用が難しい過酷な環境での利用が期待される。また,架橋によってPTFEは非晶化し,紫外〜近赤外(波長:約300〜900 nm)を

第 19 章 「量子ビームナノインプリント」による高分子の改質と微細加工

 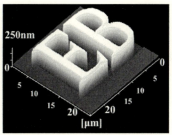

図 4　TRaf プロセスによって作製された架橋 PTFE の微細加工体の例
左：約 300 nm ライン／約 800 nm スペース，右：最小加工線幅約 500 nm の「EB」の文字

透過できるようになることから，UV NIL 用のモールドとして利用することも可能である。繰り返しになるが，この場合，架橋 PTFE の非粘着性により，離型剤を必要としないこともメリットとなるであろう。

TRaf プロセスの成功によって，熱や UV では加工できない材料に対し，量子ビームの利用が有効であることが示された。これをきっかけとして，形状の加工と性質の加工（改質・機能化）を同時に実現する新技術として量子ビーム NIL の研究がスタートした。

4．2　耐熱性を向上させたポリ乳酸の微細加工

次に，量子科学技術研究開発機構（当時の日本原子力研究開発機構）・早稲田大学・大阪大学が共同で取り組んだポリ乳酸（polylactic acid, PLA）の微細加工例を紹介する。

PLA（図 5）は，デンプンを発酵して得られる乳酸を重合した植物由来のプラスチック材料で，堆肥中など微生物が豊富に存在する環境では徐々に低分子化し，やがて水と二酸化炭素に分解される環境にやさしい材料である[18]。基本的には安定で剛性も高いため，合成プラスチックの代替材料として電化製品や自動車部品にも活用されている。PLA は図 5 に示すようにガラス転移温度を約 60℃，融点を約 180℃に持つ熱可塑性樹脂であり，加工品は射出成形や押出成形で量産されている。

また，PLA は代表的な医用プラスチックでもある。生体に害なくよくなじみ（生体適合性），やがて加水分解されることから（生分解性），治癒後に体内で分解・吸収される縫合糸や骨接合ネジなどのインプラントに使われている。近年活発に研究開発が進められているのが PLA を用いた医療・バイオデバイスである。医療・バイオデバイスは，微細加工によって生命機能の解明や先端医療研究に役立つ様々な機能を持たせたデバイスで，マイクロマシン・ラボチップ・足場材料などがある。飲み込める内視鏡や体内ヘルスモニター，血液一滴で病気を診断する検査キットなど，すでに実用化されているものも多い。微細加工技術の発展によって急速に小型化・高性能化・高機能化を遂げており，ドラッグ・デリバリー・システムや再生医療研究など，応用範囲は年々拡大している。上記に述べたように優れた特性と利用実績がある PLA は，医療・バイオ

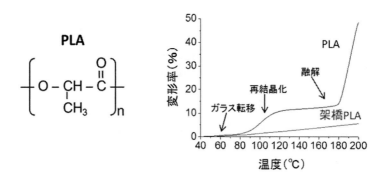

図5 PLAの構造式と，PLAおよび架橋PLAの熱機械特性

デバイスの開発が最も期待される材料の一つと言えるだろう。

PLAは熱可塑性樹脂なので，熱NILによる微細加工が有効である[19]。また，モールドを介しないダイレクトな加工法としては，FIBを用いたナノ加工が挙げられる[20]。図2右下に示した加工体が，PLAをFIBでダイレクトエッチングした例である。この場合，物理スパッタと放射線分解物（H_2やCO_2ガスなど）の脱離によってPLA中の酸素と水素が減少してC=C結合が増加し，試料表面がダイヤモンド・ライク・カーボン（DLC）に近い表面状態へと変化する。DLC様の表面状態はC=C結合の割合で細胞接着性が変化することが報告されており[21]，FIBで作製したPLAの微細加工体は，細胞接着性の強弱を局所的に制御したデバイスとして応用できる可能性がある。FIBによる加工はスループットが低いものの，直接加工と同時に局所的な表面改質を行うことができるユニークなツールなのである。

PLAの主な微細加工技術は上記の通りであるが，PLAは図5に示したようにガラス転移点（約60℃）以上で容易に熱変形するため，耐熱性が求められる分野での微細加工体の利用は困難である。耐熱性を向上させる技術として，ステレオコンプレックス化，PMMAとのアロイ化，核剤添加による結晶化の促進などといった手法が多数報告されているが，量子ビームによる改質も可能である。PLAは放射線分解型の高分子であるが，架橋剤を用いることで架橋PLAを作製することができる[22]。架橋剤としてトリアリルイソシアヌレート（TAIC）を添加してEB架橋した場合，図5に示すように耐熱性は飛躍的に向上する。PLAの弱点である耐熱性を克服した架橋PLAは，電線・金属などの被覆保護や熱収縮フィルムなどへの応用が検討されているほか，透明性を活かした眼鏡用デモレンズ（ダミーレンズ）の開発も行われている。

架橋PLAは合成プラスチックの代替材料として更なる用途拡大が見込まれるものの，裏を返せば，架橋後は熱可塑性がなくなるため，熱NILでの微細加工は不可能である。そこで量子ビームNILによって架橋と微細加工を同時に行うことを検討した。概要は以下の通りである。詳細は大久保らの論文を参考にされたい[23]。

第 19 章 「量子ビームナノインプリント」による高分子の改質と微細加工

架橋 PLA の微細加工体の作製法
① クロロホルムに溶かした PLA と TAIC の混合溶液（TAIC：5 phr）をモールド上にスピンコートする
② 乾燥後，70℃，2 MPa でホットプレスする
③ 真空中で EB を 100 kGy 照射して架橋・成型する
④ モールドから剥離し，架橋 PLA の微細加工体を得る

　図 6 に熱 NIL で作製した PLA の微細加工体と，量子ビーム NIL で作製した架橋 PLA の微細加工体を示す。ガラス転移点を超える 70℃で加熱すると，PLA は徐々に熱変形し，24 時間後には完全に加工パターンが消えてしまう。一方，架橋 PLA は 120℃で 10 分間加熱しても微細形状を保っていることが分かる。作製された架橋 PLA の微細加工体は，その耐熱性・機械強度・透明性などを活かし，光学素子などへの応用が期待される。
　このように，他の方法で微細加工できる材料であっても，材料の弱点を克服したり，新たな機能を付与したりといった「性質の加工」も同時に行えるところが，量子ビーム NIL の最大の特色である。

4. 3　ハイドロゲルの微細加工
　最後に，ハイドロゲルの微細加工について紹介する。高い含水率を有するハイドロゲルは，その組成が生体内環境に類似していることから，再生医療などの先端医療・バイオ研究における足場材料（細胞を接着・増殖・分化させる土台）として利用されている。近年，細胞接着性や幹細胞の分化が足場の柔らかさや微細形状によって変化することが明らかになり，目的に合わせた足

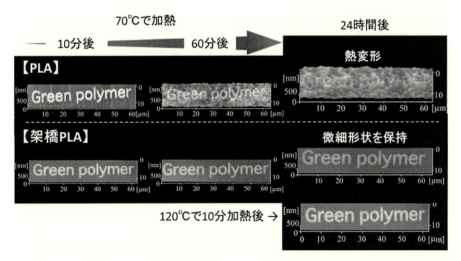

図 6　熱 NIL で作製した PLA の微細加工体（上）と，量子ビーム NIL で作製した架橋 PLA の微細加工体（下）を加熱した場合の形状変化

図7 架橋ゼラチンハイドロゲルの微細加工例

場材料の開発が急務となっている[24]。

量子科学技術研究開発機構では，量子ビームNILで硬さと微細形状を制御したハイドロゲル足場を作製することに成功した。材料は生体適合性が高い多糖類やたんぱく質である。多糖類やたんぱく質は乾燥状態では放射線によって分解されるが，水を含んだ状態で照射すると水のOHラジカルを介して架橋反応が優先される。この架橋反応を利用することで，安定な化学ゲルを作り出すことができるのである。例えばゼラチンは足場としてよく使われる材料であるが，ゾル－ゲル転移温度が体内環境や培養環境温度（37℃）に近く，不溶化処理としてホルムアルデヒドなどの有毒な架橋剤を用いるのが一般的である。しかし量子ビームを利用することにより，ゼラチンと水だけで「溶けないゼラチン」が実現し，7日間の培養条件下でも細胞毒性は確認されなかった[25]。ハイドロゲル化した材料を微細加工することは困難であるが，量子ビームNILを用いれば架橋と微細加工を同時に実現することができる。図7に微細加工をした架橋ゼラチンハイドロゲルの写真を示す。照射条件を変えることで，ハイドロゲルの硬さを軟組織培養に適した10〜100 kPaに対応させることも可能である。

量子ビームNILで作製されたハイドロゲルの微細加工体は，架橋剤が要らないという点で生体適合性が高いだけでなく，細胞機能に影響を及ぼす表面の柔らかさと形状という2つの重要なパラメータを同時に制御することができる。機能性足場材料としての評価が現在行われており，異種細胞の分離や特定形状へ増殖させる組織培養，幹細胞からの分化誘導技術など，生命機能の物理的・化学的解読のみならず先端バイオ研究や再生医療研究への応用が期待される。

5 おわりに

本稿では熱やUVの代わりに量子ビームを用いた新しいNIL技術について，PTFE，PLA，ハイドロゲルの加工例とともに紹介した。量子ビームNILは既存の技術では加工が難しい材料に有効であるだけでなく，形状の加工と同時に化学的・物理的な改質を行ったり機能性を付与したりできる「一石二鳥」の微細加工技術である。量子ビームの特色を生かして高度な材料創製を

第 19 章 「量子ビームナノインプリント」による高分子の改質と微細加工

可能にする本技術が,様々な分野において新しいナノテクノロジーを切り拓くきっかけとなることを期待している。

謝辞

本稿で紹介した量子ビーム NIL 技術は,量子科学技術研究開発機構(旧 日本原子力研究開発機構)高崎量子応用研究所・早稲田大学・大阪大学の共同研究により確立したものです。鷲尾方一教授(早稲田大学),大島明博博士(大阪大学),田川精一特任教授(大阪大学)をはじめ,関係各位に感謝申し上げます。

文　　献

1) International Technology Roadmap for Semiconductors, http://www.itrs.net/
2) 藤森進,精密工学会誌 **74**, 565 (2008);S. Fujimori, *Jpn. J. App. Phys.* **48**, 06FH01 (2009)
3) S. Y. Chou, P. R. Krauss, and P. J. Renstrom, *Appl. Phys. Lett.* **67**, 3114 (1995);S. Y. Chou, P. R. Krauss, and P. J. Renstrom, *Science* **272**, 85 (1996)
4) P. Rai-Choudhury (ed), SPIE Handbook of Microlithography, Micromachining and Microfabrication 1: Microlithography (1997)
5) D. L. Spears and H. I. Smith, *Solid State Technol.* **15**, 21 (1972)
6) T. Ito and S. Okazaki, *Nature* **406**, 1027 (2000)
7) J. A. van Kan, A. A. Bettiol, and F. Watt, *Appl. Phys. Lett.* **83**, 1629 (2003)
8) P. Sigmund, *Phys. Rev.* **184**, 383 (1969);J. Melngailis, *J. Vac. Sci. Technol. B.* **5**, 469 (1987)
9) T. G. Oyama, et al., *Nanotechnology* **23**, 495307 (2012)
10) A. Kobayashi, et al., *J. Photopolym. Sci. Technol.* **25**, 217 (2012);A. Kobayashi, et al., *Nucl. Instr. Meth. Phys. Res. B.* 295 76 (2013)
11) 山辺正顕(監修),フッ素系材料の応用技術,シーエムシー出版 (2006) など
12) Y. Tabata, *Proceedings of Taniguchi Conference.* 118 (1992);J. Sun, et al., *Radiat. Phys. Chem.* **44**, 5 (1994);A. Oshima, et al., *Radiat. Phys. Chem.* **45**, 269 (1995) など
13) Y. Zhang, et al., *Appl. Phys. Lett.* **67** 872 (1995);T. Katoh, et al., *Sensor Actuat. A.* **89**, 10 (2001) など
14) D. Yamaguchi, et al., *Macromol Symp.* **181**, 201 (2001)
15) Y. Takasawa, et al., *J. Photopolym. Sci. Technol.* **22**, 341 (2009);N. Miyoshi, et al., *Radiat. Phys. Chem.* **80**, 230 (2011) など
16) N. Fukutake, et al., *Jpn. J. App. Phys.* **49**, 065201 (2010)
17) T. Takahashi, et al., *J. Photopolym. Sci. Technol.* **23**, 69 (2010);T. Takahashi, et al., *J. Photopolym. Sci. Technol.* **25**, 249 (2012)
18) 辻秀人,筏義人,ポリ乳酸―医療・製剤・環境のために―,高分子刊行会 (1997);D.

Garlotta, *J. Polym. Env.* **9**, 63 (2001); L. S. Nair and C. T. Laurencin, *Prog. Polym. Sci.* **32**, 762 (2007)
19) Y. Hirai and Y. Tanaka, *J. Photopolym. Sci. Technol.* **15**, 475 (2002)
20) T. G. Oyama, *et al.*, *Appl. Phys. Lett.* **103**, 163105 (2013); 大山智子, UV・EB 硬化技術の最新応用展開—3D プリンターから住環境まで—, 第 35 章, シーエムシー出版 (2014)
21) T. Tanaka, *et al.*, *Surf. Coat. Tech.* **218**, 162 (2013)
22) H. Mitomo, *et al.*, *Polymer* **46**, 4695 (2005); N. Nagasawa, *et al.*, *Nucl. Instrum. Methods Phys. Res. B.* **236**, 611 (2005)
23) S. Okubo, *et al.*, *Appl. Phys. Express.* **5**, 027303 (2012)
24) L. A. Flanagan *et al.*, *Neuroreport.* **13**, 2411 (2002); Adam J. Engler *et al.*, *J. Cell. Biol.* **166**, 877 (2004); A. J. Engler *et al.*, *Cell* **126**, 677 (2006) など
25) K. Haema, *et al.*, *Radiat. Phys. Chem.* **103**, 126 (2014)

第20章 電子線照射による生分解性・生体適合性ヒドロゲルの創製とその応用

長澤尚胤*

1 はじめに

　ゲルとは，化学的あるいは物理的に分子鎖が架橋することにより形成した3次元のネットワークを有する網目構造体である。ゲルを構成しているモノマーの分子構造，網目鎖，架橋点，架橋密度に依存して，マイクロメートルからナノメートルサイズの空間を有した網目内部に多量の溶媒を含み，その溶媒が水の場合にはヒドロゲルである。身近な材料として吸水材や芳香剤などの衛生・生活日用品，コンニャクや寒天などの食品，コンタクトレンズなどの医療，農業・園芸など様々な分野で広く使用されている[1,2]。

　近年，地球温暖化や資源枯渇の問題を解決できる資源循環型社会では，今まで石油資源を背景に我々の現生活を支えている合成高分子の使用後による大気や土壌汚染といった環境破壊という負の側面に対処するべく，地球上に数十億トンあるといわれるバイオマスの有効利用が主流になるといわれている。環境に負荷を与えないバイオマスである天然高分子を利用するには，天然高分子ならではの機能を生かした新規高機能性材料の開発が重要となる。セルロースやデンプン，ゼラチンのような生分解性を有する動植物由来の高分子材料の利用が期待され，ゲルの応用においても，衛生・生活日用品に利用されている吸収材や農業・園芸に利用される土壌水分調整材に対し，環境や人に優しい高分子材料を原料にして開発することが望まれている[3]。

　従来，セルロースをはじめとする多糖類を用いたゲルは，架橋剤を使用して製造されているが，残留架橋剤による人体への毒性が危惧されている。放射線による高分子の架橋加工技術は，化学物質を使用せずに材料を改質できるため，資源循環型材料の開発に有用な方法である。この技術は，自動車や電化製品の電線被覆材，家庭用の発泡マット，ラジアルタイヤなどの耐熱性改善を目的として使用されている。電子線やγ線を利用した高分子加工において，これらの天然物由来の高分子は，従来放射線分解型の高分子であるとされてきたので，ほとんど応用はされてこなかった。工業化が成功している例としては，ドイツにおけるレーヨン製造の一部として，パルプ原料のセルロース分子量調整に放射線分解技術が使用されている。この分解方法は，ビスコースレーヨン化の化学薬品処理時のアルカリや二硫化炭素の使用濃度低減や熟成時間の短縮に繋がる環境保全技術の一つとして応用されている[4]。

---

　* Naotsugu Nagasawa　（国研）量子科学技術研究開発機構　量子ビーム科学研究部門
　　高崎量子応用研究所　先端機能材料研究部　主幹研究員

一般にセルロースやキチンは，強固な水素結合により水や有機溶媒に溶解しにくいため，主に粉末状態で照射されているが，分子量低下を伴い分解する[5]。また，これら多糖類を水溶性化処理した誘導体であるカルボキシメチルセルロースナトリウム塩（CMC）やカルボキシメチルキチン・キトサンナトリウム塩（CMキチン・キトサン），カルボキシメチルデンプンナトリウム塩（CMデンプン），ヒドロキシプロピルセルロース（HPC），メチルセルロース（MC），ヒドロキシプロピルメチルセルロース（HPMC）などを希薄水溶液中で照射すると，分子量の低下により溶液の粘度が低減するような分解反応が主に起こるとされてきた[6,7]。

筆者らは，上記の水溶性多糖類誘導体を用いて，水と均一に混合した濃厚分散液（ペースト状）にして電子線やγ線を照射すると，ゴム状を呈した水を吸水するヒドロゲルを生成できることを明らかにした[8〜15]。また，多糖類誘導体以外の，アルブミンやゼラチンなどのタンパク質についても同様に高濃度に調製した試料に放射線処理すると，架橋反応を導入することを確認している[16,17]。本稿では，CMCやCM-キチン・キトサンなどの多糖類誘導体の放射線架橋および架橋機構，得られたゲルの応用例，タンパク質やDNA複合体の放射線架橋とその物性などについて解説する。

2 放射線照射による架橋反応を利用したゲルの創製と物性

多糖類誘導体は，セルロース，キチン・キトサン，デンプン，アルギン酸などの多糖類を化学的に修飾して市販されており，アイスクリームやケチャップなどの増粘保持剤や缶コーヒー等の乳化安定剤などとしての食品，芳香剤・保冷剤のゲル化剤として生活日用品，セメントの懸濁安定・分離防止材としての土木・建材，増粘，乳化，泡，分散安定の添加剤として化粧品，顆粒剤のバインダーとして医薬などの様々の分野で利用されている。

例えば，セルロースを原料とした誘導体は，構成単位であるグルコース残基当たり3個の水酸基を有しており，この水酸基を接点として，エステル化あるいはエーテル化反応によって置換基を化学的に導入されている。特にセルロースのエーテル化誘導体は，一般的に水溶性を有しており，アルカリに対して安定である。これらの誘導体は粉末固体状態や希薄水溶液状態で，電子線やγ線を照射すると，分子量低下を伴う分解反応が主に起こるとされてきた。最近，各種エーテル化多糖類誘導体でセルロースを原料としたCMC，MC，エチルセルロース（EC），ヒドロキシエチルセルロース（HEC），HPC，HPMCや，CMキチン・キトサン，CMデンプン，ヒドロキシプロピルデンプン（HPデンプン）を蒸留水と均一に混練りしたペースト状の濃厚分散液に電子線またはγ線を照射すると，分子鎖中に反応性の高いラジカル（活性種）が生成され，そのラジカル同士が結合する架橋反応により三次元のネットワーク構造（網目構造）が導入されてヒドロゲルが形成されることを明らかにした[8〜15]。

例としてCMCの放射線架橋について解説する。CMCは，パルプ等を原料として，18%程度の水酸化ナトリウムを加えてアルカリセルロースを調製し，続いてモノクロル酢酸を添加して

第20章 電子線照射による生分解性・生体適合性ヒドロゲルの創製とその応用

80℃程度で2時間程度加熱撹拌することにより調製される。アルカリセルロース調製時にセルロース状の水酸基（OH）が解離した状態であるナトリウムアルコラートが生成し，モノクロロ酢酸に対して求核的に反応してエーテル結合が形成され，CMCが合成される。CMCは，理論上構成単位であるグルコース残基当たり3個の水酸基がすべてカルボキシメチル基に置換されると置換度3となるが，一般に1回のカルボキシメチル化処理による置換度は，最大1.6程度である[5]。カルボキシメチル化処理を繰り返すことにより置換度3に近いCMCを得ることができるが，市販品の最も高い置換度は2.2である。このCMCは，従来，固体の粉末や希薄水溶液状態に電子線やγ線を照射すると，粘度が低下して分解反応が優先的におき，架橋反応が起こらないことが報告されている。図1に示すように，CMC粉末を蒸留水と均一に混練りしたペースト状の濃厚液に調製し，電子線やγ線を照射すると架橋反応が起こってゲルが形成される。この得られたゲルは，ゴム弾力性を呈し，さらに水に浸漬すると吸水して膨潤ゲルになる。電子線照射（1 MeV, 1 mA）によるゲル化において，置換度2.2を有するCMCの初期濃度について検討した結果，図2（a）に示すように10％〜50％の濃度範囲においてゲル化し，線量と濃度が高くなるにつれて架橋しやすくなる[10]。濃度20％では，架橋度合いの指標であるゲル分率が20 kGy照射で約38％，100 kGyで約75％になり，さらに高濃度の50％では，20 kGy照射で約62％，100 kGyで約93％になる。電子線照射におけるCMCの反応効率G値は，架橋G(x)と分解G(x)で示すと，CMCの濃度が濃くなると架橋反応効率が大きくなることが分かる（図

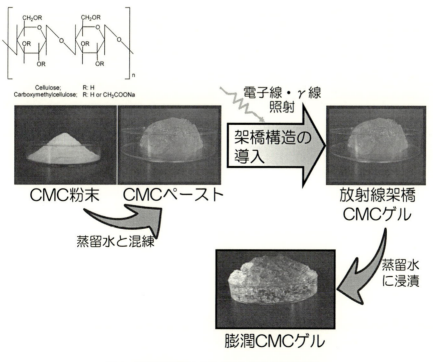

図1　放射線照射によるCMCゲルの作製方法

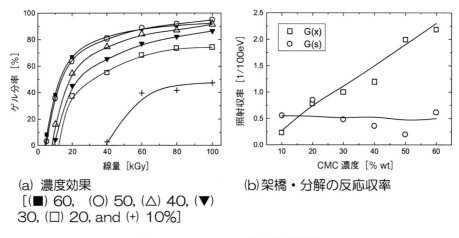

(a) 濃度効果
[(■) 60, (○) 50, (△) 40, (▼) 30, (□) 20, and (+) 10%]

(b) 架橋・分解の反応収率

図2　CMCペーストの放射線架橋挙動
(a) 濃度効果, (b) 架橋・分解の反応収率

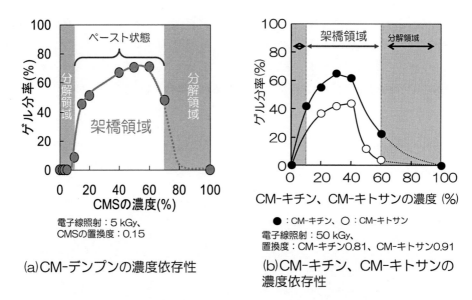

(a) CM-デンプンの濃度依存性
電子線照射：5 kGy、CMSの置換度：0.15

(b) CM-キチン、CM-キトサンの濃度依存性
● ：CM-キチン、○ ：CM-キトサン
電子線照射：50 kGy、置換：CM-キチン0.81、CM-キトサン0.91

図3　CMデンプン，CM-キチン・キトサンの放射線架橋

2 (b))。しかしながら，60%より高濃度の70%に調整しても，水の浸透が不均一となり，架橋の度合いが低下する。また，市販されているCMCは，カルボキシメチル基の置換度が0.7から2.2まで有しており，同濃度で評価すると置換度が大きいほど，架橋反応効率が大きくなっている。他の多糖類誘導体であるCMデンプン，CM-キチン・キトサンについても図3に示すように，CMCと同様にペースト状態が架橋する領域であることが分かった。

この架橋反応は，照射によって生成した分子鎖中のラジカル同士が結合することにより起こるため，ペースト中での分子の運動性，生成ラジカル数に依存する。例えば，分解領域である

第20章 電子線照射による生分解性・生体適合性ヒドロゲルの創製とその応用

　CMC粉末の場合には分子鎖の運動性が低いために，照射によって生成したラジカル同士が再結合せずに架橋反応が起こりにくい。濃度5％未満の希薄水溶液の場合では粉末と比較して分子運動性が高いものの，分子鎖数が少なくかつ分子鎖間の距離が離れているため，生成ラジカルの再結合が起こらず分解反応が促進する。一方，濃厚なペースト状態の濃度では，分子鎖間の適度な距離（分子鎖の絡み合い）と運動性を有しているため架橋が起こると考えられている。また，この架橋反応機構を考察する上で，照射によるラジカル生成が重要である。水が存在している系では，放射線が直接作用して高分子鎖にラジカルを生成するだけでなく，水の放射線分解によって生成する水酸基ラジカルが高分子鎖の水素を引き抜き，間接効果として高分子マクロラジカルを生成する。この濃厚なペーストは水が存在しているため，水の放射線分解生成物であるラジカルとの間接効果により，高分子マクロラジカル生成が効率的に起き，高分子ラジカル同士の再結合である架橋反応が促進する。生成ラジカルの同定ならびに減衰挙動を評価することにより架橋部位を考察することができる。CMC，CM-デンプン，CM-キチンと水の放射線分解で生成するOHラジカルとの反応で生じた高分子マクロラジカルは，ESR測定によりトリプレットとダブレットの合成スペクトルで得られ，カルボキシメチル化多糖類の構造単位である糖残鎖によらず，カルボキシメチル基の第2級炭素上にラジカルが生成することを同定し，また，この生成マクロラジカルが希薄溶液では減衰時間が非常に長いが，架橋する濃度範囲では減衰時間が短いことから架橋点の起点になることを明らかにした[18〜20]。

　上記で放射線架橋によって得られたCMCゲル，CM-デンプンゲルやCM-キチンゲルは，図4のように吸水性を有し，乾燥CMCゲルを水や溶液に2日間浸漬すると，平衡膨潤する。この吸水特性は，架橋度合いに依存するので，ゲル作製条件（試料初期濃度，置換度，線量）で制御できる。乾燥CMCゲル1gに対して，水の場合，100〜360g，生理食塩水の場合，20〜100g，模擬ウシ尿の場合，10〜80g吸水する。これは，生理食塩水や模擬ウシ尿中の中にナトリウムやカリウムなどの陽イオンの存在によるCMCのカルボキシメチル基とのイオン相互作用に起因する。

　キチン・キトサンは糖残鎖のアミノ基がキレートを形成して金属を吸着・捕集することが知られている。吸水特性だけでなく，放射線架橋CM-キトサンゲルは金属吸着特性を有すると考えられ，図5に示すように青色を呈していた0.1 M硫酸銅水溶液30 mLにCMキトサンゲルを20 mg添加すると，溶液中の青色がなくなり，青色のゲルが沈殿していることからCM-キトサンゲルに銅イオンが吸着されていることが分かる。吸着した銅イオンは，0.1 M塩酸を用いてpHを酸性側にすると約10分間で脱着できることから，交互に吸脱着可能な金属吸着ゲルとして利用可能である。さらに様々な種類の金属について，金属イオン濃度100 ppbの水溶液100 mLにゲルを50 mg添加して検討した結果，金，白金，パラジウム，カドミウム，スカンジウム，バナジウムを吸着することがわかった。8時間処理した場合，CMキチンゲルではスカンジウムとパラジウムを，CMキトサンでは金を初期濃度の70〜80％も吸着することがわかった[21, 22]。

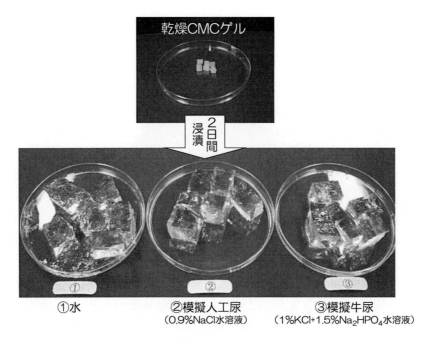

図4　乾燥CMCゲルの膨潤特性

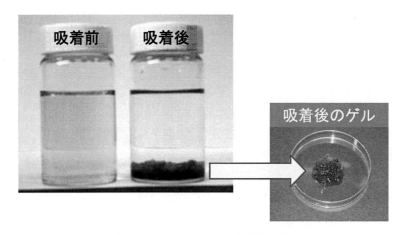

図5　CM-キトサンゲルの銅吸着特性

第 20 章　電子線照射による生分解性・生体適合性ヒドロゲルの創製とその応用

表 1　電子線照射で作製した多糖類ゲルの生分解性試験結果

試　料	ゲル作製条件 (照射条件, ゲル分率)	試験日数 (日)	発生炭酸ガス量 (g)	分解率 (%)
セルロース微結晶粉末 (標準物質)		14	6.8	41.0
		30	13.4	80.0
カルボキシメチルセルロース (置換度 2.2)	(未照射)	14	0.38	2.4
カルボキシメチルセルロースゲル (置換度 2.2)	(20%, 10 kGy 照射, ゲル分率 15%)	14	0.55	3.4
カルボキシメチルセルロース (置換度 1.29)	(未照射)	30	2.45	12.3
カルボキシメチルセルロースゲル (置換度 1.29)	(20%, 10 kGy 照射, ゲル分率 47%)	30	3.70	18.7
カルボキシメチルデンプン (置換度 0.15)	(未照射)	14	6.71	43.3
カルボキシメチルデンプンゲル (置換度 0.15)	(50%, 5 kGy 照射, ゲル分率 70.5%)	14	6.13	39.5

　また, その他の物性として金属吸着特性以外でも, CMC や CM デンプンは, 天然物由来の高分子材料で環境にやさしく生分解特性が備わっている。放射線架橋ゲルの生分解性について, JIS/ISO 規格の制御されたコンポスト中での好気的生分解性試験 [JIS K 6953-2 (ISO 14855-2)] により生分解して発生した二酸化炭素量を秤量して分解率として評価した。CMC の場合, 置換度が 1 以上と高くなると, セルラーゼ等の酵素での分解性が低下することが知られている。表 1 に示すように, 標準物質と比較して CMC の分解性は低いが, ゲル化してもしなくても分解性が変化しないことが分かる。また, CM デンプンについてもゲル化の有無によらず, 標準物質と同等の分解性を有しており, 14 日間処理後で約 40% 分解している。例えば, 土壌改良材等に利用するには CM-デンプンの生分解が速く, 土壌の水分保持能力の低下が危惧される。そこで, 生分解の遅い CMC とのブレンドした放射線架橋ゲルを作製することにより, ブレンド比率やブレンド試料の濃度, 照射量を変化させることで生分解性を制御することが可能となる[23]。

　他の多糖類誘導体である, MC, EC, HEC, HPC, HPMC, HP デンプン, カルボキシメチル κ カラギーナンも CMC と同様に濃厚なペースト状態で架橋してヒドロゲルになることを明らかにした。また, pH11 以上のアルカリ水溶液に溶解するヒドロキシプロピルメチルセルロースフタレート (HPMCP) も炭酸ナトリウム水溶液に調製した 30% 以上の高濃度ペーストで架橋する。アルカリ水溶液だけではなく, 有機溶剤であるメタノールやアセトン中でも架橋することを見出しており, 得られた HPMCP ゲルは, 乾燥重量 1 g に対してメタノール, アセトン, ピリジン, クロロホルム, 酢酸, ジメチルスルホキシドなどの有機溶剤を 40〜70 g 吸収できる[24, 25]。

　水溶性の多糖類誘導体の放射線架橋に対して, 水を用いた高濃度ペースト状態における分子鎖の運動性制御と水の放射線分解生成ラジカルによる間接効果が重要な因子であることがわかって

きた．最近，難水溶性のセルロースやキチンを溶解するイオン液体と水を添加した高濃度ペースト混合物に調製して，放射線を照射すると架橋することを見出し，新たな架橋方法をしての応用が期待されている[26, 27]．

　また，放射線架橋法以外の放射線グラフト重合でもヒドロゲルを作製することができる．例えば，マレーシアやベトナム，タイなどの東南アジアでは，乾燥地帯の保水材・土壌改良材の利用目的で，入手しやすく低価格で生分解性を有したキャッサバデンプン，サゴデンプン，ココナッツファイバー粉末を原料としてアクリル酸などの水溶性重合モノマーを加え，電子線またはγ線を照射すると，生成した分子鎖中に反応性の活性種から，モノマーが連なって親水性のグラフト鎖が成長しかつ架橋反応も同時に起こったヒドロゲルが作製できる[28]．

　一方，天然高分子の一つであるタンパク質や核酸も，環境，人にやさしい材料として応用が期待されている．ブタや牛など，動物の骨，腱や皮膚などを形づくる繊維状のタンパク質であるコラーゲンは難水溶性であるが，コラーゲンを原料として水と加熱し，水に溶けるように変性して抽出したゼラチンは，食品のゲル化剤や写真の乳剤や，墨，人工皮革，接着剤などの様々な分野で利用されている．ゼラチンは図6のように加熱・冷却によって，ゾルからゲル，ゲルからゾルに相変化し，常温近傍で可逆的にゾル-ゲル変化できる．しかしながら，ゾルゲル法で作製したゼラチン物理ゲルを細胞培養用の基材・培地利用を検討した結果，培養温度の37℃で溶解してしまうという欠点があった．そこで，耐熱性改善が期待でき，かつ毒性の高い架橋剤を利用せずに化学的な架橋構造を導入する目的で，上記の多糖類誘導体と同様に10％以上の高濃度水溶液に調製し，室温に冷却して物理ゲルとして形状を整えて電子線を照射した．照射前後のゼラチン物理ゲルの形状は変化がなかったが，50℃の水に浸漬した結果，ゾル化温度以上でも溶解しない放射線架橋ゼラチンゲルが生成することを明らかにした[16]．架橋度合いが大きくなると酵素分解性が低下するものの，プロテナーゼで分解する耐熱型ゼラチンゲルが創製できていることから，細胞培養用ゲル基材としての応用が期待され，精力的に研究が進められている[29, 30]．

ゼラチンの熱可逆ゾル-ゲル転移

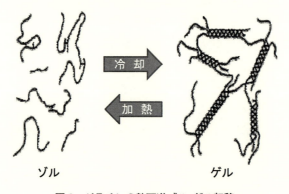

図6　ゼラチンの熱可逆ゾル-ゲル転移

第 20 章　電子線照射による生分解性・生体適合性ヒドロゲルの創製とその応用

　また，水産廃棄物となっている鮭の白子から抽出されるデオキシリボ核酸（DNA）は，ダイオキシンなどの発ガン性物質である芳香族化合物をインターカレーション反応により吸着でき，環境浄化材料への応用が期待されている。DNAは放射線により分解してしまうため，CMC，CM-キトサン，ウシ血清アルブミン，ゼラチンなどの放射線架橋できる高分子材料と混合して放射線を照射すると架橋反応によりDNA含有コンプレックスゲルが形成される。このDNAコンプレックスゲルは，発ガン性物質のモデル化合物であるアクリジルオレンジをインターカレーション反応により吸着することが明らかにされている[31]。

3　放射線架橋生分解性ゲルの応用例

　CMC，CMデンプン，HPCなどの多糖類誘導体ゲルの本作製方法では，原料と水とを均一に混練りした高濃度ペーストの調製と形状加工，照射処理で簡便であるとともに，照射委託会社を利用することで，γ線を照射してある程度の大きさを有したゲルや，シート形状にしたペーストに電子線を照射して連続的にゲルシートを大量に作製することが可能である。

　最近，放射線架橋多糖類ゲルが，和紙の添加剤などの工業分野，コンクリート養生材などの土木・建材分野，ゲル線量計やフェイスマスクなどの医療・化粧品分野に利用されている。電子線照射して作製したCMCゲルは，乾燥・粉砕後，越前和紙やコンクリート養生材として使用されている。

　越前和紙は，1500年の長い年月で築き上げられ，証券や証書（卒業証書等）などの正式の用紙として評価が高く，金や銀の屏風にも利用されている。特に屏風に利用した際，季節変動による湿度変化によって収縮が起こり，屏風のしわや，金箔・銀箔の亀裂による剥がれなどが起こる問題があった。添加前の収縮率が1.3％であったのに対し，CMCゲルを手漉き和紙浴に0.1％程度添加することにより，収縮率が0.5％まで低減でき，低収縮性和紙として屏風だけでなく壁紙などにも応用できるようになった。また，和紙の新たな利用として，噴霧吹きつけ可能となり，風船コーティングすることで，図7のような補強用骨組みがない立体的なランプシェードが製作できるようになった。直接壁に吹きつけが可能となり，ゲル添加による和紙の収縮抑制，強度向上するため，和風調の壁用建築建材としての利用も期待されている。

　環境にやさしい生分解特性かつ吸水特性を生かした応用として，CMCゲルのコンクリート養生材への利用が検討されている。沖防波堤などの構造物は，比較的強風に晒されることが多いため，コンクリートを打ち込む場合にはコンクリート表面の乾燥が懸念される。コンクリートは，水和反応（セメントが水と反応硬化すること）の開始直後（以下，極初期材齢と称す）において急激な乾燥を受けると，変形したまま元に戻らない収縮による表面ひび割れが発生しやすくなるほか，硬化過程における養生水不足による強度発現が不十分となることや，表層部の品質低下を招く恐れがある。これらの課題を解決するため，極初期材齢におけるコンクリートの新たな養生方法として生分解性ゲル養生工法「GETTキュア」が開発されている[32]。図8のように，乾燥

低収縮性和紙
(a) 金箔屏風　　　(b) 書画用紙

ランプシェード　　　会議室の壁紙

図7　ゲル添加和紙の応用
（低収縮性和紙，ランプシェード，壁紙）

図8　ゲル養生材の製造工程

　CMCゲル1gに対して60倍程度の水を吸水させ，そのゲル溶液をスラリー状に攪拌して，コンクリートの上面に生分解性CMCゲルの層を形成させることにより，ゲルに含まれる水が先行して乾燥することで，ゲルが上面に残留している期間はコンクリート表層部の乾燥が抑えられ，収縮ひずみが小さくなるため，コンクリート表層部の強度低下，表面ひび割れ発生や表層部の品質低下を抑制でき，表層部の緻密化により，透気係数が小さくなり，耐久性が向上する。また，植物由来のセルロース原料で，生分解性を有していることから環境への負荷が少なく安全であることから，今後の堤防増設などの工事で利用が期待されている。
　生物に不活性で生体親和性の高いHPCを原料として作製した放射線架橋HPCゲルを利用して，放射線治療用ゲル線量計の実用化に向けた開発が行われている。近年，強度変調放射線治療

第 20 章　電子線照射による生分解性・生体適合性ヒドロゲルの創製とその応用

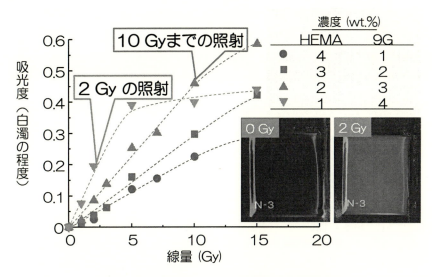

図 9　HPC ゲルマトリックス線量計の白濁化定量

や粒子線治療など高度放射線治療法では，がん患部に集中的に線量を付与することが可能になってきたため，線量の空間分布計測が重要となってきている。線量分布を視覚的かつ定量的に評価可能な新しいツールとして，生体等価なゲル状のマトリクス材料とモノマー溶液から成るゲル線量計の実用化が期待されている。透明性や熱安定性が高い放射線架橋 HPC ゲル材料をマトリクスとして用い，これに毒性の低いメタクリル酸系のモノマーを添加したものに，治療で用いられる各種放射線を照射し，その線量応答および線量分布や空間分解能を評価することにより，照射線量分布を白濁化減少として目視により容易に確認できるゲル線量計の開発に成功した。図 9 に示すように，メタクリル酸系モノマーであるメタクリル酸 2-ヒドロキシエチル（HEMA）とノナエチレングリコールジメタクリレート（9G）のモノマー組成を変化させることで，例えば，HEMA:9G の濃度比 1：4 の場合には白濁の程度が低線量の 2 Gy まで，濃度比 2：3 の場合には 10 Gy まで直線性を有すことから，治療に必要な 10 Gy までの線量応答範囲において，感度と線量域を制御することが可能であり白濁化の定量評価をできることがわかってきた。今後は白濁成分の三次元分布の可視化に向けて，ゲル線量計の性能を向上させることとなっている[33,34]。

4　おわりに

　天然高分子の放射線架橋は，高分子の放射線化学の研究において，従来，多糖類などの天然高分子に放射線を照射すると，分解反応が優先的に起こる系として認識され，架橋の研究が進んでこなかった。最近，高分子化学においても特殊な溶液相とされ，非常に簡便な方法で調製できる水と均一に混練りした多糖類誘導体の濃厚ペーストに電子線や γ 線を照射すると，架橋反応が

誘起され，ヒドロゲルが形成されることが見出された。高濃度な領域において架橋反応が起こることは非常に興味深く，今後，架橋反応機構を解明することが重要になっている。一方，得られたゲルの吸水性，生分解性，生体親和性，透明性といった特性を生かして様々な分野で応用されてきている。地球温暖化や資源枯渇の問題を解決できる資源循環型社会では，環境に負荷を与えず，かつ人にやさしい天然高分子の機能を生かした新規高機能性材料の開発に必要となる。本章で述べたヒドロゲル創製をはじめとする天然高分子の放射線加工は，さらなる技術の発展とともに，再生医療などの医療用途に展開され，様々な応用分野にさらに広がるものと期待される。

謝辞

最後に，本研究は国立研究開発法人量子科学技術研究開発機構　量子ビーム科学研究部門　高崎量子応用研究所　先端機能材料研究部（旧・国立研究開発法人日本原子力研究開発機構　量子ビーム応用研究センター　金属捕集・生分解性高分子研究 Gr，環境材料プロセシング研究 Gr，生体適合性材料研究 Gr で行ってきた）の研究成果であり，本研究の立案，マネジメントに尽力いただいた吉井文男博士（現・原子力機構 OB），共同研究者である三友宏志群馬大学名誉教授（故人）には多大なるご指導・ご助言をいただいたことに感謝いたします。また，多糖類誘導体ゲルの研究は，群馬大学三友研究室に在籍し，共に研究してきた Radoslow A.Wach 博士（現　ウッジ工科大学），Long Zhao 博士（現　上海交通大学），Jaroslaw M. Wasikiewicz 博士（現　ロンドン公衆衛生研究所），文部科学省原子力研究交流制度の支援で研究を共にした Ling Xu 博士（現　北京大学），Fei Bin 氏（現　香港理工大学）が行った成果であるとともに，特に，多糖類に生成したマクロラジカルに関する研究は，東京大学勝村研究室に在籍し，特別研究生として佐伯誠一博士（現・量子科学技術研究開発機構）と行った成果であり，貴重なデータを得たことに感謝いたします。また，タンパク質ゲルおよび DNA コンプレックスゲルの研究は，群馬大学理工学府土橋敏明教授らとの共同研究の成果であり，貴重なデータを得たことに感謝いたします。さらに，実用・応用例としてコンクリート養生材については，㈱東洋建設の竹中様よりご教授いただきました。ゲル線量計については，㈱柴田合成，群馬産業技術センターとの共同で行った成果の一部であります。本研究の一部は JSPS 科研費 JP20710067，JP24510132 の助成を受けたものです。最後に関係各位に厚く御礼申し上げます。

文　　献

1) 長田義仁，梶原莞爾編，"ゲルハンドブック"，エヌ・ティーエス（1997）
2) 阿部正彦，村瀬則郎，鈴木敏幸編，"ゲルテクノロジー"，サイエンスフォーラム（1997）
3) 生分解性プラスチック研究会編，"生分解性プラスチックハンドブック"，エヌ・ティーエス（1995）
4) T.M. Stepanik, D.E. Ewing, R. Whitehouse, *Radiat. Phys. Chem.*, **57**, 377-379（2000）
5) セルロース学会編，"セルロースの事典"，朝倉書店（2000）
6) Jong-il Choi, Hee Sub Lee, Jae-Hun Kim, Kwang-Won Lee, Ju-Woon Lee, Seog-jin Seo, Ke Won Kang, Myung-Woo Byun, *Polym. Deg. Stab.*, **93**(1), 310-315（2008）
7) Boris G. Ershov, *Russ. Chem. Rev.*, **67**, 315-334（1998）

8) 中野義夫 監修,"ゲルテクノロジーハンドブック",エヌ・ティーエス(2014)
9) F. Bin, R. A. Wach, H.;Mitomo, F. Yoshii, T. Kume, *J. Appl. Polym .Sci.*, **78**, 278(2000)
10) R. A. Wach, H.;Mitomo, F. Yoshii, T. Kume, *J. Appl. Polym .Sci.*, **81**, 3030–3037(2001)
11) R. A. Wach, H.;Mitomo, F. Yoshii, T. Kume, *Macromol. Mater. Eng.*, **287**(4), 285-295 (2002)
12) L. Zhao, H. Mitomo, N. Nagasawa, F. Yoshii, T. Kume, *Carbohyd. Polym.*, **51**, 169-175 (2003)
13) F. Yoshii, L. Zhao, R. A. Wach, N. Nagasawa, H. Mitomo, T. Kume, *Nuclear Inst. Methods Phys. Res. B*, **208**, 320-324 (2003)
14) R. A. Wach, H. Mitomo, N. Nagasawa, F. Yoshii, *Nuclear Inst. Methods Phys. Res. B*, **211**, 533-544 (2003)
15) N. Nagasawa, T. Yagi, T. Kume, F. Yoshii, *Carbohyd. Polym.*, **58**(2), 109-113 (2004)
16) K. Terao, N. Nagasawa, H. Nishida, K. Furusawa, Y. Mori, T. Dobashi, F. Yoshii, *J. Biomater. Sci.. Polym. Ed.*, **14**, 1197-1208 (2003)
17) K. Terao, T. Karino, N. Nagasawa, F. Yoshii, M. Kubo, T. Dobashi, *J. Appl. Polym. Sci.*, **91**(5), 3083-3087 (2004)
18) S. Saiki, Y. Muroya, H. Kudo, Y. Katsumura, N. Nagasawa, Y. Yoshii, *ACS Symp. Ser.*, **978**, 166-178 (2008)
19) S. Saiki, N. Nagasawa, A. Hiroki, N. Morishita, M. Tamada, Y. Miroya, H. Kudo, Y. Katsumura, *Radiat. Phys. Chem.*, **79**(3), 276-278 (2010)
20) S. Saiki, N. Nagasawa, A. Hiroki, N. Morishita, M. Tamada, H. Kudo, Y. Katsumura, *Radiat. Phys. Chem.*, **80**, 149-152 (2011)
21) J. M. Wasikiewicz, N. Nagasawa, M. Tamada, H. Mitomo, F. Yoshii, *Nuclear Inst. Methods Phys. Res. B*, **236**(1-4), 617-623 (2005)
22) J. M. Wasikiewicz,, H.;Mitomo, N. Seko, M. Tamada, F. Yoshii, *J. Appl. Polym. Sci.*, **104**, 4015–4023 (2007)
23) A. Hiroki, H.T.T. Pham, N. Nagasawa, M. Tamada, *JAEA-Review*, **2008-055**, 46(2008)
24) L. Xu, N. Nagasawa, F. Yoshii, T. Kume, *J. Appl. Polym .Sci.*, **89**, 2123-2130 (2003)
25) L. Xu, N. Nagasawa, F. Yoshii, T. Kume, *J. Appl. Polym .Sci.*, **92**(5), 3002-3007(2004)
26) A. Kimura, N. Nagasawa, M. Taguchi, *Radiat. Phys. Chem.*, **103**, 216-221 (2014)
27) A. Kimura, N. Nagasawa, A. Shimada, M. Taguchi, *Radiat. Phys. Chem.*, **124**, 130-134 (2016)
28) M. Inoue, N. Nagasawa, M. Tamada, *Sand Dune Research*, **59**, 61-70 (2012)
29) K. Furusawa, K. Terao, N. Nagasawa, F. Yoshii, K. Kubota, T. Dobashi, *Colloid Polym. Sci.*, **283**(2), 229-233 (2004)
30) K. Haema, T. G. Oyama, A. Kimura, M. Taguchi, *Radiat. Phys. Chem.*, **103**, 126-130 (2014)
31) K. Furusawa, E. Kita, T. Saheki, N. Nagasawa, M. Tamada, N. Nishi, T. Dobashi, *J. Biomater. Sci. Polym. Ed.*, **19**, 1159-1170 (2008)
32) http://www.toyo-const.co.jp/technology/77.html 生分解性ゲル養生工法　GETT キュア

33) A. Hiroki, S. Yamashita, N. Nagasawa, M. Taguchi, *J. Phys. Conf. Ser.*, **444**, 012028 (2013)
34) S. Yamashita, A. Hiroki, M. Taguchi, *Radiat. Phys. Chem.*, **101**, 53-58 (2014)

< (3) 分解（菌・無害化）>

第21章　電子線を用いた排ガス処理技術

箱田照幸*

1　はじめに

　火力発電所等における石炭や重油の利用拡大に伴い，その燃焼過程で発生する排ガス中の硫黄酸化物（SO_2）や窒素酸化物（NOx）が与える酸性雨等の環境への影響が世界的な問題となっている。大気中に拡散したSO_2やNOxは太陽光の作用を受けて酸化されて硫酸や硝酸となり，これらが雨等に含まれて酸性雨となり，土壌や河川等の酸性化により樹木の枯死等を引き起こす。
　また，ゴミ焼却場からの排ガスに含まれて環境中に排出されるダイオキシン類は，人体への蓄積性があることから土壌汚染や食物汚染が問題となっている。ダイオキシン類による汚染の場合には，ダイオキシン類の急性毒性もさることながら，慢性毒性も問題となり，低濃度であっても長期にわたり摂取することにより発ガン性やホルモン異常を引き起こすことが指摘されている。このため，ダイオキシン類については希釈による排出処理は認められていない。ダイオキシン類の排出源の約80％は廃棄物の焼却過程からで，特に家庭からのゴミ焼却によるものと言われている[1]。このような背景から，1999年のダイオキシン類対策特別処置措置法の制定により，環境中へのダイオキシン類の排出量が厳しく規制されるようになった。
　さらに，我が国では1970年以降，沈静化の傾向にあった光化学スモッグが頻発する傾向にあり，塗装や印刷工場等から大気中に排出される揮発性を有した有機物（揮発性有機化合物：VOC）がこの原因の一つと報告されている。光化学スモッグの発生を抑制するために，2010年度までに2000年度のVOCの排出量の3割を削減することを目的とした大気汚染防止法の改定が行われ，2006年4月より施行されている。この改定大気汚染防止法による排出規制対象は，塗装・印刷，洗浄等の6つの作業を行う工場等であり，3割削減の2/3を企業の自主的努力により達成し，その残りを法規制により達成することを想定して策定された（ベストミックス）ものである。このため排出基準値は必ずしも厳しい数値とは言えないが，これまでダイオキシン類に比べて社会的関心が低く，国レベルでの規制がほとんどなされてこなかったことを考慮すると，VOCの排出抑制の取り組みの大きな一歩と言える。VOCの中には発ガンや免疫機能の低下の観点から人体に有害なものが多くあり，このため化学物質排出移動量届出制度（PRTR）の規制対象物質でもあることから，自治体や企業レベルそれぞれにVOCの代替物質の利用（インプロセス）や，排気換気ガス中のVOCを処理することにより事業所内で発生したVOCを最終的に外

---

　*　Teruyuki Hakoda　（国研）量子科学技術研究開発機構　量子ビーム科学研究部門　高崎量子応用研究所　研究企画室　研究企画室長代理

部に排出しない処理（エンドオブパイプ）が求められている。

　このような汚染ガスの環境中への排出に伴う環境問題に対して，これまで電子線を利用した排ガス処理技術の開発が我が国を中心に各国で進められてきた。環境汚染物を含む排ガスに電子線等の放射線を照射すると，放射線エネルギーの一部が排ガス成分の窒素，酸素や水分に吸収され，これらの分子が，励起，解離やイオン化して，ラジカルやイオン等の活性種となる。この活性種は反応性に富んでおり，排ガス中を拡散して極微量の環境汚染物と反応して環境汚染物の酸化あるいは分解反応を引き起こす（図1）。したがって，電子線排ガス処理技術では，このような拡散性・反応性に富んだ活性種を利用するため排ガスに均一に分散している極微量の環境汚染物の分解処理を得意とし，逆に濃度が数％の環境汚染物を含む排ガスの処理は不向きである。特に比較的高濃度のVOCを含む排ガス処理の場合，前段で活性炭等による吸着処理等を実施している場合が多く，吸着処理では対応できない低濃度のVOCの分解処理に電子線排ガス処理は適している。排ガス処理において重要な活性種は，図2に示すイオン分子反応により生じるヒドロキシラジカル（OHラジカル，OH・）であり，N_2^+，O_2^+のG値（ある物質が放射線照射により100 eVのエネルギーを吸収した際にその物質中に存在する特定分子が化学変化した分子数を表し，SI単位系で表記すると μmol/Jとなる）はそれぞれ0.249, 0.068 μmol/Jであることから[2]，放射線を照射した室温空気中に，吸収線量1 kGyあたり約9.2 ppmvのOHラジカルが生成すると見積もることができる。これまでに排ガス処理への電子線の具体的な応用例として，上述した石炭火力発電所からの排ガスに含まれるSO_2やNOxやの除去技術が実用化され，また都市ゴミ燃焼排ガス中のダイオキシン類の分解技術や塗装工場からの換気ガス中に含まれる

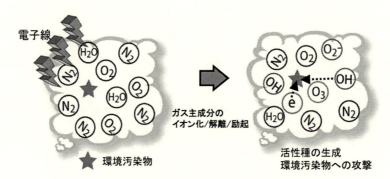

図1　活性種と環境汚染物との反応

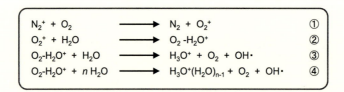

図2　OHラジカル（OH・）の生成過程（概略）

第 21 章　電子線を用いた排ガス処理技術

VOC の分解技術がパイロット規模で研究開発されてきた。各処理技術の詳細を以下に示す。

2　排ガス中の SO_2，NOx 処理技術

　電子線を用いた石炭あるいは重油燃焼排ガス中の SO_2，NOx 処理技術（本技術を，脱硫・脱硝技術とも呼ぶ）は，照射により生成した OH ラジカルの攻撃により SO_2 や NOx がそれぞれ硫酸（H_2SO_4）や硝酸（HNO_3）まで酸化され，照射前に燃焼ガスに添加したアンモニアガス（HN_3）ガスとの中和反応により，粒子状となる硫酸アンモニウム（$NH_4)_2SO_4$（硫安）や硝酸アンモニウム（$HN_4)NO_3$（硫安）を電気集塵器等により捕集除去することによりガスを浄化する技術である[3]。本処理技術の模式図を図 3 に示す。本技術は，石灰石膏法の脱硫処理技術のように大量の排水が発生することがなく乾式で，かつ脱硫と脱硝を同時処理できるという特徴を有する。さらに捕集された硫安，硝安は良質な肥料として活用することができ，まさに一石二鳥の処理技術である。

　この技術は，1972 年に原研（原子力機構を経て，2016 年 4 月より量研機構）と㈱荏原製作所の共同により世界に先駆けて開発された技術であり，1991～1993 年に新名古屋火力発電所において実施したパイロット試験により，実際の燃焼排ガス（流量：12,000 m^3/h）に対して目標となる 94% 及び 80% 以上の脱硫，脱硝率を得ることを実証した[4]。我が国では，これまで原子力発電の比率が高く，また SO_2 や NOx の排出量の少ない良質の石炭や重油が使用されているため，現時点では本処理技術の需要がないことが現状であるが，これまで得られた成果をもとに特に火力発電への依存が大きく，また低質の石炭等を利用している，さらに捕集した硫安，硝安の利活用の観点から農業国である発展途上国を中心に実用化やそれに向けた試験が進められている。

　これまでに，中国の成都火力発電所（1997 年稼動開始），同国の杭州 Xielian 火力発電所（2003 年稼動開始），ポーランドのポモジャーニ火力発電所（2001 年稼動開始）において実規模プラントが，またブルガリアのマリッツァイースト火力発電所（2003 年パイロットプラント稼

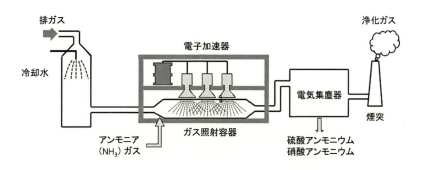

図 3　排ガス中の SO_2，NOx の処理プロセスの概略

動開始）が稼動している。ポーランド（ポモジャーニ）では，加速電圧：700～800 kV，出力：300 kW の電子加速器 4 台を用いた流量 27 万 m³/h の排ガス中 SO_2 や NOx を除去する処理施設が，また中国（成都，杭州）では，流量数十万 m³/h の排ガス中の SO_2 や NOx を除去する施設が建設され，既に稼働している[5]。

中国や東南アジア諸国では，経済発展による電力需要の増加により SO_2 の排出が問題化しており，さらにこれらの諸国で排出された NOx が我が国に拡散，到達し，光化学スモッグの原因であるとの指摘もある。今後，これらの諸国における，技術力及び経済力の伸長とともに本処理技術の需要が高まり，実用化が進むことが予想される。

3　ゴミ燃焼排ガス中のダイオキシン類分解処理

排ガス中のダイオキシン類の分解では，ドイツのカルスルーエ研究所で模擬焼却炉を利用して，ダイオキシン類であるダイオキシン（PCDD）やフラン（PCDF）をそれぞれ 21～110 ng/m³ を含む排ガス（ガス温度：85℃，流量：1,000 m³/h）に，電子線（加速電圧：200 kV，電流値：40 mA）を照射して，PCDD については 5～10 kGy の線量で 95～99％，PCDF については 10～15 kGy の線量で 90％以上分解できる結果が報告されている[6]。一方，電子線照射は使用せず，焼却炉の排ガスにオゾンと過酸化水素水の混合水を噴霧することにより，ガス中に発生した OH ラジカルによりダイオキシン類の分解試験が試みられており，排ガス量：70 m³/h で実施した結果，初期濃度 160～994 ng/m³ のダイオキシン類を 1～43 ng/m³ の範囲まで 95～99％分解できることが報告されている[7]。

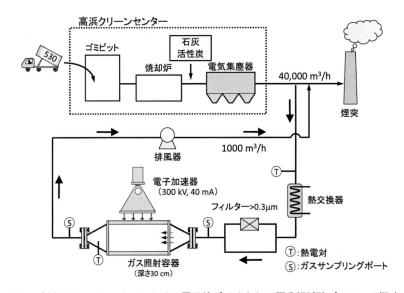

図 4　高浜クリーンセンターにおける電子線ダイオキシン類分解試験プロセスの概略

第 21 章　電子線を用いた排ガス処理技術

　その後，我が国において，1日あたり 150 t の処理能力を有する実際の都市ゴミ焼却炉からの排ガス中のダイオキシン類の分解試験が実施された。この試験では，図4示すように，設置に放射線管理区域の設定を必要としない加速電圧：300 kV，最大ビーム電流：40 mA（出力：12 kW）の自己遮蔽型電子加速器が利用され，実際の排ガスの約 1/40 であるガス流量：1,000 m^3/h（ガス温度：200℃）の排ガスをガス照射用に改造した電子加速器に導き電子線を照射した。その結果，15 kGy 以上の線量においてダイオキシン類を 90% 以上分解できることが実証された[8]。また，初期濃度が約 1 ng/m^3 の場合では，新設焼却炉に対する排出基準値の 0.1 ng/m^3 以下に低減できることが明らかとなった。

　本処理技術は，従来の処理技術で排ガス中のダイオキシン類の濃度が 1 ng/m^3 程度を達成している既設焼却炉について，新設焼却炉の排出基準まで低減する技術としては極めて有効な処理技術である。しかし，ダイオキシン類対策特別処置措置法の施行にともない多くの焼却炉で電気集塵器をバグフィルターに変更する，また焼却炉自身の更新・高度化等を進めた結果，ほぼ全ての都市ゴミ焼却炉で厳しい排出基準を実現していることから，我が国における電子線排ガス処理技術については実用化の目途がたってないのが現状である。一方で，中国等の発展途上国では，ゴミ焼却炉から排出されるダイオキシン類濃度の低減が問題になりつつあり，今後これらの諸外国での応用が期待される。

4　排ガス中の揮発性有機化合物（VOC）分解処理

　PRTR のデータによればここ数年の大気への排出量の多い VOC はトルエン（C_6H_5-CH_3）やキシレン（C_6H_4-$(CH_3)_2$）等の芳香族有機化合物，ジクロロメタン（CH_2Cl_2）やトリクロロエチレン（$CHCl_2 = CHCl$）である。電子線排ガス処理における有機物の酸化反応は主として OH ラジカルによる付加反応により開始されるために，分子内に不飽和結合を有する芳香族有機化合物やトリクロロエチレン等のクロロエチレン類の処理を得意とする。一方，フィルム等の製造過程の有機溶媒として用いられる飽和結合のみを有するジクロロメタンの分解は困難であり，その分解には大きな線量が必要となる[9]。

　特に，トリクロロエチレンに代表されるクロロエチレン類では，OH ラジカルとの反応の結果生じる塩素原子を解して連鎖反応でクロロエチレンが分解し，例えば，トリクロロエチレンの場合では 1 個の OH ラジカルによって数十分子のトリクロロエチレンが分解する特徴がある[10]。この連鎖反応により生じた生成物はそれ自身毒性があるもの，アルカリ水溶液に容易に溶解し濃縮できることから，電子線照射とアルカリ水溶液による除去により比較的低線量における浄化が可能となる。このクロロエチレン類は大気汚染だけでなく地下水汚染も引き起こしており，汚染水に外部から空気を通じて空気中にクロロエチレン類を移動し，この汚染空気を吸着処理することが一般的である。この吸着処理では過飽和に近い水分の影響により，クロロエチレンの吸着が困難であるとともに，吸着剤の処理過程で再飛散等の二次汚染を生じる可能性もある。水分の影

響をほとんど受けず，また再飛散のない化学形で濃縮が可能である電子線処理技術はこのような汚染水の浄化に対しても非常に有効である。

次に，大気中に排出された有機物の70%以上はベンゼン環を有する芳香族有機化合物であり，その環境に与えるインパクトの大きさから，排出処理技術の開発が急務な環境汚染物である。メタン以外のあらゆる有機物が光化学スモッグの原因物質となるため，VOCの分解ではVOCを二酸化炭素（CO_2）等の無機物に酸化（無機化）する必要がある。しかしながら，OHラジカルとの反応で芳香族有機化合物から生成するアルデヒド類（R-CHO）や有機酸（R-COOH）は分子量が大きくかつ極性分子であるため，互いに凝集して微粒子を形成する[11]。この形態により，OHラジカル等による攻撃を受けにくくなり，結果として分解生成物をCO_2にまで無機化するためには元の芳香族有機化合物を部分的に分解する線量に比べて10倍以上の線量が必要なる問題点があった。この問題を解決することがVOC分解処理技術開発の大きな課題であった。

この解決法として，部分的に分解したVOCが固体表面に吸着しやすい性質を利用して，固体触媒を併用する技術が考案され[12～14]，電子線処理技術だけでなく，電子線と同様に高度酸化処理技術の一つである放電プラズマ処理方法でもスタンダードな処理技術となっている[15～17]。一般的な触媒反応では，触媒反応を引き出すために300℃以上の加熱や紫外線等が必要であるが，この触媒併用電子線照射技術では電子線のエネルギーを直接あるいは間接的に利用する方法が考案され，併用する触媒としては熱触媒，光触媒やオゾン分解触媒等が検討されている。

熱触媒の併用例としては，加速エネルギーが1 MeVの電子線が表面に入射するように触媒を配置し，その加熱による触媒効果等によりトルエンの分解率を向上する効果があることが報告されている[12]。また，光触媒を併用した例では，その表面に電子線が入射した際に加熱による分解とは明らかに異なる作用，例えば表面に生じた正孔による酸化作用により，分解生成物の無機化が促進する効果が実験的に確認されている[13]。また，本来は触媒の作用を有せず，触媒の基材として用いられるγ-アルミナ（多孔質の酸化アルミニウム）に電子線を入射することにより，分解生成物の無機化が促進することが確認されている。電子線をアルミナの様な絶縁物に照射するとアルミナ表面が帯電して絶縁破壊等を生じるが，この帯電で生じたプラス電荷により表面に吸着した分解生成物が酸化され無機化が促進するという興味深い結果が得られており[18]，この作用を利用した排ガス浄化プロセスの開発が期待される。一方，酸化チタン（TiO_2）などの光触媒では光触媒性能の向上のため，基材に対して数%の白金，金，銀（Ag）の貴金属を担持した触

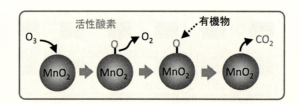

図5　オゾン分解触媒（MnO_2）により生成した活性酸素によるガス有機物の分解

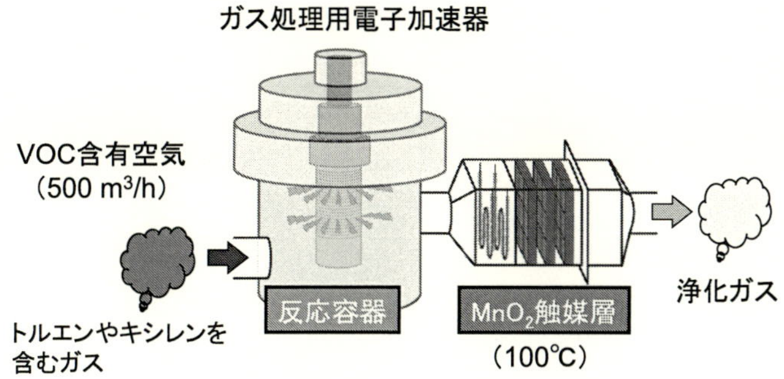

第 21 章　電子線を用いた排ガス処理技術

図6　自己遮蔽型電子加速器を用いた VOC 処理システムの概略図

媒が検討されている。これらの貴金属担持光触媒の中で，電子線のみならず放電プラズマ排ガス処理においても Ag 担持 TiO_2 等が有力な併用触媒の候補として提案されている[14]。

電子線を照射した排ガス中では酸素の解離で生じた酸素原子が，別の酸素分子と反応することによりオゾン（O_3）が生成し，照射空気中に線量 1 kGy あたり 10 ppmv 程度生成する。オゾン分解触媒では，オゾンを図5に示したように，別の酸素分子との反応により酸素分子に変化させる作用を有することから，オゾン分解触媒を併用することにより，電子線照射により副次的に生成したオゾンから生じた酸素種と，触媒表面に吸着した分解生成物とを反応させることにより選択的に無機化することが期待できる[19]。実際に，この触媒と加速電圧：160 kV，出力：8 kW の自己遮蔽型電子加速器を併用した VOC 処理システムが構築され（図6），流量 500 m³/h 程度の模擬換気ガス中の数 ppm の濃度のトルエンやキシレンに対して，電子加速器のみの使用の場合の半分程度の吸収線量で同程度の無機化が達成できることが実証されている[20]。

5　おわりに

電子線排ガス処理技術は，大流量ガス中の低濃度の汚染物を処理することができ，ガス全体を加熱する訳ではないので，この点においては環境に優しい技術であると言える。一方，汚染ガスの浄化は直接，経済的な利益を発生するものではないので，初期設備やランニングコストができる限り安い処理技術が求められている。したがって，電子線処理技術の実用化においては，例えば，本発表で紹介した VOC 分解過程に応じた処理を組み合わせた複合処理技術の開発だけでなく，安価で長時間の安定した運転が可能なガスの照射に適した電子加速器が不可欠である。今後，このような加速器の利用の実現により，電子線排ガス処理技術は，汚染ガスの高度浄化技術として普及し，確固たる地位を築くことが期待できる。

文　　献

1) 小嶋拓治, 応用物理 **72**, 405（2003）
2) C. Willis *et al.*, *Can. J. Chem.* **48**, 1505（1970）
3) O. Tokunaga *et al.*, *Radiat. Phys. Chem.* **24**, 145（1984）
4) H. Namba *et al.*, *Radiat. Phys. Chem.* **42**, 669（1993）
5) A. G. Chmielewski, *Radiat. Phys. Chem.* **76**, 1480（2007）
6) H. R. Paur *et al.*, *Radiat. Phys. Chem.* **52**, 355（1998）
7) 山元寛ら, 環境工学総合シンポジウム講演論文集 2002, 258（2002）
8) K. Hirota *et al.*, *Environ. Sci. Technol.* **37**, 3164（2003）
9) K. Hirota *et al.*, *Ind. Eng. Chem. Res.* **43**, 1185（2004）
10) T. Hakoda *et al.*, *J. Phys. Chem. A* **104**, 59（2000）
11) K. Hirota *et al.*, *Radiat. Phys. Chem.* **46**, 1093（1995）
12) K.-J. Kim *et al.*, *Radiat. Phys. Chem.* **73**, 85–90（2005）
13) T. Hakoda *et al.*, *Plasma Chem. Plasma Process.* **28**, 25（2008）
14) T. Hakoda *et al.*, *Appl. Catal. A: Gen.* **357**, 244（2009）
15) A. Ogata *et al.*, *Appl. Catal. B: Environ.* **46**, 87（2003）
16) H.-H. Kim *et al.*, *Catal. Lett.* **96**, 189（2004）
17) H.-H. Kim *et al.*, *IEEE Trans. Plasma Sci.* **34**, 984（2006）
18) T. Hakoda *et al.*, *J. Phys. D.: Appl. Phys.* **41**, 155202（2008）
19) T. Hakoda *et al.*, *Radiat. Phys. Chem.* **77**, 585（2008）
20) T. Hakoda *et al.*, *Ind. Eng. Chem. Res.* **49**, 5517（2010）

第22章　飲料用PETボトルの電子線滅菌技術の紹介

中　俊明[*1]，西納幸伸[*2]

1　はじめに

　電子線の工業利用は，すでに長い歴史を持ち，樹脂素材の高機能化や電子産業領域，あるいは環境領域など多岐に亘っている。また，電子線を利用した殺菌技術に関しても50年以上の歴史をもつ技術であり，医薬・医療用器具などの資材滅菌などに広く利用されてきた[1]。

　これらは高電圧の電子線の特性を利用し，樹脂素材の架橋・重合あるいは，製品・資材の処理工程の一つとしての位置付けにあった。

　一方で，今回紹介する飲料用PETボトルの電子線滅菌技術に関しては，我々の身近にあるPETボトル飲料製品の生産ラインにおいて，連続式自動化ラインの無菌充填システムに電子線（EB）滅菌を組み込んだ完全なインプラント・インライン方式のシステムである。

2　電子線殺菌のボトリングラインへの応用展開

　飲料用PETボトルの充填ラインは，従来，ホットパックと称する85℃以上の高温の製品液をPETボトルに充填するのが一般的であった。一方，耐熱用のPET容器は肉厚が厚く，インラインでの連続成形も困難であり，さらに，耐熱芽胞菌の危害を考慮した場合，中性・低酸性領域の製品（例えば，ミルクティーや穀物入り茶系飲料など）をPET容器で生産することは困難であった。

　つまり，生産可能な製品領域を拡張することと，PETボトルを薄肉化し，インプラント・インラインでのボトル成形による製品製造コスト削減を目的として，無菌充填システムが登場した。当社として本格的な無菌充填ラインの製作を始めたのは1993年頃になる。

　一方で，従来の無菌充填システムは，資材としてのPETボトルを無菌にするための滅菌工程に，過酢酸系の薬剤や過酸化水素などを使用した薬剤滅菌方式が一般的であり，この薬剤滅菌方式では滅菌後の洗浄のために，水の使用量が多くなるというデメリットも併せ持っていた。

　また，実用上の安全性は十分確保されているものの，PETボトルの滅菌に薬剤を使用することへの基本的なリスクを排除することが望まれていた。

　つまり，薬剤を使用しない電子線（EB）滅菌方式の無菌充填システムが開発できれば，水の

[*1] Toshiaki Naka　澁谷工業㈱　プラント生産統轄本部　統轄本部長　専務取締役
[*2] Yukinobu Nishino　澁谷工業㈱　プラント生産統轄本部　本部長　常務取締役

EB技術を利用した材料創製と応用展開

使用量削減と薬剤残留リスクの軽減という上記の課題を同時に解決できる訳であり，そのような背景や経緯を以って，EB滅菌方式無菌充填システムが開発・実用化された。

ここでは飲料用PETボトルに対するEB滅菌システムの実用化に際して，開発・導入した技術などを事例として説明する。

3 ボトリングラインと無菌充填システム

飲料用ボトリングラインとは，PETボトルに入った飲料製品を製造する自動生産ラインのことで，基本的な機械の構成は，図1に示すように，ボトル供給，充填，キャッピング，ラベリ

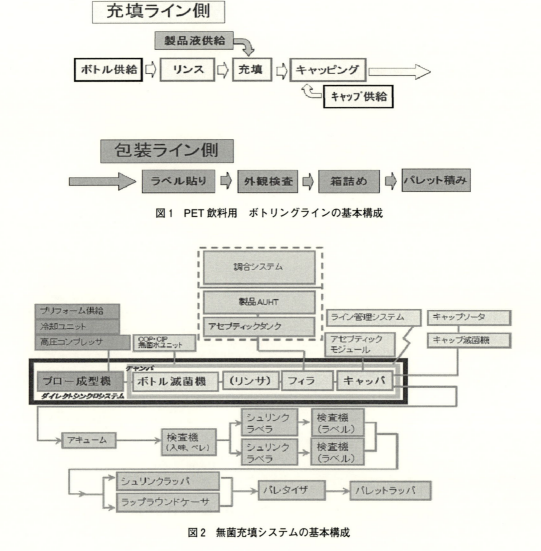

図1 PET飲料用 ボトリングラインの基本構成

図2 無菌充填システムの基本構成

ング,検査,箱詰など複数の機械を搬送コンベヤで接続した連続式の自動化ラインのことである。

また,無菌充填システムとは,ボトリングラインの充填工程において,従来のホットパックから常温充填を可能とすべく,充填環境や資材を滅菌する機能を付加した高度な充填システムである。無菌充填システムの基本構成を図2に示す。

4 EB滅菌方式無菌充填システムの紹介

ここで紹介するEB滅菌方式無菌充填システムは,これまでの電子線殺菌に対し,ソフトエレクトロンと呼ばれる比較的低い加速電圧(300 kV)の電子線を利用しており,実際にPET飲料用無菌充填システムとして製作したものは写真1に示すような機械装置である。

PETボトル飲料用の生産ラインで実際に使用する機械システムとして,滅菌性能はもとより,製品品質や安全性など必要な種々の項目に対して充分な評価・検証を経て実用化したものである。

写真1　EB滅菌方式無菌充填システム

5 実用化における課題と開発した技術

PETボトル用として,EB滅菌方式無菌充填システムを実用化にする際には,いくつかの課題をクリアする必要があった。その主な課題と解決のために開発した技術などについて以下説明する。

5.1 EB照射環境の制御

一般的に大気中にEBを照射すると,オゾンや窒素酸化物,あるいはそれらと大気中の水分が反応して硝酸などが生成される。一方で,機械装置を構成する金属類は硝酸などにより腐食しや

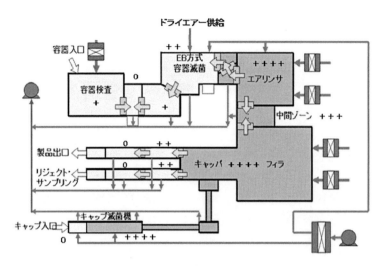

図3　陽圧制御基本構成図

すいので，この硝酸の生成を防止することが必要である。これまでは空間を密閉して窒素雰囲気に置換する方法も検討されてきたが，PETボトルの連続的な搬送を実現するためには，密閉空間を構成することは困難である。この課題を解決するために，EB照射空間に供給する空気を乾燥空気として，大気中の水分を排除することによりEB照射環境での硝酸生成を抑制した。

また，100時間以上の長時間の生産においても無菌環境を維持できるように，EB滅菌装置を含めたシステム全体の空間を陽圧制御している。さらに，無菌空間を構成するためのチャンバには，EB照射により発生する制動X線に対する遮蔽機能も持たせている。このような形で無菌維持とEB照射の適性環境を両立させている。

具体的な構成と陽圧制御システムに関して図3に示す。

5．2　EB照射と環境滅菌

無菌充填システムでは，生産開始に先立ち充填環境を無菌にする必要がある。一方，EB照射装置の機械的な特性上，従来の無菌充填システムと比較して，機械・装置に対する洗浄や滅菌は容易ではない。

また，EB照射環境に使用可能な材質も限定され，無菌充填システムとして要求される条件との整合性にも配慮が必要である。

このような課題を解決するために，EB装置に対する洗浄滅菌工程での水分の使用を控えるとともに，洗浄滅菌工程が完了した後，EB照射する前に乾燥工程を付加している。特に，EB照射ウィンドウのチタン箔は，厚みが8〜15 μm 程度の薄膜であるため，洗浄滅菌工程での腐食因子を排除することに留意が必要である。また，チタン箔の冷却用エアーについても無菌であることが必要であり，エアー回路を滅菌する機能と滅菌工程におけるチタン箔への危害を防止する

第22章 飲料用PETボトルの電子線滅菌技術の紹介

機能が,相反する形で求められる。

一方,EB照射環境で使用できる材料として,金属材料では,耐食性の高いオーステナイト系ステンレスをベースに,必要に応じてチタン合金などを使用し,樹脂材料としては,直接照射を避けるための保護構造とした上でPEEK材などを使用している。

このように,EBへの耐性と無菌環境への適性が必要であり,無菌充填システムのEB装置は,それに適した滅菌工程の構築と構造・材質の選定など,細部に亘る配慮が必要である。

5.3 ボトル全面へのEB照射と安定した搬送機構

一般的に,PETボトル飲料の生産ラインは,稼動能力として600～1,200 bpmの高い能力が要求される。また,24時間の連続生産体制が一般的な形態であるため,高速での安定したボトル搬送や機械システムとしての高い信頼性が要求され,それに適した構造・機構が必要である。

特に,PETボトルをEB滅菌する際は,ボトルの表裏・内外のすべての面にEBを照射する必要があるため,EB滅菌機内でボトルを180度自転させ,表・裏両面からEB照射している。また,ボトル搬送グリッパの形状もEB照射とボトル搬送に適した形状にしている。

このようにEB滅菌適性と高速安定搬送を両立させ,図4に示すようなEB滅菌システムとして構成している。

5.4 EB滅菌の殺菌効果と検証

EBによる滅菌のメカニズムは,電子が細胞自体に直接アタックする直接的・物理的な作用と,細胞内の水分がEBにより化学反応で分解してOHラジカルを発生することで細胞を死滅させる間接的・化学的な作用の2種類の滅菌メカニズムが複合的に作用すると言われている[2,3]。

これにより過酢酸(PAA)などの滅菌用薬剤への耐性が強い微生物も含めた広い範囲の微生物に対して,EBは高い滅菌性能を有している。

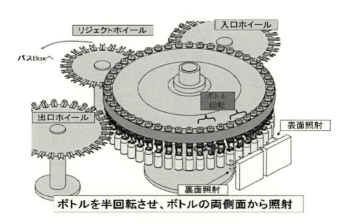

図4 両面照射EB滅菌システム

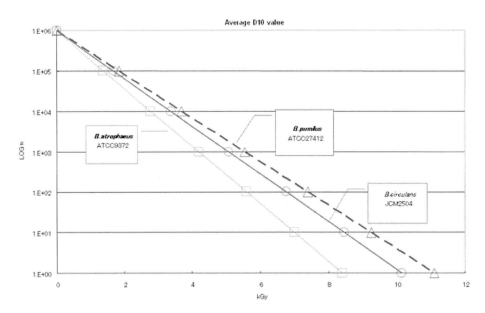

図5　EB 照射における代表的な微生物のサバイバルカーブ
（社内テストデータ）

　放射線滅菌での指標菌である *B. pumilus* をはじめ，薬剤殺菌などで使用される指標菌である *B. atrophaeus*，あるいは過酢酸に対する薬剤耐性を有する *B. circulans* など，代表的な微生物に対しての評価テストを実施して 6 LRV 以上の効果を確認した。

　図 5 にそのサバイバルカーブを示す。

5.5　EB 照射効率向上のための偏向技術

　加速電圧 300 kV の領域において，電子は PET ボトルの胴部を貫通できるが，ボトル口部など，肉厚が 0.5 mm 以上ある部位は貫通できない。そのため，このボトル口部の内側部分が EB 滅菌においてコールドスポットになるのが一般的である。

　この口部内側に EB を照射するには，ボトル口部の上からの EB の回りこみとボトル胴部を貫通した EB の下からの回り込みが必要である。

　この効率を向上するために PET ボトルの口部側方にマグネットを配置して，磁場の中を EB が通過する時に曲がる原理を利用して，PET ボトルの口部の内側に効率良く EB を到達させる EB の偏向技術も確立した。

　図 6 にその原理を示す。

　また，この磁場の利用に関して，磁石の位置や磁力の最適化を図るために図 7 に示すようなシミュレーション技術を用いて，実際のテストとも一致する結果を得ている。

　この偏向技術により照射効率は，約 2 倍に向上した。

第 22 章　飲料用 PET ボトルの電子線滅菌技術の紹介

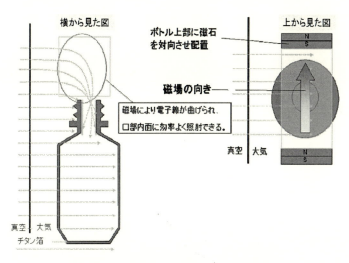

図6　ボトル口部および胴部への EB 照射法

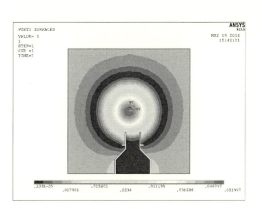

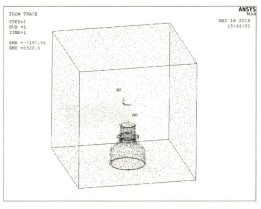

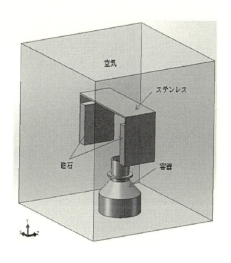

図7　シミュレーションの一例

5.6 静電・帯電現象と緩和技術

一般的に樹脂材料には静電気が発生することはよく知られた現象であり,従来の生産ラインにおけるPETボトルでも同様に静電気は発生する。

一方,単純にPETボトルにEB照射すると,市販品を超える帯電状態になるので,それを緩和するためにEB照射中に金属製のロッドをPETボトルに挿入して,余分な電子を排除した。これにより従来の市販製品と同等レベル以内に緩和することが可能となった。基本的な原理を図8に示す。

また,必要に応じて外部からイオナイザーなどで逆極の電位を持つエアーを吹き付けることにより,さらにその静電・帯電を緩和できる。

5.7 製品への安全性評価

飲料用容器として,EB照射によるPETボトルの安全性・健全性の評価・検証を事前に実施した。

具体的には,①容器の機械的な特性,②官能評価として味や香りの評価,③溶出成分の分析・評価など,PETボトル飲料用の容器滅菌方法として適性評価を,ご使用になるお客様にもご協力頂きながら入念なテストを実施し,問題が無いことを確認した上で実用化した。

5.8 作業環境の安全性評価

作業環境の安全性に関して,図9に示すように実際のデーターを計測し,所定の管理規則などと照合して,問題が無いことを確認した上で実用化した。

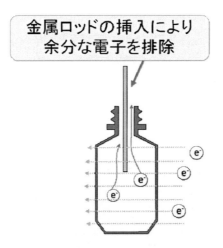

図8 静電・帯電の緩和技術

第22章　飲料用PETボトルの電子線滅菌技術の紹介

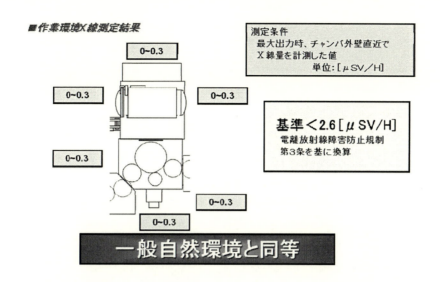

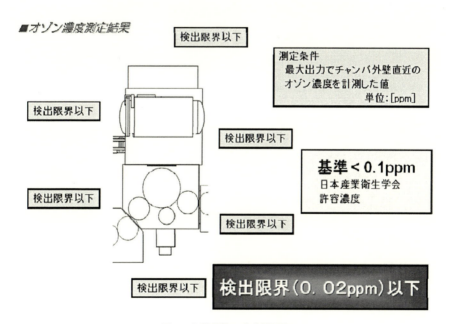

図9　作業環境の安全性評価

5.9　耐久性能の向上技術

　前述のように連続式自動化ラインに実際に使用するEB滅菌システムであるため，高い信頼性と耐久性が求められる。

　信頼性に関しては，市販されるPET飲料製品を，高速で大量に生産する機械システムとして，当初から基本設計に盛り込み充分なレベルを確保した。

　耐久性に関しても，事前に必要な評価テストを実施して実用化したが，実情としては，耐久性

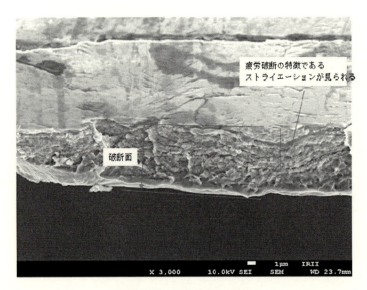

写真2　チタン箔の疲労破断面

をさらに向上させたいという要望もある。特にEB照射ウィンドウに使用しているチタン箔の寿命に関しては，EB照射による材質劣化や環境因子，機械的な疲労応力などが複雑に関係している。

一例としてチタン箔の疲労現象を確認したのが写真2であり，疲労破断の特徴であるストライエーションが見受けられる。

ボトリングラインにおける無菌充填システムでは，生産ラインの特性上，頻繁にEB照射をON・OFFすることや，毎回の生産開始時に環境滅菌を行うため，チタン箔にとっては過酷な条件になっている。

そのような条件下においても，生産ラインに設置するEBシステムとして，必要な耐久性を確保すべく，影響因子の排除・緩和を実施した。

6　これまでの実績と評価

EB滅菌方式無菌充填システムを実際の生産ラインに導入して，以下のような効果が，実績として確認できた。

① 水の使用量（原単位）の大幅改善

過酢酸（PAA）を使用する従来の薬剤滅菌方式の無菌充填システムと比較して，1リットルの製品を製造する時に必要な水の使用量（原単位）は，これまで5～7であったものが1.6～1.8になり，約2.5倍に効率改善できた。これによりユーティリティーコストも大幅に削減できた。

第 22 章　飲料用 PET ボトルの電子線滅菌技術の紹介

② 安全・安心の向上

　無菌充填ラインのボトル滅菌工程において，滅菌用薬剤を排除でき，安全・安心の向上が達成できた。これまでの薬剤滅菌方式において実用上問題はないものの，薬剤使用の潜在的なリスクを EB 滅菌システムとして解消できた。

③ 無菌検証の必要期間の短縮

　従来の薬剤による滅菌方式においては，これまで無菌充填システムの設置・立上げに際して無菌検証作業に約 1ヶ月必要であったが，EB 滅菌方式では線量測定が短時間で容易に実施でき，しかも指標菌のサバイバルカーブが明確であり，滅菌性能評価が短時間で的確に実施できる。これにより無菌検証期間が約 2～3 週間に短縮できた。

　EB 滅菌方式無菌充填システムに関する成果をまとめると以下のようになる。
　① 薬剤レスの EB 滅菌システムの実用化達成
　② 各指標菌における必要な滅菌強度を達成
　③ 製品品質の安全性・健全性を実証
　④ 使用環境の安全性を実証
　⑤ 水の原単位，ユーティリティーの改善
　⑥ 無菌検証期間の短縮
　⑦ 長期間の安定稼働を実証

7　今後の展開，課題

　ここまでは飲料用 PET ボトルに対する EB 滅菌技術を説明してきたが，この技術は飲料用 PET ボトル以外にも活用できることは言うまでもない。

　特に無菌環境での高速連続式自動化ラインに対して実用化できたことは，EB 装置としての環境適性，信頼性，生産性などを実証した訳であり，より幅広い領域での利用が可能であることを示唆している。

　また，EB 装置と搬送装置をトータル的にデザインできたことでも，その利用領域の拡張が図れることも示唆している。

　飲料以外での樹脂ボトル製品の製造ラインや，樹脂フィルムシートを使用して製袋・充填するような製品の製造ラインなど有望な活用領域は多い。

　一方，表面殺菌だけを目的とすれば，300 kV 級のソフトエレクトロンよりもさらに低い加速電圧でも対応は可能であろう。ソフトエレクトロンではあるが，300 kV 級のエリアビーム方式の EB 装置では，絶縁部の構成など，かなり大型の装置にならざるを得ないが，150 kV 程度であれば，EB 装置の小型化が可能となり利用範囲も大幅に広がると予想する。

8　おわりに

　以上，当社が開発・実用化したEB滅菌方式無菌充填システムを中心に電子線滅菌技術を紹介させて頂いた。

　世界で初めての飲料用PETボトルに対するEB滅菌システムであり，実用化に際しては，いろいろな課題に直面したものの，いずれも技術的に解決でき，現在では国内で6ラインが実際に生産稼動している。また，初号機の実生産開始以来，すでに7年経過したが，順調に稼働している。

　つまりEB滅菌技術の安全・安心という信頼性の高さと生産性・経済性の両立が実証できたものと考える。

　最後に，EB滅菌方式の無菌充填システムの開発と実用化に際して，ご指導やご支援を賜った早稲田大学の鷲尾先生をはじめ，関係の方々に，この場をお借りして心から感謝申し上げる次第である。

文　　献

1) 鷲尾方一，佐々木隆，木下忍　監修「低エネルギー電子線照射の技術と応用」，シーエムシー出版（2006）
2) 佐々木次雄　他「滅菌法及び微生物殺滅法」，日本規格協会（1998）
3) 日本放射線化学会　編「放射線化学のすすめ」，学会出版センター（2006）

第23章　医療機器・医薬品等の電子線滅菌について

山瀬　豊*

1　はじめに

近年，企業の社会的責任として，国内外でコンプライアンス，危機・リスク管理，地球環境への配慮等に関する話題が高まっている。こうした社会環境の変化を背景に医療機器，医薬品等のいわゆる医療用品の滅菌も，人の生命にかかわる重要なプロセスであり，滅菌の科学的妥当性の検証（滅菌バリデーション）や無菌性保証水準に関する高い品質要求とともに，有害化学物質，放射性物質等の使用，安全管理，廃棄など環境影響や安全に関する社会的責任の側面でも重要となってきている。

以上の医療用品の滅菌をとりまく周辺環境の変化とともに高エネルギー電子線滅菌の採用が広がりつつある（図1)[1]。

そこで本章では医療機器や医薬品の電子線滅菌では国内初となる製造許可，品目承認の取得し

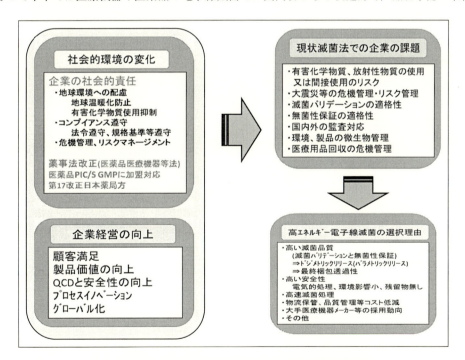

図1　滅菌をとりまく社会環境の変化と電子線滅菌採用背景

---

*　Yutaka Yamase　日本電子照射サービス㈱　関西センター　技術課長

た弊社の経験も踏まえ，弊社の高エネルギー電子線滅菌事例を中心に電子線滅菌の概要，滅菌の基礎，医療用品の電子線滅菌の誕生の経緯，電子線滅菌の歴史的変遷などを紹介する（本章では高エネルギー電子線についての事例等を中心としており低エネルギー電子線の場合は医療用品では適用できない場合が多いため留意願いたい）。

2 電子線滅菌の概要

電子線滅菌の概要では，弊社の高エネルギー（5 MeV）電子線照射施設を中心に電子線発生原理，滅菌原理，医療用品の電子線滅菌のポイント，滅菌関連の用語と定義，電子線滅菌の特徴を以下に示す。

2.1 電子線照射施設と電子線発生原理

電子線の照射施設の概略は，図2のように，コンクリート遮蔽壁でおおわれた建屋内の上部に電子加速器を設置し，加速器から加速された電子線は，加速管ビームラインを通り下部の照射室で被照射物に照射が行われる。この照射室のコンクリート遮蔽壁の最大壁厚は 2.5 m と厚いシールドとなっている。電子線はガンマ線に比べ一般に透過力は弱いが電子線が物質に照射されると制動X線が発生し，この時ガンマ線以上の透過力（5 MeV電子線による制動X線）となるためである。従って近年加速器はコンパクトになってきているが最終滅菌のための照射施設はこのシールドの関係もあり大型の施設となっている。

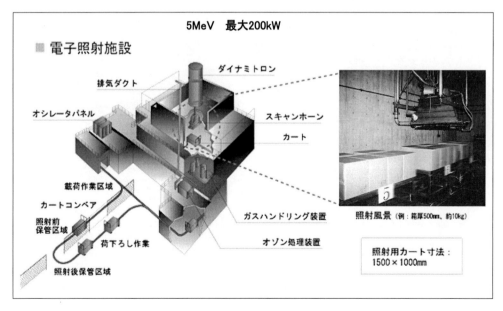

図2　電子照射滅菌施設
日本電子照射サービス㈱　つくばセンター

第23章 医療機器・医薬品等の電子線滅菌について

　この電子加速器（静電型電子加速器）の電子線の発生原理は，図3のように，テレビのブラウン管と同様で，電子銃のフィラメントより放出され易い状態となった電子が倍電圧回路により高電圧下で加速されることになる。この一束の電子ビームは，さらに放出口手前のスキャンマグネットで電子線を走査（スキャニング）し一定の幅（約1.2 m）で高真空を保つチタンの薄膜放出口を通過して大気中に均一に照射される。テレビのブラウン管と電子加速器が大きく異なるのはその加速エネルギー（加速電圧）の違いである。テレビのブラウン管は，一般に約25 kV程度に対しこの電子加速器は最大5 MVと高電圧であるため電子線の透過力が強く大気中に放出後さらに被照射物内部まで透過する（かさ密度0.1 g/cm^{3}の梱包品では上下反転した両面照射で約400 mm厚の製品を透過可能）[2]。但し，このように高エネルギーの電子線は電子線エネルギーが1 MeV以上であるため文部科学省の放射線の適用をうけることから照射設備の設置，取り扱いには放射線使用施設の申請許可や第1種放射線取扱主任者，作業従事者の教育，健康診断等の安全管理が必要となる。近年10 MeVの高エネルギー電子加速器を導入されるケースも多いが国内では加速器の放射化に関する国内検討委員会並びにその後行政より6 MeV未満の電子加速器施設は放射化施設の対象外となったが10 MeVの電子加速器施設では放射化する検証結果をうけて放射化のための安全管理についての注意が示されている[3,4]。ただし，放射線滅菌規格のISO11137（JIS T0806-1）では放射化について10 MeVを超える電子線について注意することとされ見解に相違がある[5]。

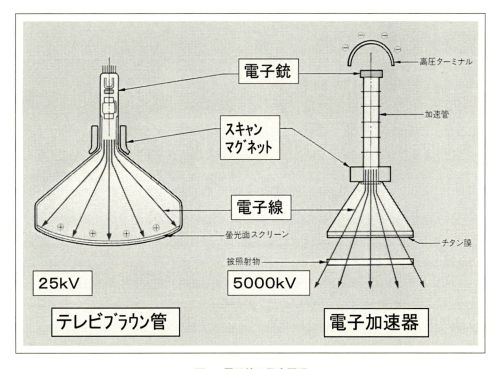

図3　電子線の発生原理

2.2 医療用品の電子線滅菌施設の特徴

医療機器,医薬品,医薬品容器等に関する医薬品医療機器等法(改正薬事法)下では,一般の工業利用の電子線照射施設管理とは大きく異なるため注意が必要である。特に医療用品の滅菌は医療機器,医薬品の製造工程の１つと考えられるため滅菌医療機器製造,無菌医薬品製造と同等のGMP,QMSなどの品質要求の下での基本的製造施設要求と後述する医療用品の滅菌のバリデーション(科学的妥当性の検証)の要求も加わりその中で設備のバリデーション,支援システムのバリデーションの科学的妥当性の検証が必要となり審査も行われる。また,これらの定期的バリデーションと定期的監査も実施され品質管理の維持管理も重要となる。以下に医療用品の電子線滅菌施設としての必要なポイント(ソフトとハード)の例を示す。

【医療用品の電子線滅菌施設としてのポイント】
①　品質管理システム,文書化
②　作業者の教育,力量認定(滅菌バリデーション責任者等)
③　防虫防鼠対策管理
④　滅菌処理前と処理後の製品の識別区分管理,状態識別管理
⑤　不具合発生時の対応管理
⑥　設備のバリデーション
　　・加速エネルギー,ビーム電流,スキャン幅等のバリデーションと監視システム等
⑦　支援システムのバリデーション
　　・搬送系,線量測定システム等のバリデーション
⑧　設備の保守管理

2.3 電子線滅菌の殺菌原理

電子線滅菌の殺菌原理は図４のように電子線の電離放射線の作用により殺菌される。この電離作用等により微生物のDNAの構造(塩基)に直接的にダメージを与える直接作用とDNAの周りの水分子を活性の高いOHラジカル化させこのラジカル等がDNAにダメージを与える間接作用がありこの両作用により完全に微生物の増殖を停止させ死滅となる。これらの微生物を完全に殺滅する滅菌の放射線量(線量)は,一般に15 kGy程度以上(無菌保証を考慮)であるがこの線量は人の致死線量全身約7 Gy程度に比べ桁違いに高い線量が必要であり微生物の放射線抵抗性の強い事がわかる。尚,図５のように電子線の場合は電離作用が直接起こるのに対しガンマ線の場合は直接電離せずガンマ線から二次的に電子線が発生しこの電子線により電離する。このため電子線はガンマ線に比べ線量率(時間当たりの照射線量)が高く数秒間という瞬時で滅菌できるがガンマ線では滅菌線量に達するまでは電子線の数千倍以上の数時間を要する(放射能強度による)。

第 23 章　医療機器・医薬品等の電子線滅菌について

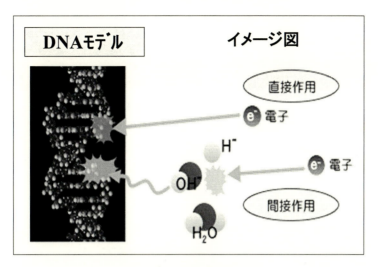

図 4　電子線滅菌の殺菌原理

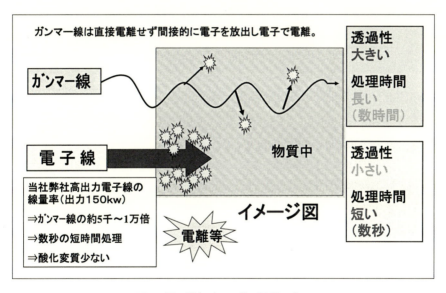

図 5　電子線とガンマ線の性質の違い

2.4　滅菌と無菌性保証等の用語について

　微生物に対する死滅については殺菌，消毒，滅菌，無菌など様々な用語があるが，滅菌について理解するためにはこれらの用語の意味，違いを理解する必要がある（図 6，7，8）[1]。

殺菌	➡ 微生物を死滅させること。(量的な条件がない)
消毒	➡ 人畜に有害な微生物又は目的とする対象微生物だけを殺滅すること。生存微生物の数を減らすこと。
滅菌	➡ 全ての微生物を殺滅又は除去する行為。(SAL 10^{-6}) 製品を生育可能な微生物が存在しない状態にするために用いる、バリデートしたプロセス。【確率的概念】
無菌	➡ 生育可能な微生物が存在しない状態。【絶対的概念】
無菌性保証水準	➡ 滅菌後に生育可能な1個の微生物が製品上に存在する確率。(SAL 10^{-n})
無菌性の保証	➡ 目的する製品を製造するため、滅菌プロセスが、具体的かつ検証可能な原則(SAL 10^{-6})以下の無菌性保証水準を達成すること。

図6　滅菌関連の用語

滅菌とは

1. 全ての微生物を殺滅又は除去する行為。
   【確率的概念】(SAL 10^{-6} 等)
2. 製品を生育可能な微生物が存在しない状態にするために用いる、バリデートしたプロセス。

滅菌の概念 (滅菌概念図参照)

1. 一般に、微生物の死滅則は指数関数的に減少するので微生物の生き残る確率は、1, 0.1, 0.01, 0.001‥‥となりゼロにはならない。そこで 無菌性保証レベルを設定し一般に、無菌性保証レベル10^{-6} の値が国際的に採用。
   無菌性保証レベル10^{-6}とは、「滅菌した個々の製品に微生物が生き残る、その確率が1/1,000,000 以下であること」を意味している。

図7　滅菌の定義と概念

第 23 章　医療機器・医薬品等の電子線滅菌について

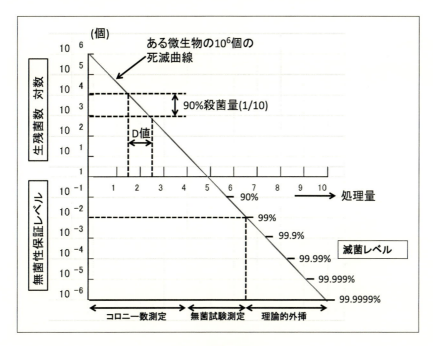

図 8　滅菌の概念図

　以上の用語の定義，滅菌の概念図でもわかるように滅菌とは全ての微生物を殺滅又は除去する行為である。この滅菌の定義では原則として無菌性保証の水準として $SAL10^{-6}$ を保証することが医療用品の最終滅菌では最も重要である。また滅菌バリデーションの目的はこの無菌性保証水準 SAL を科学的に検証保証し文書化することでもある。この部分が一般品の殺菌のための電子線利用と医療用品への電子線滅菌との最大の違いであると思われる。冒頭のように滅菌は人の生命にかかわる重要なプロセスであるがその処理結果が目視では判別できないいわゆる特殊工程であるために厳格な滅菌バリデーションの上に無菌性保証を達成する必要がある。

2.5　電子線滅菌の特徴
2.5.1　電子線滅菌の長所
①物質の透過性

　当該高エネルギー 5 MeV 電子線では密度 1 g/cm^3 の素材（水やプラスチックブロック等）に対し両面照射により約 40 mm 透過でき，医療機器，プラスチック空容器など梱包かさ密度 0.1 g/cm^3 の場合両面照射により約 400 mm 透過が可能である。また，例えば栄養ドリンク剤用アルミキャップなどの金属キャップが数千個入りの最終梱包でもかさ密度は低いため高さ 400 mm 程度を透過し滅菌処理されている。つまり電子線の場合は紫外線などと異なり金属であってもその金属の密度と厚み，構造，配置等を調整することにより透過し滅菌が可能となる。特に医療用品でも複雑な構造の医療機器等やアルミ包装などの従来の滅菌方法では困難なものも

透過性を調整ができれば確実に滅菌処理が可能となる。

②低温滅菌処理

　照射による温度上昇は 10 kGy の滅菌線量で水の場合温度上昇は 2.4℃ときわめて少ない（但し，前述のように密度の高い金属ではある程度の温度上昇は伴う）。従って熱による影響を受けやすいプラスチック素材や医薬品などにも適用できる可能性がある。無菌動物飼料などの電子線滅菌試験では高圧蒸気滅菌に比べビタミン等の熱変質がほとんど無いことや生薬などの熱による変質を受けやすい有効成分なども加熱殺菌に比べ変質が少ないことが報告されている[2,6]。ただし，密度の高いたとえば金属インプラント医療機器等は若干の温度上昇を伴う。

③短時間での滅菌処理と滅菌判定

　前述のように，原理的にガンマ線に比べ，線量率（時間当りの照射吸収線量）が数千倍以上と高線量率である。このため電子線の電子ビーム暴露時間は数秒と短く，その他の滅菌法と比較してもきわめて高速で連続処理も可能である（電子線ビーム電流 20 mA 程度の場合）。従って大量処理や緊急の滅菌処理にも素早く対応しやすい。また，高線量率のため材質への影響（劣化，着色，臭気等）はガンマ線に比べ一般的に少ない（同線量の場合）（グラフ 1）。

　また，滅菌判定として後述のドジメトリックリリース（線量による出荷判定）を採用する場合は，製品梱包の表面の測定し易い管理点を定めその管理点の線量と内部の線量分布挙動をあらかじめ滅菌バリデーションすることでこの製品梱包表面の管理点の線量許容判定基準を設定し短時間に判定することができる。この電子線用のフィルム型線量計は，照射後約 1 時間程度で短時間に計測判定でき無菌培養試験も省略でき短時間の判定出荷も可能である。

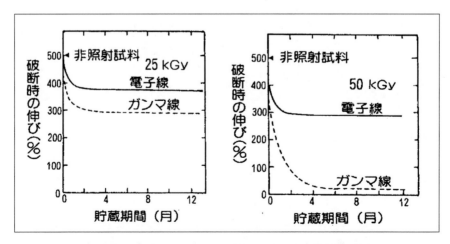

グラフ 1　照射ポリプロピレンの破断時の伸びと貯蔵期間の関係
日本原子力研究所第 11 回放射線利用研究成果報告会講演要旨昭和 63 年 10 月 21 日より

第23章　医療機器・医薬品等の電子線滅菌について

④滅菌後の後処理が不要

　EOGや薬剤等による滅菌の場合これらの薬剤の残留物に注意が必要となる。しかし，電子線滅菌の場合は残留物がないため，EOG滅菌の際の処理後のガス抜き等が不要である。近年特にEOG滅菌に関する残留ガスの測定に関してISO10993-7では，エチレンオキサイドだけでなくエチレンクロルヒドリンの測定の追加や測定方法，測定機器，分析などのバリデーションなどの残留ガスに関する様々な管理が必要となってきている。また，高圧蒸気滅菌等であっても有害な残留物はないものの滅菌後の乾燥などの後処理が必要となる。以上のような滅菌後の処理が電子線滅菌では不要である。

⑤滅菌バリデーションが比較的容易

　医療用品の電子線滅菌では滅菌バリデーションの詳細が規格化されているだけでなく，滅菌バリデーションが比較的容易であることもメリットの1つである。特に電子線滅菌の滅菌線量や最大許容線量など実質管理ファクターは，線量（吸収線量：kGy）1つだけであるためEOG滅菌のように多数の滅菌管理ファクター（ガス濃度，温度，湿度，圧力，時間）がなく滅菌バリデーションデータを取りやすい。特に滅菌梱包品内部の線量分布は，照射条件に従って物理的に傾向が定まるため，ガス系等の滅菌方法に比べその挙動を予測しやすく再現性も高い。また，これらの線量は各種線量計を用いて容易に詳細な測定ができるなど滅菌バリデーションの精度も高くその確認が早くできることも大きなメリットである。但し，電子線滅菌の場合はガンマ線滅菌同様，素材への放射線の影響について十分なバリデーションが必要である。

2.5.2　電子線滅菌の短所

①滅菌設備が大型で高額

　高エネルギーの電子線滅菌では，概要で示したように電子加速器，制御システムだけでなく放射線遮蔽壁なども含めると大型となり，補機類含め一式で10億円規模を超えるケースもあり高額である。従って自社で保有する企業は大量の医療用品を取扱う企業に限られる。また，電子加速器の種類により大きく異なるが初期投資だけでなく定期的な部品交換，メンテナンスなども必要となる（電子加速器の型式によっても異なる）。さらに近年は，震災や重大な故障，事故などの危機管理，リスク管理としてバックアップの体制を考慮しておくことも重要である（2施設間の滅菌線量トランスファーバリデーションなど含む）。

②照射施設，設備の管理に専門性が必要

　前述のように電子線滅菌設備はガンマ線滅菌設備同様，放射線施設となり放射線に関する許認可や放射線管理が必要である。このため放射線安全管理として第一種放射線取扱主任者選任し，定期的放射線環境測定，定期的な作業者の被ばく線量管理，教育，健康診断も必要となる。また，ガンマ線とは異なり高電圧，高真空の設備となり設備の制御，維持管理に専門性が必要となる。

③設備に関するバリデーション等が必要

　医療用品の電子線滅菌設備の特徴でも示したように，医療用品の滅菌バリデーションでは電子

線照射施設を保有する側での設備のバリデーション要求がありさらに支援システムのバリデーションも必要となる。この支援システムとして，線量測定システムに関するバリデーションは特に医療用品の電子線滅菌の場合には重要である。しかし，この線量計の校正は国内の機関では対応出来ないこともあり海外の校正機関とのやりとりなど面倒で費用も高額である。

④透過能力が限定的

電子線とガンマ線を比較した際の大きな違いの1つにその放射線の透過力の差がある。ガンマ線であれば液体入りダイアライザー，大型な医療機器，動物用飼料のような大型な包装品も処理時間はかかるものの透過することができるがこのように密度が高く厚みも厚いものは電子線では透過できない場合もある。従って，電子線滅菌の場合は従前の最終滅菌梱包から透過可能な範囲で最終梱包を変更する場合も多々ある。たとえば従前EOG滅菌，ガンマ線滅菌では最終梱包内に内箱5段積みのところ電子線滅菌の場合は透過性が厳しいので3段もしくは2段積み等へ変更調整する場合などもある。従って電子線滅菌の切り替えの際には新規で理想梱包を検討する場合も多い。

⑤材質への影響に注意が必要

放射線滅菌の場合，放射線の材質への影響はとても重要となる。特に人体への影響リスクが高い医療機器ほど材質への影響は無菌性保証レベルをキープするよりもリスクが高いことも考えられる。実際筆者は滅菌医療機器の承認申請書に関する行政との会合の際に当時放射線滅菌の申請書には滅菌線量は記載するが材質への影響に関する最大許容線量を記載していなかったため最大許容線量の重要性とその線量を記載することを提案し現在は最大許容線量を申請書に記載することとなっている（尚，医療機器の承認申請時の滅菌線量の記載については滅菌線量ではなく無菌性保証水準を示すことを提案し現在は滅菌線量の記載は主申請書に不要としている）。

一般的に放射線の材質への影響は，照射する素材，添加剤等により劣化，硬化，着色，溶出，分解生成物，臭気などを生じる場合があり薬剤，医療材料，包装材などの影響については事前に十分な材質に関するバリデーションが必要である。特に照射直後だけでなく照射後に経時的な変化が起きる場合もあるため医療機器では通例常温で6ヶ月以上の経時変化のデータが必要となる。現在では医療機器等の有効期間において問題ないことを示す必要がある（グラフ1）[7]。

特に劣化に注意をすべき材料はPTFE，PP，POMなどがあり，臭いについてはPEなども注意を要する。また，照射による着色はガラスの場合，その不純物にもよるが一般に褐色となりプラスチックではPVC，PCなども黄色等に着色する。また，特に医薬品等などでは薬剤への影響については細心の注意が必要で経時的長期安全性の検証や類縁物質，有効成分の分解等の対応には多くの経験と専門性が必要となり長期間を要することもある。また，液体状の薬剤では特に変性が大きくなるため電子線滅菌が不適な場合もある。

第 23 章　医療機器・医薬品等の電子線滅菌について

3　医療機器の電子線滅菌実用化と電子線滅菌法の誕生の経緯[8]

　本項では医療機器(当時は医療用具)の電子線滅菌の実用化と電子線滅菌法の誕生の経緯を以下に示す。1989 年住友重機械工業(現・日本電子照射サービス㈱ EBIS)は当時産業用としては世界最大出力の高エネルギー電子加速器 5 MeV　200 KW のダイナミトロン(米国 RDI 社製(現・IBA 社))を導入し茨城県つくば市につくば電子照射応用開発センターを開設した。これまでの産業としての電子加速器はエネルギーが低く透過力の限界もありプラスチックの表面や肉薄品等を改質する目的とした工業利用が中心であった。しかしこの高エネルギーで透過力の優れた電子加速器の登場で最大厚さ約 500 mm 程度の最終梱包状態での滅菌が可能となりそれに関する試験研究も開始された。当時，日本原子力研究所高崎研究所は最大 3 MeV，東京都立アイソトープ研究所は最大 1.5 MeV の電子加速器を保有していたが両施設の研究者もこのつくばの電子線照射施設で各種試験を実施した。その後 1991 年に国内初の電子線滅菌医療用具(ラテックスゴム手袋)の製造業許可を取得し承認も得た。しかし，当時は薬事法や日本薬局方などの滅菌法には電子線の文言は無く，滅菌方法が新規であるため新規の医療用具の承認申請の扱いで膨大な試験データ，関連資料要求など長期間の審査が実施された。当時は現在のような滅菌バリデーションの規格基準もない時代でありガンマ線滅菌に比べて前例が無いことから電子線滅菌に関連した様々な指摘検証試験要求が長期に及んだ。しかし，この経験で電子線に関する微生物へ

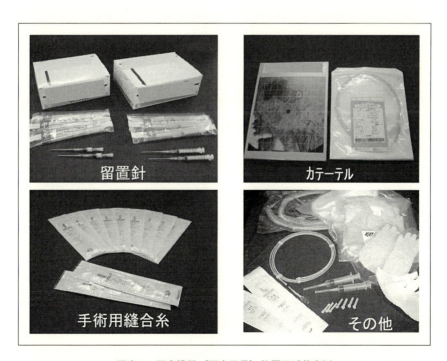

写真 1　医療機器(医療用具)等電子滅菌事例

の影響，線量分布測定など多く試験研究を実施しノウハウを得ることにも繋がった。また，この電子線滅菌承認時には従来放射線滅菌の滅菌線量は世界的にも「25 kGy」が不動の滅菌線量であったが当時我々は微生物汚染状況，素材との共存物による微生物の放射線抵抗性の影響等から科学的に検証した結果，当時厚生省を説得し当時前例のない滅菌線量の 16 kGy と低い線量で申請し承認を得ることもできた。これを機に行政からも事務連絡として医療用具の電子線滅菌に関する申請手順が示された。その後何品目かの承認取得後，医薬品では世界トップクラスで「滅菌」研究でも世界的権威ある「滅菌」に関する国際的キルマー会議を主催するJ社が世界的にも有名な救急絆創膏を自社 EOG 滅菌からつくばの当該施設で電子線滅菌委託（当時世界初）に切り替えを開始した（現在は生産を海外に移転している）。これを機会により電子線滅菌の信頼性が一気に高まった。このように序々に電子線滅菌（委受託）は増加し 1997 年第 13 改正日本薬局方第 1 追補，参考情報「6.最終滅菌法及び滅菌指標体」「11.微生物殺滅法」の滅菌法にようやく「電子線滅菌」が明文化された。また，同年に弊社では関西地区にもこの電子照射施設（弊社関西センター）を開設（大阪府泉大津市）し全国からの依頼に電子線照射滅菌サービスを提供できるようになり，バックアップの体制も整備された。

4 滅菌バリデーションの導入と医療機器のドジメトリックリリース

1995 年医薬品 GMP に「バリデーション（科学的妥当性の検証）」が導入され GMP が製造許可要件化された。さらに 1997 年医療用具 GMP には「滅菌バリデーション」が導入され医療用具の製造の中でも滅菌工程のみにバリデーションが適用され，同時に医療用具の製造の許可要件化ともなった。そして具体的に行政より「滅菌バリデーション基準」「滅菌バリデーションガイドライン」など当時，米国 AMMI, ISO の滅菌規格に準拠した具体的な方法などが明記された。

当時，この米国 AMMI や ISO の放射線滅菌バリデーション（ISO11137）は，その前提として微生物の放射線標準抵抗性分布という微生物の死滅効果の標準テーブルを採用することと当時滅菌の判定の無菌試験（14 日間）を省略して線量の結果で出荷可能とするための「ドジメトリックリリース」を国内で採用するために，日本国内の各医療用具の微生物に対する放射線の抵抗性を調べる必要性があった。そこで厚生科学研究として D 値集積プロジェクトが結成され ISO 放射線滅菌国内委員を中心に国内各医療機器メーカーや各研究機関とともに多品種の医療用具より得られた汚染菌（バイオバーデン）から微生物の種類ごとに選別し各微生物に対する放射線抵抗性の D 値を測定するという大掛かりな検証実験を実施した。この時，電子線についてはつくばの当該施設で筆者が検証実験を担当した。その結果 AMMI, ISO11137 の放射線標準抵抗性分布と同等であることがガンマ線，電子線とも確認され「ドジメトリックリリース」を採用するという国内の滅菌の歴史において重大な出来事に繋がった[8]。

5 EOG滅菌から電子線滅菌切替えの動向

従来から包装容器，医療機器の滅菌方法として多く利用されているEOG滅菌はそのエチレンオキサイドが発がん性物質であることが明らかとなり素材への残留，環境排出，作業者の安全管理等の各規制強化によりその使用が大変難しくなった。例えば，WHO-GMP[9]，行政からもEOG残留ガス濃度に関する通知案などでは「エチレンオキサイドは他に使用できる方法が無い場合に利用する」旨の記述があり，近年でもISO10993-7（医療機器の残留エチレンオキサイド）にも同様の考え方も示されている。また，ISO11135（EOG滅菌バリデーション）では滅菌バリデーションの詳細な方法が記載されたがこれを忠実に実施することは大変難しく膨大な労力，コストを要することとなった。さらに　環境排出に関連したPRTR（有害化学物質登録制度）や作業者の暴露など考慮した労働安全衛生法の特定化学物質の適用による安全管理や排出ガスに関する環境に対する地方行政の規制も出されるようになった。そして病院側でのEOG滅菌の使用を控える動きもでてきた。

以上のことから，冒頭に示したように企業のCSRに関連して環境報告書にも滅菌の酸化エチレンを減らす取り組みも示すケースなどもあり今後さらにその傾向は進むことも考えられ医療機器製造側においてもEOG滅菌から電子線滅菌へ切り替えたいとの声も多い（EBISセミナーアンケートより）。

6 無菌医薬品の電子線滅菌の実用化

医薬品の電子線滅菌については医療機器や医薬品容器の電子線滅菌の利用が進むにつれ医薬品そのものの電子線滅菌への関心も高まり試験も実施されるようになった。しかし，当初液体の薬剤が多くOHラジカルによる変性が大きく有効成分の分解等がありとても厳しい結果であった。その後ある製薬メーカーよりドライの無菌医薬品に対する電子線滅菌の検討依頼があり試験を実施したところその薬剤は電子線による影響をほとんど受けず電子線滅菌を検討することとなった。しかし，行政当局は当時の医療機器への電子線滅菌の申請時よりもさらに厳しい対応であった。医療品等の申請では行政は前例主義であるため申請を行うまでにも長期間を要し，結局申請はしたものの承認のためにはさらに長い歳月がかかることとなった。特に薬剤への影響，電子線の透過性，微生物への死滅効果など多くの指摘と追加試験などを重ねた。その後1999年に第13改正日本薬局方第二追補の「最終滅菌医薬品の無菌性保証」において「照射滅菌の場合はパラメトリックリリースをドジメトリックリリースという・・・」が示された。このことは今まで行政は医薬品への放射線滅菌に対してネガティブであったが当該日本薬局方では医薬品の滅菌に関する重要な無菌保証のところで照射滅菌の場合は・・・・と放射線滅菌を医薬品に使用することを容認する表現が記載され当時我々は承認が通る可能性を感じた。その後，委託元の医薬製造企業の努力と協力のもと，弊社では2006年に国内初となる無菌製剤（乾燥系点眼薬）の電子線

写真2　無菌医薬品の電子線滅菌＆ドジメトリックリリース事例
電子線照射用カート　梱包積載事例

滅菌の製造業許可と品目承認を取得できた[10]。そして，近年では2012年に無菌医薬品のポビドンヨード液（液剤）の電子線滅菌も認可され液剤への放射線滅菌という高いハードルをクリアーした。さらに2013年　同製品について医薬では初となるドジメトリックリリース（パラメトリックリリース）についても認可された（写真2）。

7　おわりに／今後の医療用品への電子線の利用展望

前述のように1991年電子線滅菌による医療用具の滅菌製造が認可，2006年に国内初の無菌医薬品（乾燥薬剤）の電子線滅菌が認可となり，近年では2012年に液剤の無菌医薬品も認可，2013年には無菌医薬品のドジメトリックリリース（パラメトリックリリース）も認可され実用化された（表1）。そして本年2016年の第17改正　日本薬局方の参考情報の「最終無菌医薬品のパラメトリックリリース」において　改めて滅菌バリデーションと無菌性の保証の重要性の中でパラメトリックリリースを推奨することも示された[11]。これらの背景には国際的な医薬品の審査の枠組みのPIC/S GMPに日本も加盟したことも影響していると考えられる。このPIC/S GMPでは無菌性保証に対する考え方が従来よりもさらに厳格化されてきている。そしてその一方でPIC/S GMP ANNEX12では「医薬品製造における電離放射線の使用」というガイドラインも示されこの中に電子線滅菌についても具体的に記載されるまでになった[12]。

以上のように，冒頭で示した滅菌プロセスの品質要求は社会環境の変化など時代とともに変化しており行政側は当初，医薬品に放射線を照射するはやめた方が良いという雰囲気で忠告され，ドジメトリックリリースに対しても長年要望したが認可されなかった時代から近年では世界に先

第 23 章　医療機器・医薬品等の電子線滅菌について

表 1　主な国内における医療用品の電子線滅菌の変遷

西　暦	内　　　容
1989 年	高エネルギー電子線滅菌施設（国内初 / 弊社）
1991 年	医療用具の電子線滅菌製造業許可（国内初 / 弊社）
1991 年	電子線滅菌を用いた医療用具の承認申請にかかる添付資料について（厚生省事務連絡）
1995 年	『医療用品の滅菌バリデーション及び日常管理のための要求事項 / 放射線滅菌』（第 1 版） ISO/TC198　ISO11137　高エネルギー電子線明記
1996 年	「医療用具のドジメトリックリリースの導入に関する研究」厚生科学研究
1997 年	第 13 改正日本薬局方第一追補参考情報 『3. 最終滅菌法及び滅菌指標体』『5. 微生物殺滅法』電子線滅菌が明記
1999 年	第 13 改正日本薬局方第二追補参考情報 『4. 最終滅菌医薬品の無菌性保証』 パラメトリックリリース（ドジメトリックリリースが明記）
2006 年	医薬品（乾燥）点眼薬の電子線滅菌製造許可，承認（国内初 / 弊社）
2012 年	医薬品（液剤）殺菌消毒剤の電子線滅菌承認（国内初 / 弊社取引先）
2013 年	医薬品（液剤）の電子線滅菌ドジメトリックリリース承認（国内初 / 弊社取引先）

その他：2010 年　放射線滅菌 / 電子線滅菌　JIS 化，2012 年　PIC/S（電子線滅菌含む）事務連絡

駆けて医薬品の電子線滅菌のドジメトリックリリースも認可し最新の日本薬局方では無菌性保証においてパラメトリックリリース（ドジメトリックリリース）を推奨する時代へと大きく変化してきた。これらのことは前述の時代とともに変化する規格等の誕生の背景と関連規格内容を精査するとよく理解できる。今後日本の医療機器，医薬品製造が世界で戦えるためにも国際的な新規格基準に対してもハードルは高いかもしれないが積極的に取り組みコンプライアンスを遵守することで世界から信頼されるモノづくりに繋がり，このことが国際的な競争力となり企業の持続的成長に繋がるのではないかと思われる。今後の電子線の医療用品分野での利用拡大，無菌化プロセスイノベーション[10]に期待したい。

文　献

1) 山瀬　豊：「医療機器の滅菌」，薬事衛生管理研修テキスト，平成 28 年度　薬事監視員研修資料 2016.5.
2) 山瀬　豊：「医薬品等への電子線滅菌の利用状況と今後の展望」，製剤機械技術研究会誌，Vol.14 No.2（2005）
3) 「加速器施設における放射化物の生成とその安全取扱い」，加速器施設における放射化問題検討委員会，1994.12
4) 「放射線発生装置使用施設における放射化物の取扱いについて」，科学技術庁原子力安全局放射線安全課長，1998.10.30

5) 「ヘルスケア製品の滅菌 - 放射線 - 第一部：医療機器の滅菌プロセスの開発，バリデーション及び日常管理の要求事項」JIS T0806-1（ISO11137-1），日本規格協会，(2010)
6) 山瀬　豊：「電子線（EB）滅菌システムⅠ，Ⅱ」，製剤機械技術研究会誌，Vol.4 No.2,3（1995）
7) 「照射ポリプロピレンの破断時の伸びと貯蔵期間の関係」，日本原子力研究所第11回放射線利用研究成果報告会講演要旨，1998.10.21
8) 山瀬　豊：「照射滅菌に関する国内及び国外の規格動向について」，日本防菌防黴学会誌，2007.Vol.35.No.8
9) GMPテクニカルレポート資料編「エチレンオキサイド滅菌」監修　厚生省薬務局監視指導課，薬業時報社
10) 山瀬　豊：「電子線照射滅菌の概要と医薬品製造への応用（無菌化プロセスイノベーションを目指して）」，PHARM TECH JAPAN，Vol.25, No.1　2009 じほう
11) 「最終滅菌医薬品のパラメトリックリリース」，第17改正　日本薬局方　参考情報
12) 「PIC/SのGMPガイドラインを活用する際の考え方について」，平成24年2月1日事務連絡　厚生労働省医薬食品局監視指導・麻薬対策課

EB技術を利用した材料創製と応用展開

2016年7月25日　第1刷発行

監　　修	鷲尾方一，前川康成	（T1016）
発 行 者	辻　賢司	
発 行 所	株式会社シーエムシー出版	
	東京都千代田区神田錦町1-17-1	
	電話 03(3293)7066	
	大阪市中央区内平野町1-3-12	
	電話 06(4794)8234	
	http://www.cmcbooks.co.jp/	
編集担当	深澤郁恵／町田　博	

〔印刷　日本ハイコム株式会社〕　　© M. Washio, Y. Maekawa, 2016

落丁・乱丁本はお取替えいたします。

本書の内容の一部あるいは全部を無断で複写(コピー)することは，法律で認められた場合を除き，著作者および出版社の権利の侵害になります。

ISBN978-4-7813-1172-2　C3043　¥66000E